"十三五"职业教育规划教材

JIDIAN BAOHU YU
WEIJI JIANKONG SHIYAN

继电保护与微机监控实验

主　编　李长林
副主编　杨海蛟
编　写　王松廷　艾红卫
主　审　李玉娟

中国电力出版社
CHINA ELECTRIC POWER PRESS

内 容 提 要

本书共分为三部分，主要内容包括继电保护基础部分、微机保护部分和微机监控部分，一共包含八个项目共六十三个实验。本书重点体现继电保护和微机监控的技术性和实用性，突出基本原理和基本技能，并通过对电力行业的深入调研，理论和实践相结合，做到内容合理适度和够用实用。

本书可作为高职高专院校电力技术类专业的继电保护和微机监控教材，也可作为中等职业教育及函授教材，同时可供从事继电保护和微机监控的工程技术人员参考使用。

图书在版编目（CIP）数据

继电保护与微机监控实验/李长林主编．—北京：中国电力出版社，2016.11

“十三五”职业教育规划教材

ISBN 978－7－5123－9787－3

Ⅰ.①继…　Ⅱ.①李…　Ⅲ.①继电保护－实验－职业教育－教材②微型计算机－计算机监控－实验－职业教育－教材　Ⅳ.①TM77－33②TP277.2－33

中国版本图书馆 CIP 数据核字（2016）第 219657 号

中国电力出版社出版、发行

（北京市东城区北京站西街 19 号　100005　http：//jc.cepp.com.cn）

汇鑫印务有限公司印刷

各地新华书店经售

*

2016 年 11 月第一版　　2016 年 11 月北京第一次印刷

787 毫米×1092 毫米　16 开本　12.25 印张　294 千字

定价 **25.00** 元

前言

为了适应电力类高职高专院校的教学改革要求，满足当前职业教育及电力生产实际的需要，加强对继电保护和微机监控实践环节的培养，我们编写了本书。本书按三年制高职高专电力类专业对继电保护和微机监控所需要的专业知识与技能进行编写，重点体现继电保护和微机监控的技术性、适用性和实践性，突出基本原理和基本技能，并通过对电力行业的深入调研，从电力生产实际中继电保护和微机监控人员技能培养的需求入手，理论和实践相结合，做到了内容合理、适度、够用及实用。

本书体现了职业教育的性质、任务和培养目标，符合职业教育课程教学的基本要求，符合有关岗位资格和技术等级的基本要求，符合职业教育的特点和规律，具有明显的职业教育特色，符合国家有关部门颁发的技术质量标准。本书既可作为学历教育教学用书，也可作为职业资格和岗位技能培训教材。

本书由国网黑龙江省电力有限公司副总经理李长林任主编，哈尔滨电力职业技术学院杨海蛟老师任副主编，王松廷、艾红卫参与编写。书中第一部分由李长林编写，第二部分由杨海蛟编写，第三部分由王松廷和艾红卫共同编写，全书由杨海蛟统稿。

本书由哈尔滨热电有限责任公司运行分厂培训专工李玉娟主审，在此表示诚挚的感谢！

限于编者水平和实践经验，书中如有疏漏和不妥之处，恳请读者批评指正。

编　者

2016 年 5 月

目录

前言

第一部分　继电保护基础

实验一　电磁型电流继电器和电压继电器实验……1
实验二　电磁型时间继电器实验……6
实验三　信号继电器实验……10
实验四　中间继电器的实验……12
实验五　ZC-23型晶体管冲击继电器实验……15
实验六　6～10kV线路过电流保护实验……20
实验七　三相一次重合闸实验……24
实验八　自动重合闸后加速保护实验……28
实验九　闪光继电器构成的闪光装置实验和极化继电器原理实验……31
实验十　防跳继电器实验……32
实验十一　模拟系统正常、最大、最小运行方式实验……33
实验十二　模拟系统短路实验……36
实验十三　保护装置静态实验……37
实验十四　微机保护装置基本功能实验……40
实验十五　微机过电流保护……41
实验十六　微机无时限电流速断保护……44
实验十七　微机带时限电流速断保护……46
实验十八　三段式电流保护……48

第二部分　微　机　保　护

项目一　PSL603G系列数字式线路保护……58
实验一　微机型线路零序保护……58
实验二　微机型线路距离保护……60
实验三　微机型线路光纤电流差动保护……63
实验四　微机型线路光纤电流差动保护联调……66
实验五　重合闸逻辑测试……72
项目二　PSL632A（C）数字式断路器保护……75
实验一　充电保护……75

实验二　三相不一致保护 …… 77
实验三　死区保护 …… 78
实验四　失灵保护 …… 80
项目三　SG B750 数字式母线保护 …… 83
实验一　母线比率制动式差动保护 …… 90
实验二　母联充电保护 …… 92
实验三　母联断路器死区保护 …… 96
实验四　母联断路器失灵保护 …… 99
实验五　断路器失灵保护 …… 101
实验六　复合电压闭锁功能 …… 108
项目四　DGT801A 数字式发电机变压器组保护 …… 110
实验一　高压厂用变压器比率制动原理纵差保护 …… 110
实验二　断路器闪络保护 …… 115
实验三　发电机比率制动原理纵差保护（循环闭锁差动保护） …… 117
实验四　发电机程跳逆功率保护 …… 121
实验五　发电机$3U_0$定子接地保护（$3U_{0N}$原理） …… 123
实验六　发电机 3ω 定子接地保护 …… 125
实验七　发电机反时限过负荷（过电流）保护 …… 128
实验八　发电机反时限负序过流保护 …… 130
实验九　发电机高频保护 …… 132
实验十　发电机过电压保护 …… 133
实验十一　发电机反时限过励磁保护 …… 134
实验十二　发电机阻抗原理失磁保护 …… 136
实验十三　发电机逆功率保护 …… 140
实验十四　发电机频率积累保护 …… 142
实验十五　启停机保护 …… 144
实验十六　发电机失步保护 …… 146
实验十七　发电机注入式转子一点接地保护 …… 148
实验十八　发电机纵向零序电压式匝间保护 …… 150
实验十九　发电机阻抗保护 …… 154
实验二十　高压厂用变压器 A 分支零序电流保护 …… 156
实验二十一　高压厂用变压器 B 分支零序电流保护 …… 157
实验二十二　高压厂用变压器双分支复合电压过流保护 …… 159
实验二十三　发电机误上电 …… 161
实验二十四　主变压器比率制动原理纵差保护 …… 164
实验二十五　主变压器复合电压过流保护 …… 170
实验二十六　发电机反时限过励磁保护 …… 172

第三部分　微　机　监　控

项目一　遥视系统……………………………………………………………… 175
项目二　巡视系统……………………………………………………………… 176
项目三　倒闸操作系统………………………………………………………… 178
项目四　操作票系统…………………………………………………………… 182

参考文献……………………………………………………………………………… 188

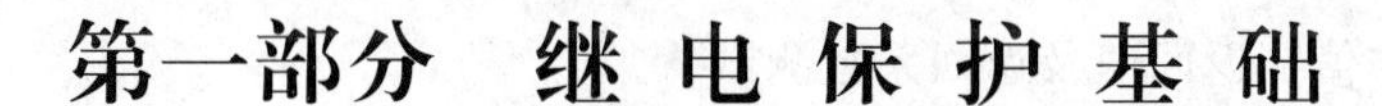

第一部分　继 电 保 护 基 础

实验一　电磁型电流继电器和电压继电器实验

一、实验目的

（1）熟悉DL型电流继电器和DY型电压继电器的实际结构、工作原理和基本特性。

（2）掌握动作电流、动作电压参数的整定。

二、预习与思考

（1）电流继电器的返回系数为什么恒小于1？

（2）动作电流（压）、返回电流（压）和返回系数的定义是什么？

（3）实验结果如返回系数不符合要求，你能正确地进行调整吗？

（4）返回系数在设计继电保护装置中有何重要用途？

三、原理说明

DL-20C型电流继电器和DY-20C型电压继电器为电磁式继电器。由电磁系统、整定装置、接触点系统组成。当线圈导通时，衔铁克服游丝的反作用力矩而动作，使动合触点闭合。转动刻度盘上的指针，可改变游丝的力矩，从而改变继电器的动作值。改变线圈的串联或并联，可获得不同的额定值。

DL-20C型电流继电器铭牌刻度值，为线圈并联时的额定值。继电器用于反映发电机、变压器及输电线短路和过负荷的继电保护装置中。

DY-20C型电压继电器铭牌刻度值，为线圈串联时的额定值。继电器用于反映发电机、变压器及输电线路的电压升高（过压保护）或电压降低（低电压启动）的继电保护装置中。

四、实验设备

实验设备表见表1-1。

表1-1　　实 验 设 备 表

序号	设备名称	使用仪器名称	数量
1	控制屏		1
2	EPL-20A	变压器及单相可调电源	1
3	EPL-04	继电器（一）——DL-21C型电流继电器	1
4	EPL-05	继电器（二）——DY-28C型电压继电器	1
5	EPL-11	交流电压表	1
6	EPL-11	交流电流表	1
7	EPL-11	直流电源及母线	1
8	EPL-12B	光示牌	1

五、实验内容

整定点的动作值、返回值及返回系数测试

实验接线图 1-2、图 1-4 分别为过流继电器及低压继电器的实验接线。

(1) 电流继电器的动作电流和返回电流测试：

1) 选择 EPL-04 组件的 DL-21C 型过流继电器（额定电流为 6A），确定动作值并进行整定。本实验整定值为 2.7A 及 5.4A 两种工作状态。

注意：本继电器在出厂时已把转动刻度盘上的指针调整到 2.7A，学生也可以拆下玻璃罩子自行调整电流整定值。

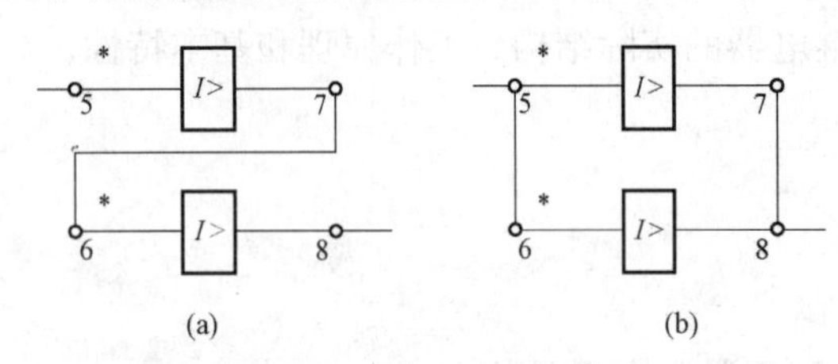

图 1-1 过流继电器线圈接法

(a) 串联；(b) 并联

2) 根据整定值要求对继电器线圈确定接线方式；

注意：

a. 过流继电器线圈可采用串联或并联接法，如图 1-1 所示。其中串联接法电流动作值可由转动刻度盘上的指针所对应的电流值读出，并联接法电流动作值则为串联接法的 2 倍。

b. 串并联接线时需注意线圈的极性，应按照要求接线，否则得不到预期的动作电流值。

c. 图 1-2 为过流继电器实验接线图，按图 1-2 接线（采用串联接法），调压器 T、变压器 T_2 和电阻 R 均位于 EPL-20A，220V 直流电源位于 EPL-11，交流电流表位于 EPL-11，量程为 10A。并把调压器旋钮逆时针调到底。

d. 检查无误后，合上主电路电源开关和 220V 直流电源船型开关，顺时针调节自耦调压器，增大输出电流，并同时观察交流电流表的读数和光示牌的动作情况。注意：当电流表的读数接近电流整定值时，应缓慢对自耦调压器进行调节，以免电流变化太快。

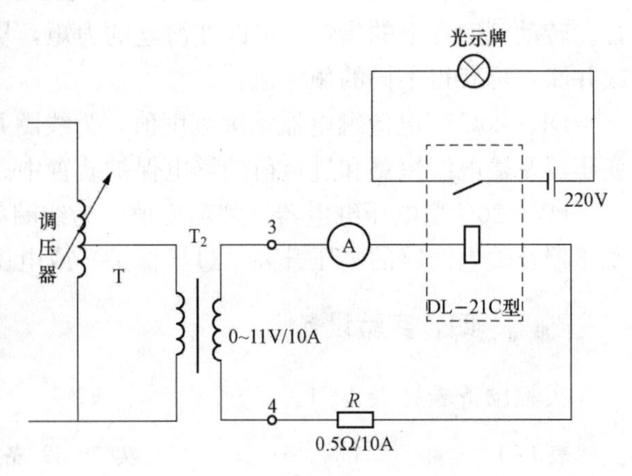

图 1-2 过流继电器实验接线图

当光示牌由灭变亮时，说明继电器动作，观察交流电流表并读取电流值。记入表 1-2，用启动电流 I_{dj} 表示（能使继电器动作的最小电流值）。

e. 继电器动作后，反向缓慢调节调压器降低输出电流，当光示牌由亮变灭时，说明继电器返回。记录此时的电流值称为返回电流，用 I_{fj} 表示（能使继电器返回的最大电流值），记入表 1-2，并计算返回系数：继电器的返回系数是返回电流与动作电流的比值，用 K_f 表示。

$$K_f = \frac{I_{fj}}{I_{dj}}$$

过流继电器的返回系数在 0.85～0.9 之间。当小于 0.85 或大于 0.9 时，应进行调整，调整方式见附 1。

f. 改变继电器线圈接线方式（采用并联接法），重复以上步骤。

过流继电器实验结果记录表见表 1 - 2。

表 1 - 2　　过流继电器实验结果记录表

整定电压 I	24V				48V			
测试序号	1	2	3	线圈接线方式为：	1	2	3	线圈接线方式为：
实测启动电压 I_{dj}								
实测返回电压 I_{fj}								
返回系数 K_f								
启动电压与整定电压误差（%）								

（2）低压继电器的动作电压和返回电压测试。

1）选 EPL - 05 中的 DY - 28C 型低压继电器（额定电压为 30V），确定动作值并进行初步整定。本实验整定值为 24V 及 48V 两种工作状态。（注：本继电器在出厂时已把转动刻度盘上的指针调整到 24V，学生也可以拆下玻璃罩子自行调整电压整定值。）

2）根据整定值需求确定继电器接线方式。

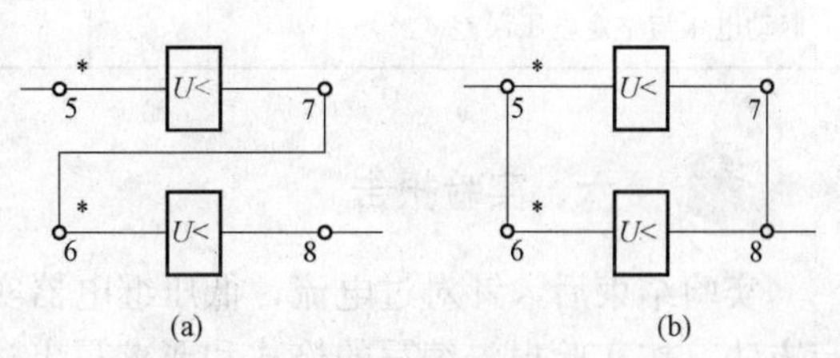

图 1 - 3　低压继电器线圈接法

（a）串联；（b）并联

注意：

a. 低压继电器线圈可采用串联或并联接法，如图 1 - 3 所示。其中并联接法电压动作值可由转动刻度盘上的指针所对应的电压值读出，串联接法电压动作值则为并联接法的 2 倍。

b. 串并联接线时需注意线圈的极性，应按照要求接线，否则得不到预期的动作电压值。

c. 按图 1 - 3 接线（采用串联接法），调压器 T 位于 EPL - 20A，220V 直流电源位于 EPL - 11，交流电压表位于 EPL - 11，量程为 200V。并把调压器旋钮逆时针调到底。

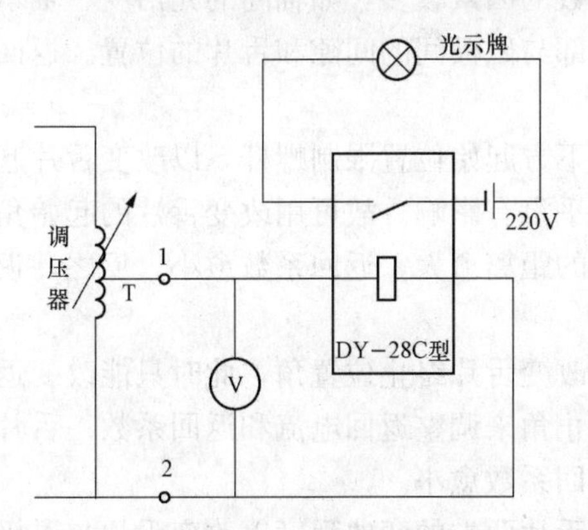

图 1 - 4　低压继电器实验接线图

d. 顺时针调节自耦变压器，增大输出电压，并同时观察交流电压表的读数和光示牌的动作情况。当光示牌由灭变亮后，再逆时针调节自耦变压器逐步降低电压，并观察光示牌的动作情况。注意：当电压表的读数接近电压整定值时，应缓慢对自耦调压器进行调节，以免电压变化太快。当光示牌由亮变灭时，说明继电器舌片开始跌落。记录此时的电压称为动作（启动）电压 U_{dj}。低压继电器实验接线图见图 1 - 4。

e. 再缓慢调节自耦变压器升高电压，当光示牌由灭变亮时，说明继电器舌片开始被吸上。记录此时的电压称为返回电压 U_{fj}，将所取得的数值记入表 1 - 3 并计算返回系数。返回

系数 k_f 为

$$K_f = \frac{U_{fj}}{U_{dj}}$$

低压继电器的返回系数不大于 1.2，将所得结果记入表 1-3。

f. 改变继电器线圈接线方式（采用并联接法），重复以上步骤。

低压继电器实验结果记录表见表 1-3。

表 1-3　　低压继电器实验结果记录表

整定电压 U（V）	24V				48V			
测试序号	1	2	3		1	2	3	
实测启动电压 U_{dj}				线圈接线方式为：				线圈接线方式为：
实测返回电压 U_{fj}								
返回系数 K_f								
启动电压与整定电压误差（%）								

六、实验报告

实验结束后，针对过电流，低压继电器实验要求及相应动作返回值、返回系数的具体整定方法，按实验报告编写的格式和要求写出过流继电器、低压继电器实验报告和实验体会，并书面解答本实验思考题。

附1：返回系数和动作值的调整

1. 返回系数的调整

返回系数不满足要求时应予以调整。影响返回系数的因素较多，如轴间的光洁度、轴承清洁情况、静触点位置等。但影响较显著的是舌片端部与磁极间的间隙和舌片的位置。返回系数的调整方法有：

（1）调整舌片的起始角和终止角。调节继电器右下方起始位置限制螺杆，以改变舌片起始位置角，此时只能改变动作电流，而对返回电流几乎没有影响。故可用改变舌片的起始角来调整动作电流和返回系数。舌片起始位置离开磁极的距离愈大，返回系数愈小，反之，返回系数愈大。

调节继电器右上方的舌片终止位置限制螺杆，以改变舌片终止位置角，此时只能改变返回电流而对动作电流则无影响。故可用改变舌片的终止角来调整返回电流和返回系数。舌片终止角与磁极的间隙愈大，返回系数愈大；反之，返回系数愈小。

（2）不调整舌片的起始角和终止角位置，而变更舌片两端的弯曲程度以改变舌片与磁极间的距离，也能达到调整返回系数的目的。该距离越大返回系数也越大；反之返回系数越小。

（3）适当调整触点压力也能改变返回系数，但应注意触点压力不宜过小。

2. 动作值的调整

（1）继电器的整定指示器在最大刻度值附近时，主要调整舌片的起始位置，以改变动作值。为此可调整右下放的舌片起始位置的限制螺杆。当动作值偏小时，调节限制螺杆使舌片起始位置远离磁极；反之则靠近磁极。

（2）继电器的整定指示器在最小刻度附近时，主要调整弹簧，以改变动作值。

（3）适当调整触点压力也能改变动作值，但应注意触点压力不宜过小。

附2：DL-20C 型电流继电器

1. 规格型号

（1）继电器额定值与整定值范围如表 1-4 所示。

表 1-4　　继电器额定值与整定值范围

型号	最大整定电压（A）	额定电压（A）		长期允许电压（A）		电流整定范围（A）	动作电压（A）		最小整定值时的功率消耗（VA）
		线圈串联	线圈并联	线圈串联	线圈并联		线圈串联	线圈并联	
DL-21C	6	6	12	6	12	1.5～6	1.5～3	3～6	0.55
	2	3	6	4	8	0.5～2	0.5～1	1～2	0.5
	0.6	1	2	1	2	0.15～0.6	0.15～0.3	0.3～0.6	0.5

（2）接触系统的组合形式如表 1-5 所示。

表 1-5　　接触系统组合形式

型号	触点数量	
	动合	动断
DL-21C	1	

2. 技术数据

（1）整定值的动作误差不超过±6%。

（2）动作时间：过电流继电器在施加 1.1 倍整定值电流时，动作时间不大于 0.12s；在施加 2 倍整定值电流时，动作时间不大于 0.04s。

（3）返回系数：不小于 0.8。

（4）触点断开容量：在电压不超过 250V 及电流不超过 2A，时间常数为 5×6^{-3}s 的直流有感负荷电路中为 50W，在交流电路中为 250VA。

（5）继电器能耐受交流电压 2kV，50Hz 历时 1min 的介质强度试验。

（6）继电器质量：约为 0.5kg。

附3：DY-20C型电压继电器

1. 规格型号

（1）继电器额定值与整定值范围见表 1-6：

表 1-6 额定值与整定值范围

型号	最大整定电压（V）	额定电压（V）		长期允许电压（V）		电压整定范围（V）	动作电压（V）		最小整值时的功率消耗（VA）
		线圈并联	线圈串联	线圈并联	线圈串联		线圈并联	线圈串联	
DY-28C	48	30	60	35	70	12～48	12～24	24～48	1

（2）接触系统的组合形式如表 1-7 所示。

表 1-7 接触系统的组合形式

型号	触点数量	
	动合	动断
DY-28C	1	1

2. 技术数据

（1）整定值的动作误差不超过±6%。

（2）动作时间：低压继电器在施加 0.5 倍整定值电压时，动作时间不大于 0.15s。

（3）返回系数：不大于 1.25。

（4）触点断开容量：在电压不超过 250V 及电流不超过 2A，时间常数为 5×10^{-3}s 的直流有感负荷电路中为 50W，在交流电路中为 250VA。

（5）继电器能耐受交流电压 2kV，50Hz 历时 1min 的介质强度试验。

实验二　电磁型时间继电器实验

一、实验目的

熟悉 DS-20C 型时间继电器的实际结构，工作原理，基本特性，掌握时限的整定和试验调整方法。

二、预习与思考

（1）影响启动电压、返回电压的因素是什么？

（2）在某一整定点的动作时间测定，所测得数值大于或小于该点的整定时间，并超出允许误差时，将用什么方法进行调整？

（3）根据你所学的知识说明时间继电器常用在哪些继电保护装置电路？

三、原理说明

DS-20 型时间继电器为带有延时机构的吸入式电磁继电器。继电器具有一副瞬时转换触点，一副滑动延时动合主触点和一副终止延时动合主触点。

当电压加在继电器线圈两端时，唧子（铁芯）被吸入，瞬时动合触点闭合，瞬时动断触点断开，同时延时机构开始启动。在延时机构拉力弹簧作用下，经过整定时间后，滑动触点闭合。再经过一定时间后，终止触点闭合。从电压加到线圈的瞬间起，到延时动合触点闭合止的这一段时间，可借移动静触点的位置以调整之，并由指针直接在继电器的标度盘上指明。当线圈断电时，唧子和延时机构在塔形反力弹簧的作用下，瞬时返回到原来的位置。

DS-20型时间继电器用于各种继电保护和自动控制线路中，使被控制元件按时限控制进行动作。

四、实验设备

实验设备见表1-8。

表1-8 实验设备

序号	设备名称	使用仪器名称	数量
1	控制屏		1
2	EPL-05	继电器（二）——DS-21型时间继电器	1
3	EPL-14	按钮及电阻盘	1
4	EPL-12B	电秒表、相位仪	1
5	EPL-11	直流电源及母线	1
6	EPL-11	直流仪表	1

五、实验内容

1. 内部结构检查

（1）观察继电器内部结构，检查各零件是否完好，各螺丝固定是否牢固，焊接质量及线头压接应保持良好。

（2）衔铁部分检查。手按衔铁使其缓慢动作应无明显摩擦，放手后塔形弹簧返回应灵活自如，否则应检查衔铁在黄铜套管内的活动情况，塔形弹簧在任何位置不许有重叠现象。

（3）时间机构检查。当衔铁压入时，时间机构开始走动，在到达刻度盘终止位置，即触点闭合为止的整个动作过程中应走动均匀，不得有忽快忽慢，跳动或中途卡住现象，如发现上述不正常现象，应先调整钟摆轴螺丝，若无效可在老师指导下将钟表机构解体检查。

（4）触点检查。

1）当用手压入衔铁时，瞬时转换触点中的动断触点应断开，动合触点应闭合。

2）时间整定螺丝整定在刻度盘上的任一位置，用手压入衔铁后经过所整定的时间，动触点应在距离静触点首端的1/3处开始接触静触点，并在其上滑行到1/2处，即中心点停止，可靠地闭合静触点。释放衔铁时，应无卡涩现象，动触点也应返回原位。

3）动触点和静触点应清洁无变形或烧损，否则应打磨修理。

2. 动作电压、返回电压测试

时间继电器动作电压、返回电压试验接线见图1-5，选用EPL-05挂箱的DS-21型继电器，整定范围为0.25～1.25s。

R_p 采用EPL-14的900Ω电阻盘（分压器接法），注意图1-5中 R_p 的引出端（A3、A2、A1）接线方式，不要接错，并把电阻盘调节旋钮逆时针调到底。

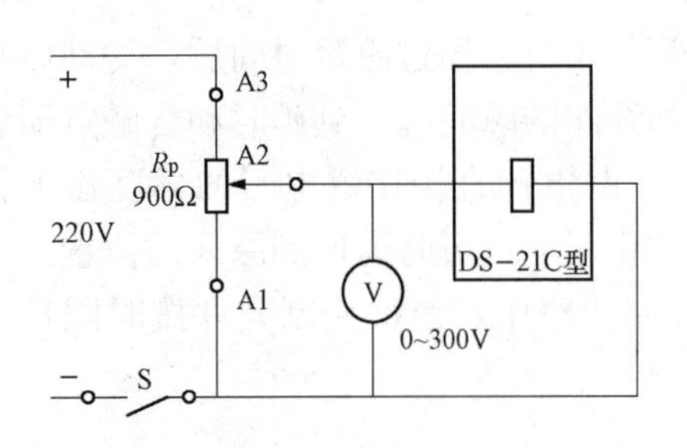

图 1-5 时间继电器动作电压、返回电压试验接线

开关S采用EPL-14的按钮开关SB1，处于弹出位置，即断开状态。直流电压表位于EPL-11。

数字电秒表的使用方法：“启动”两接线柱接通，开始计时，“停止”两接线柱接通，结束计时。

(1) 动作电压U_d的测试。合上220V直流电源船形开关和按钮开关SB1，顺时针调节可变电阻R_p使输出电压从最小位置慢慢升高，并观察直流电压表的读数。

当电压超过70V左右时，注意观察时间继电器的动作情况，直到时间继电器衔铁完全吸入为止。然后弹出开关S，再瞬时按下开关S，看继电器能否动作。如不能动作，调节可变电阻R加大输出电压。在给继电器突然加入电压时，使衔铁完全被吸入的最低电压值，即为最低动作电压U_d。

弹出S，将动作电压U_d填入表1-9中。

(2) 返回电压U_f的测试。按下S，加大电压到额定值220V，然后渐渐调节可变电阻R_p降低输出电压，使电压降低到触点开启，即继电器的衔铁返回到原来位置的最高电压即为U_f，断开S，将U_f填入表1-9中。

表1-9 时间继电器动作电压、返回电压测试 V

电压类型	测量值	为额定电压的（%）
动作电压U_d		
返回电压U_f		

3. 动作时间测定

动作时间测定的目的是检查时间继电器的控制延时动作的准确程度。测定是在额定电压下，取所试验继电器允许时限整定范围内的大、中、小3点的整定时间值（见表1-10），在每点测三次。

时间继电器动作时间实验接线图见图1-6。

开关S采用EPL-14的按钮开关SB1，处于断开状态，电秒表位于EPL-12。其余同图1-5。

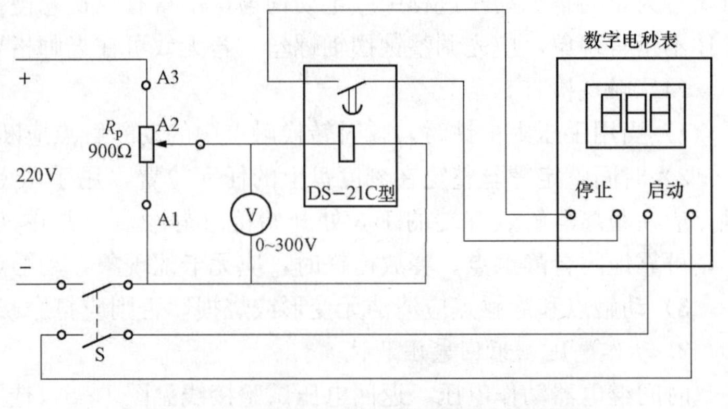

图 1-6 时间继电器动作时间实验接线图

(1) 合上220V直流电源船形开关和电秒表船形开关，按下按钮开关SB1，顺时针调节可变电阻R_p使直流电压表的读数到220V。然后断开开关S（再按一下按钮开关SB1）和220V直流电源船形开关。

(2) 拆下有机玻璃罩子对延时时间进行调整，使刻度盘上的指针指向0.25s。

（3）对数字电秒表进行复位并把量程置于 ms 挡（按下电秒表的毫秒按钮开关）。

（4）合上 220V 直流电源船形开关，按下按钮开关 SB1，观察电秒表的读数变化，并记录最后的稳定读数填入表 1-10。然后断开开关 S（再按一下按钮开关 SB1）。

（5）两次重复步骤（3）、（4），分别把电秒表的读数填入表 1-10。

（6）把延时时间分别调整到 0.75、1.25s，重复以上步骤。注意：当延时时间为 1.25s 时，数字电秒表量程置于 s 挡。

时间继电器动作时间测定见表 1-10。

表 1-10　　时间继电器动作时间测定

整定值 t（s） \ 测量值	1	2	3
0.25			
0.75			
1.25			

六、实验报告

实验报告结束后，结合时间继电器的各项测试内容及时限整定的具体方法，写出时间继电器实验报告和本次实验体会，并书面解答本实验的思考题。

附：DS-20型时间继电器

1. 型号规格

型号规格见表 1-11。

表 1-11　　型　号　规　格

型号	时间整定范围（s）	直流额定电压（V）	交流额定电压（V）
DS-21，DS-21/C	0.2～1.5	24，48，110，220	

注　C 为长期带电型。

2. 技术参数

（1）继电器的动作值：对于交流继电器不大于 70%额定电压，对于长期带电的直流继电器不大于 75%额定电压。

（2）继电器的返回值：不小于 5%额定电压。

（3）继电器主触点的延时一致性，不大于表 1-12 中的规定。

表 1-12　　延时整定范围和延时一致性

延时整定范围（s）	延时一致性（s）
0.2～1.5	0.07

注　1）延时一致性系指在同一时间整定点上，测量 10 次，并取 10 次中最大和最小动作时间之差。
2）（1）～（3）中规定的参数系环境温度为+20±2℃。

（4）继电器主触点延时整定值平均误差应符合：平均误差不超过±5%。

（5）热稳定性：当周围介质温度为+40℃时，对于直流继电器的线圈耐受 110%额定电压历时 1min，线圈温升不超过 65K；对于长期带电直流继电器的线圈长期耐受 110%额定电压，线圈温升不超过 65K。

(6) 额定电压下的功率消耗：对于直流继电器不大于 10W，对于长期带电直流继电器不大于 7.5W。

(7) 触点断开容量：在电压不大于 250V、电流不大于 1A、时间常数不超过 0.005s 的直流有感负荷电路中，主触点和瞬动触点的断开容量为 50W。

(8) 延时主触点长期允许通过电流为 5A。

(9) 介质强度：继电器导电部分与非导电部分之间，以及线圈电路与触点电路之间的绝缘应耐受交流 50Hz、电压 2kV 历时 1min 试验而无击穿或闪络现象。

(10) 电寿命：5000 次。

(11) 继电器在环境温度为－20～＋40℃的范围内可靠地工作。

(12) 继电器质量：不大于 0.7kg。

实验三 信号继电器实验

一、实验目的

熟悉和掌握 DX-8 型继电器的工作原理，实际结构，基本特性及工作参数。

二、预习与思考

(1) DX-8 型信号继电器具有哪些特点?

(2) DX-8 型信号继电器为什么要有自锁结构?

三、原理说明

DX-8 型信号继电器，适用于直流操作的继电保护和自动控制线路中远距离复归的动作指示。

信号继电器由工作绕组、接触触点、机械自锁机构、指示红牌和手动复位按钮等组成。

当继电器工作绕组加入电流时，簧片吸合，带动机械自锁机构动作，使告警指示作用的红牌翻落，同时触点锁紧闭合。只有在绕组释放电压后，人工手动按压复位按钮，触点才能够释放断开。

四、实验设备

实验设备见表 1-13。

表 1-13 实验设备

序号	设备名称	使用仪器名称	数量
1	控制屏		1
2	EPL-07B	继电器（五）——DX-8 型信号继电器	1
3	EPL-12B	光示牌	1
4	EPL-14	按钮及电阻盘	1
5	EPL-11	直流电源及母线	1
6	EPL-11	直流仪表	1

五、实验内容

（1）观察 DX-8 型信号继电器的结构和内部接线，列举它所具有的特点。

（2）动作电流的测试。信号继电器实验接线见图 1-7，直流电流表位于 EPL-11，R_{P1}、R_{P2}采用 EPL-14 的 900 Ω电阻盘，注意接线端的符号（A3、A2、A1、B2、B1），不要接错，否则容易过流造成熔断器烧断。

检查电阻盘的旋钮是否在逆时针到底位置，确认无误后，合上漏电断路器和 EPL-11 的 220V 直流电源，慢慢顺时针调整电阻盘的旋钮，并同时观察直流电流表的读数和光示牌的动作情况。加大输出电压直至继电器动作，光示牌亮。此时直流电流表的指示值即为继电器的动作值。填入表 1-14。同时观察告警红牌的翻落情况。断开 220V 直流电源船形开关，继电器触点应保持在动作位置。

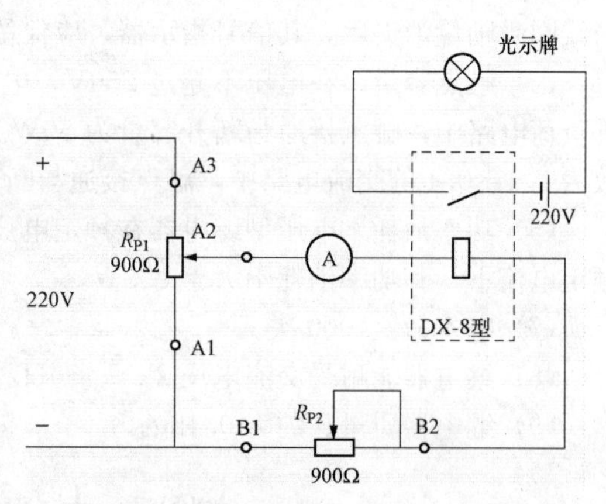

图 1-7　信号继电器实验接线图

用手按复位按钮，继电器触点断开，红牌翻起，光示牌熄灭。

重复以上步骤，多次测量动作电流，将信号继电器实验记录记入表 1-14，并求取平均值。

表 1-14　　信号继电器实验记录表　　mA

参　数	1	2	3	平均值
动作电流测量				

六、实验报告

写出具体测试信号继电器的方法。写出信号继电器的动作电压值并书面解答本实验的思考题。

附：DX-8 型信号继电器

1. 型号规格

（1）继电器额定值各种规格见表 1-15。

表 1-15　　继电器额定值各种规格

电压型	220、110、48、24、12V
电流型	0.01、0.015、0.025、0.05、1.075、0.1、0.15、0.25、0.5、0.75、1、2、4A

（2）触点形式及数量：皆为 3 副动合触点。

2. 技术数据

（1）动作值：

1）电压型：不大于额定电压的70%。

2）电流型：不大于额定电流的90%。

（2）动作时间。电压型继电器施加额定电压时，电流型继电器施加120%的额定电流时，继电器的动作时间不大于30ms。

（3）信号显示时间。当施加1.1倍额定值时，信号指示器应在0.05s时显示。

（4）继电器动作时，其信号指示器应立即到达最终位置，动作前后有明显的信号变化。当线圈激励量消失后，其信号指示器，应保留其动作后达到的位置。

（5）触点容量。在电压不超过250V，电流不大于2A，时间常数为5×10^{-3}s的直流有感负荷电路中，触点接通与断开容量为50W。在电压不超过250V电流不大于2A、功率因数为0.4±0.1的交流电路中，触点接通与断开容量为250VA。

（6）功率消耗。电压型继电器在额定电压下，其功率消耗不大于3W。电流型继电器在额定电流下，其功率消耗不大于0.3W。

（7）电寿命：1000次。

（8）继电器能耐受交流电压2kV、50Hz历时1min的介质强度试验。

（9）继电器质量：约为0.4kg。

实验四 中间继电器的实验

一、实验目的

中间继电器种类很多，目前国内生产的就有二十多个系列，数百种产品。本实验只选用上海继电器厂的DZ-31B型中间继电器和DZS-12B型延时中间继电器，希望能通过本实验熟悉中间继电器的实际结构、工作原理和基本特性，掌握对中间继电器的测试和调整方法。

二、预习与思考

（1）为什么目前在一些保护屏上广泛采用DZ-30B型中间继电器，它与DZ-10型中间继电器比较有哪些特点？

（2）使用中间继电器一般依据那几个指标进行选择？

（3）发电厂、变电站的继电器保护及自动装置中常用哪几种中间继电器？

三、实验设备

实验设备见表1-16。

表1-16　　实验设备

序号	设备名称	使用仪器名称	数量
1	控制屏		1
2	EPL-06	继电器（四）	1
3	EPL-12B	光示牌	1
4	EPL-14	按钮及电阻盘	1
5	EPL-12B	电秒表、相位仪	
6	EPL-11	直流电源及母线	1
7	EPL-11	直流仪表	1

四、实验内容

1. 按图 1-8 接线

2. 继电器动作值与返回值检验（DZ-31B 型）

R_p 采用 EPL-14 的 900 Ω电阻盘（分压器接法），注意引出端（A3、A2、A1）接线方式，不要接错，并把电阻盘调节旋钮逆时针调到底。

开关 S 采用 EPL-14 的按钮开关 SB1，处于弹出位置，即断开状态。直流电压表位于 EPL-11。

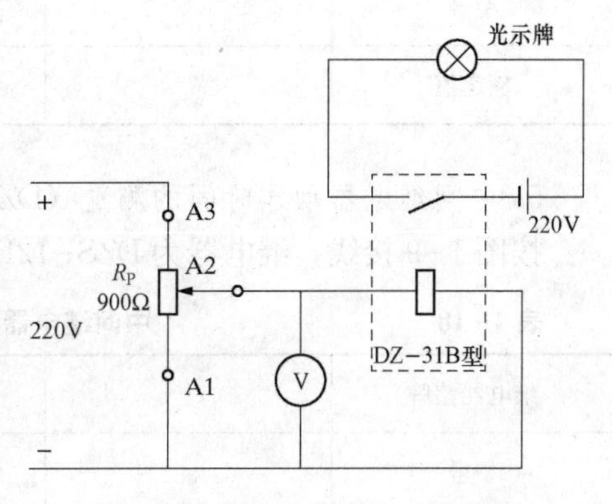

图 1-8 中间继电器实验接线图

(1) 动作电压 U_d 的测试。合上 220V 直流电源船形开关和按钮开关 SB1，顺时针调节可变电阻 R_p 使输出电压从最小位置慢慢升高，并同时观察直流电压表的读数和光示牌的动作情况。

当光示牌由灭变亮时，说明继电器动作，然后打开开关 S，再瞬时合上开关 S，看继电器能否动作。如不能动作，调节可变电阻 R_p 加大输出电压。在给继电器突然加入电压时，使衔铁完全被吸入的最低电压值，即为动作电压值 U_{dj}。

(2) 返回电压 U_{fj} 的测试。渐渐调节可变电阻 R_p 降低输出电压，使电压降低到触点开启，即继电器的衔铁返回到原来位置的最高电压即为 U_{fj}。

3. 继电器动作值与返回值检验（DZS-12B 型）

按图 1-8 接线，继电器为 DZS-12B 型，重复上述步骤，分别测出 DZS-12B 型的动作电压值 U_{dj} 和返回值 U_{fj}。

中间继电器动作时间测量实验接线见图 1-9。

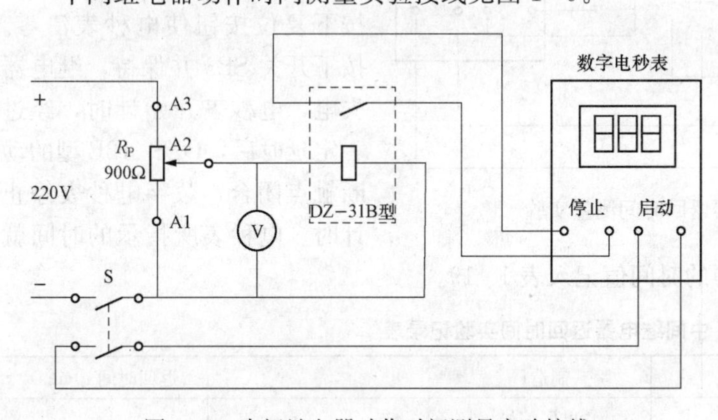

图 1-9 中间继电器动作时间测量实验接线

4. 中间继电器动作时间的测量（DZ-31B 型）

中间继电器的动作时间即为中间继电器得电到它刚动作的时间。

要求在测试时操作开关应保证触点同时接触与断开，以减少测量误差，SB1 为 EPL-14 上的操作按钮。

按图 1-9 接好线后，合上 220V 直流电源船形开关和按钮开关 SB1，顺时针调节可变电阻 R_p 使输出电压从最小位置慢慢升高到 220V，然后打开开关 S。在以下的实验中，R_p 的位置保持不变。

对数字电秒表进行复位并把量程置于 ms 挡（按下电秒表的毫秒按钮开关）。

合上开关 SB1，这时电秒表开始计时，当 DZ-31B 型动作时，其动合触点闭合，电秒表停止计数，电秒表所指示的时间即为继电器的动作时间，将所测得的数据记入表 1-17 中。

表 1 - 17 中间继电器动作时间实验记录表

继电器铭牌		制造厂		动作时间 t（ms）
型号		出厂编号		
额定值		电源性质		

5. 中间继电器动作时间的测量（DZS - 12B 型）

按图 1 - 9 接线，继电器为 DZS - 12B 型，重复上述步骤，测出 DZS - 12B 型的动作时间。

表 1 - 18 中间继电器延时返回时间实验记录表

继电器铭牌		制造厂		动作时间 t（ms）
型号		出厂编号		
额定值		电源性质		

6. 中间继电器返回时间测量

中间继电器的返回时间即为中间继电器从其失电到其触点完全动作为止的时间。其接线图如图 1 - 10 所示。S 为 EPL - 14 上的操作按钮 SB3。

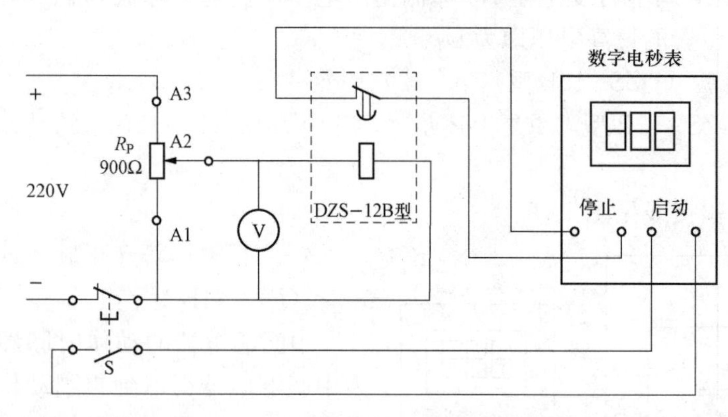

图 1 - 10 中间继电器返回时间测量实验

按图 1 - 10 接线，合上开关 SB3，中间继电器 DZS - 12B 型得电，合上 220V 直流电源船形开关，DZS - 12B 的动断触点瞬时断开，电秒表不计时，按下复位按钮使电秒表清零。按下开关 SB3 并保持，继电器失电，电秒表开始计时，经过一定延时后，DZS - 12B 型的动断触点闭合，数字电秒表停止计时。电秒表所指示的时间就是继电器的返回时间，将所测得的时间值记入表 1 - 19。

表 1 - 19 中间继电器返回时间实验记录表

继电器铭牌		制造厂		返回时间 t（ms）
型号		出厂编号		
额定值		电源性质		

五、实验报告

写出中间继电器实验报告和本次实验体会，并书面解答本实验的思考题。

附：DZ-30B 型中间继电器

（1）工作原理。继电器为电磁式继电器，当电压加在线圈两端时，衔铁向闭合位置运动，动合触点闭合，动断触点短开。断开电源时，衔铁在接触片的压力作用下，返回到原始状态，动合触点断开，动断触点闭合。

（2）型号规格如表 1-20 所示。

表 1-20　　型号规格

型号	额定值（V）	触点形式及对数	
		动合	转换
DZ-32B	12，24，48，110，220	3	3

（3）技术参数。

1）动作电压：为额定电压的 30%～70%。

2）返回电压：不小于额定电压的 5%。

3）动作时间：在额定电压时不大于 0.045s。

4）功率消耗：在额定电压时不大于 5W。

5）电寿命：5000 次。

6）触点断开容量：在电压不超过 250V，电流不大于 1A 的直流有感负荷电路（时间常数为 5×10^{-3}s）中，断开容量为 50W；在电压不超过 250V，电流不大于 3A 的交流电路（功率因数为 0.4）中，断开容量为 250VA。

7）触点长期允许通过电流为 5A。

8）介质强度：继电器导电部分与非导电部分之间，以及线圈电路与触点电路之间，能耐受交流 50Hz，电压 2kV，历时 1min 试验无击穿和闪络现象。

实验五　ZC-23 型晶体管冲击继电器实验

一、实验目的

（1）掌握 ZC-23 型冲击继电器的内部结构，电路原理和使用方法。

（2）了解冲击继电器的功用和特性，掌握其电路接线和实验操作方法。

二、预习与思考

（1）认真阅读指导书，你能根据实验要求绘制出实验数据记录表吗？

（2）ZC-23 型冲击继电器具有哪些特点？

（3）当 BL 一次侧信号回路的信号电流消失时，ZC-23 型冲击继电器发生动作是什么原因？

（4）图 1-11 中端子 3、11 间的电容 C、二极管 V2 并联在微分脉冲变流器一次侧起什么作用？

（5）冲击继电器最低动作电流如何测得？它的数值过高或过低对灵敏度和可靠性有何影响？对实验运行有无影响？为什么？

（6）信号动作为什么要有自保持？图1-11中哪个触点起了自保持作用？

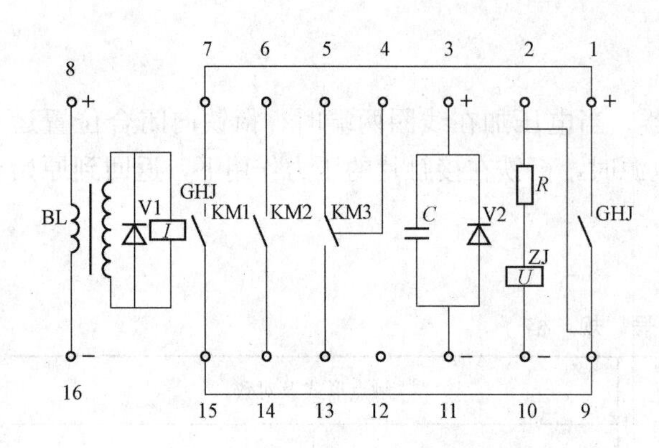

图1-11 ZC-23型冲击继电器内部接线

三、原理说明

ZC-23型冲击继电器是一种具有干簧密封触点的冲击继电器，并带有电容、二极管、滤波器，它可用于直流继电器保护及自动装置电路中作为音响集中控制元件。

图1-11为ZC-23型冲击继电器的内部接线图，它由微分脉冲变流器BL、单触点干簧继电器GHL、多触点干簧继电器KM及滤波元件等组成。单触点干簧继电器GHJ如图1-12所示，其由线圈和干簧管组成，干簧管是个密封的玻璃管，里面有一对动合的舌簧触点，管内充以惰性气体，用以减少触点的污染与电腐蚀。舌簧片由铁镍合金做成，触点接触面镀有金、钯等，它具有良好的导磁性能，又富有弹性，并具有良好的导电性能和较高的切断容量。

当套在干簧管外部的线圈中通以电流时，线圈内部有磁通通过，使舌簧片磁化，舌簧片的自由端所产生的磁极正好相反。当通过的电流达到继电器的启动值时干簧片由于磁的“异性相吸”而闭合，将外电路接通：当线圈中的电流降到继电器的返回值时，舌簧片靠本身的弹性返回，使触点断开。干簧继电器和电磁型继电器一样，不论通过电流线圈的电流极性如何，继电器都同样动作，因而动作没有方向性。

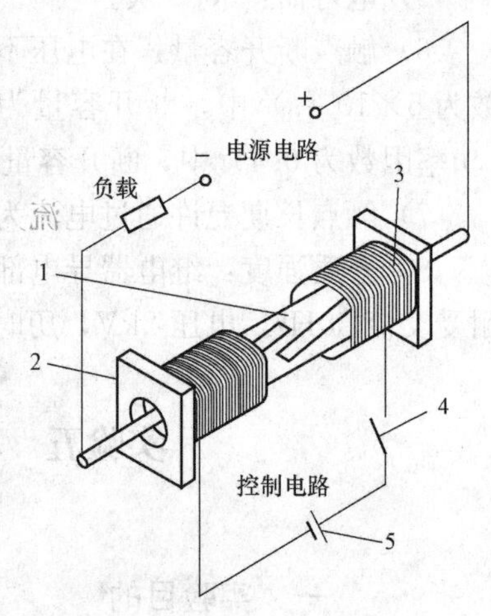

图1-12 单触点干簧继电器CHJ
1—干簧管；2—骨架；3—线圈；
4—控制开关；5—控制电源

干簧继电器具有灵敏度高、消耗功率小、动作迅速(约为几毫秒)、使用寿命长和不需要调整等优点。缺点是抗干扰性能欠佳，当直流波纹系数较大时易发生误动作。

冲击继电器的基本工作原理是：利用串联于直流信号回路中的微分脉冲变流器BL，将直流信号回路中每一个变化幅值不大于0.16A的（矩形的）电流脉冲，变成短暂的（尖顶的）电流脉冲去启动灵敏执行元件GHJ，再由GHJ去启动出口中间继电器KM，再由KM动合接点去启动电铃或电笛发出音响信号。当BL一次侧信号电流到达稳态时，GHL线圈上的尖顶脉冲消失，GHL接点空载返回，(即自动复归)，KM靠本身的触点KM1进行自保持。KM的复归只需瞬时端来KM1的自保持回路。

四、实验设备

实验设备见表1-21。

表1-21 实验设备

序号	设备名称	使用仪器名称	数量
1	控制屏		1
2	EPL-12B	光示牌	1
3	EPL-14	按钮及电阻盘	1
4	EPL-11	直流电源及母线	1
5	EPL-11	直流仪表	1
6	EPL-27	继电器（九）冲击继电器	1
7	EPL-42	电阻盘Ⅱ	1

五、实验步骤和操作方法

（1）内部各元器件外观质量检查。根据图1-11内部接线图对继电器内各元器件及接线情况进行外观质量检查，装置的接线及焊线应无松动和断损现象。同时弄清楚继电器各接线端子的用途。

（2）绝缘检查。首先将直流回路进、出线端子用导线短接起来，以免在检验时损坏有关元件，然后用1000V绝缘电阻表测量回路之间、各回路及触点对金属框架、各引出触点对直流回路的绝缘电阻（是否进行此项目由指导老师决定）。

（3）根据冲击继电器的额定工作电压、选择相应的直流操作电源。

（4）根据冲击继电器的冲击电流、最大稳定电流等技术参数，选择起始稳态电流值和冲击电流值。

（5）按图1-13进行接线，并将开关SB3断开，将R_P调在输出电压最小的位置。

（6）检查上述接线的正确性，确定无误后，接入直流操作电源。

（7）中间继电器KM的动作电压和返回电压测定。

中间继电器KM动作及返回电压测试接线图见图1-13，用一导线连接端子1、9，调节变阻器R，增大输出电压使中间继电器动作，读取动作电压值，此值不应大于额定电压的70%。然后再调节变阻器R_P降低输出电压直到继电器KM返回，读取返回电压值，此值不应小于其额定电压的5%。记录下实验数据，然后，拆除端1、9之间的连接线。

（8）继电器最小冲击动作电流测试。冲击继电器实验接线图见图1-14。

合上开关SB1，调节变阻器$R1$增大电流值，使A1毫安表读数略小于0.16A，然后断开SB1，并多次合上和断开SB1，观察继电器是否动作，若已动作（或不动作）可将电流减小（或增大）。反复按上述方法操作，直至找出最小冲击动作电流，要求比值应不大于

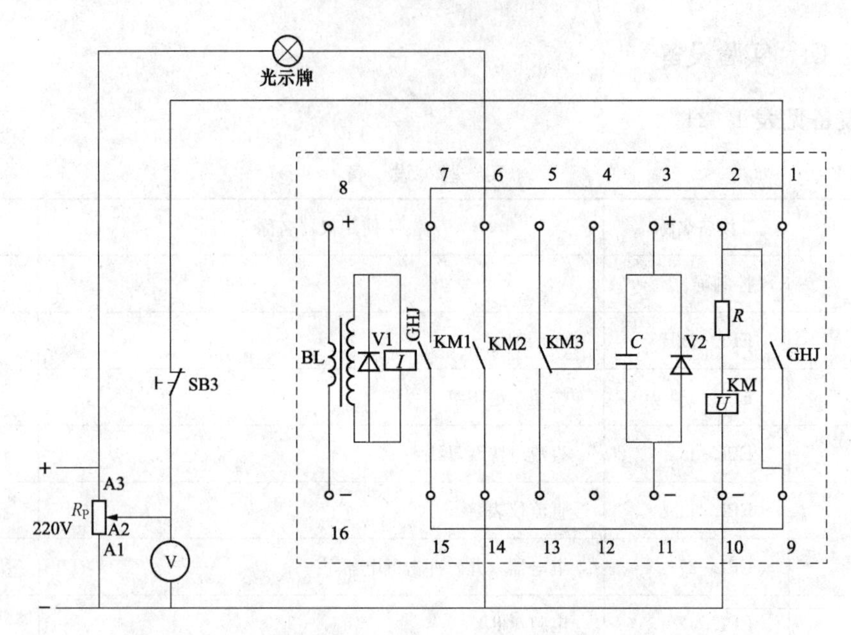

图 1-13　中间继电器 KM 动作及返回电压测试接线图

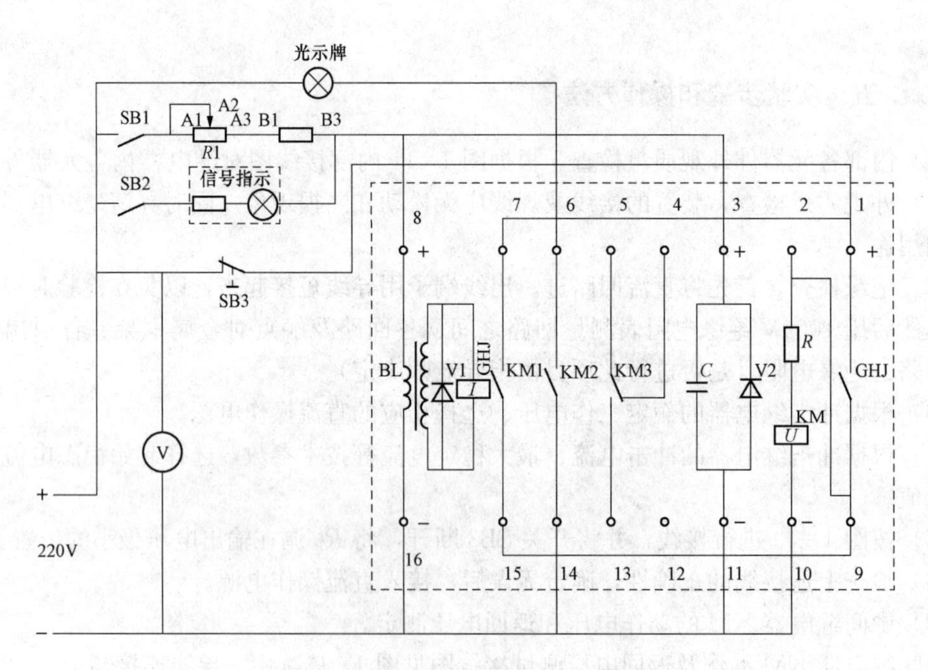

图 1-14　冲击继电器实验接线图

0.16A。图 1-14 中 SB3 是复归按钮，按 SB3 可消除自保持。

(9) 继电器的重复动作实验。合上 SB1、SB2、R2 阻值不变，保持上述最小冲击电流值，调节 $R1$，观察 A1 电流标，按 $0.16AX$（$1+X$）分挡选取稳态电流值（式中：$X=1\sim19$），在选定的各挡稳定电流下（在此实验中，我们只需侧 3 个固定值，0.16、0.32、0.48A），合上和断开 SB1，观察继电器动作情况，要求在任一点定值电流时继电器都可靠动作。在重复动作实验中要及时消除自保持（在选取电流固定值时，应注意直流电源和限流变阻器等设备是否过载）。

（10）旁路二极管 V1 的作用检查。当继电器动作后（触点回路监视灯亮），按下按钮 SB3 消除自保持，然后断开 SB1 观察继电器是否动作，要求在产生反向脉冲时继电器不动作，否则 V1 没有起到作用。

六、技术数据

（1）额定电压：220V。

（2）最小冲击动作电流不大于 0.16A。

（3）最大稳定电流 3.2A。

（4）出口中间元件 KM，当环境温度为+20℃，线圈处于冷态时在 70%额定电压下应可靠动作。在不低于 5% 的额定电压下应可靠返回。

（5）在极限温度（+50℃、−20℃）下继电器冲击动作电流不大于 0.2A。

（6）断开容量：电压不超过 220V，电流不超过 0.2A（出口中间元件 KM 触点），断开容量在直流有感负荷（$T=5\times10^{-3}$s）电路中为 40W，在电压不超过 220V，电流不超过 0.3A 的交流电路中为 50V·A。

（7）功率消耗。

1）在变流器 BL 一次绕组通过 3.2A 电流时，其功率消耗不大于 7W。

2）出口中间元件 KM，在额定电压下，其功率消耗不大于 10W。

七、注意事项

注意事项详见操作规程，按要求加入各挡试验电流。接线中要特别注意分清电流回路、电压回路、触点回路，要确保每个操作环节的正确性和安全性。

八、实验报告

实验过程中要把各项数据完整、准确、无误地记录下来。实验结束后，针对冲击继电器重复冲击起动的具体测试方法，按要求及时写出实验报告，并书面解答本实验思考题。

实验报告见表 1-22。

表 1-22　　实 验 报 告

名称		额定冲击动作电流	
型号		额定最大稳定电源	
测试数据	测试项目	实测参数	备注
	XMJ 最小冲击动作电流		
	KM 最小启动电压		
	KM 最高返回电压		

实验六　6～10kV 线路过电流保护实验

一、实验目的

（1）掌握过电流保护的电路原理，深入认识继电器保护自动装置的二次原理接线图和展开接线图。

（2）进行实际接线操作，掌握过电流保护的整定调试和动作试验方法。

二、预习与思考

（1）为什么要选定主要继电器的动作值，并且进行整定？

（2）过电流保护中哪一种继电器属于测量元件？

三、原理说明

电力自动化设备和继电保护设备称为二次设备，二次设备经导线或控制电缆以一定的方式与其他电气设备相连接的电路称为二次回路，或叫二次接线。二次电路图中的原理接线图和展开接线图是广泛应用的两种二次接线图。它是以两种不同的形式表示同一套继电保护电路。

（1）原理接线图。原理接线图用来表示继电保护和自动装置的工作原理。所有的电器都以整体的形式绘在一张图上，相互联系的电流回路、电压电路和直流回路都综合在一起，为了表明这种回路对一次回路的作用，将一次回路的有关部分也画在原理接线图里，这样就能对这个回路有一个明确的整体概念。图 1 - 15 表示 6～10kV 线路的过电流保护原理接线图，这也是最基本的继电保护电路。

图 1 - 16 为线路过电流保护展开图。

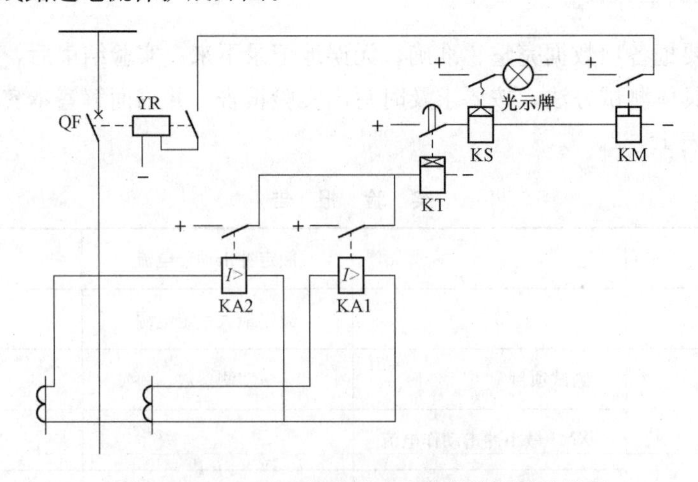

图 1 - 15　6～10kV 线路的过电流保护原理接线图

从图 1 - 16 中可以看出，整套保护装置由 5 只继电器组成，电流继电器 KA2、KA1 的线圈接于 A、C 两相电流互感器的二次绕组回路中，即两相两继电器式接线。当发生三相短

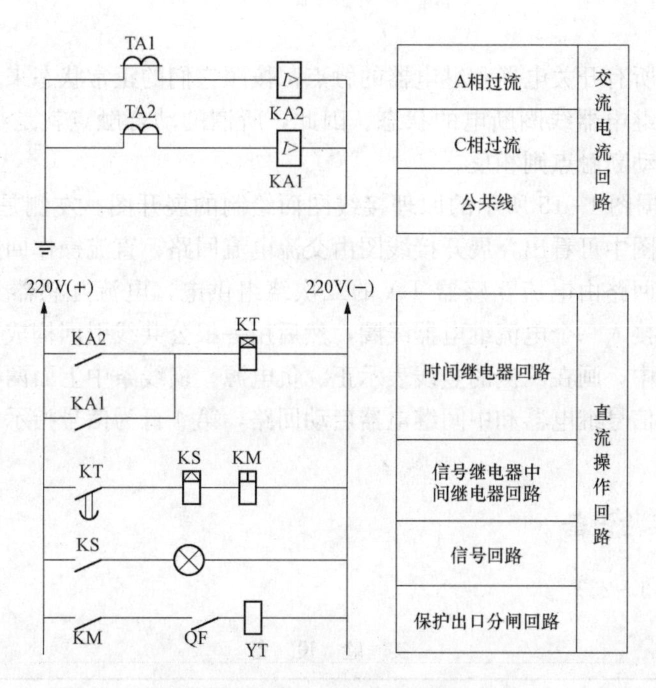

图 1-16 线路过电流保护展开图

路或任意两相短路时，流过继电器的电流超过整定值，其动合触点闭合，接通了时间继电器KT的线圈回路，直流电源电压加在时间继电器KT的线圈上，使其启动，经过一定时限后其延时触点闭合，接通信号继电器KS和保护出口中间继电器KM的线圈回路、二继电器同时启动，信号继电器KS触点闭合，发出6～10kV过流保护动作信号并自保持，中间继电器KM启动后把断路器的辅助触点QF和跳闸线圈YT二者串联接到直流电源中，跳闸线圈YT通电，跳闸电铁磁励磁，脱扣机构动作，使断路器跳闸，切断故障电路，断路器QF跳闸后，辅助触点分开，切断跳闸回路。

原理接线图主要用来表示继电保护和自动装置的工作原理和构成这套装置所需要的设备，它可作为二次回路设计的原始依据。由于原理接线图上各元件之间的联系是用整体连接表示的，没有画出它们的内部接线和引出端子的编号、回路的编号；直流仅标明电源的极性，没有标出从何熔断器下引出；信号部分在图中仅标出“至信号”，无具体接线。因此，只有原理接线图是不能进行二次回路施工的，还要有其他一些二次图纸配合才可，而展开接线图就是其中的一种。

(2) 展开接线图。展开接线图是将整个电路图按交流电流回路、交流电压回路和直流回路分别画成几个彼此独立的部分，仪表和电器的电流线圈、电压线圈和触点要分开画在不同的回路里，为了避免混淆，属于同一元件的线圈和触点采用相同的文字符号。

展开接线图一般是分成交流电流回路、交流电压回路、直流操作回路和信号回路等几个主要组成部分。每一部分又分成若干行，交流回路按a、b、c的相序，直流回路按继电器的动作顺序各行从上至下排列。每一行中各元件的线圈和触点按实际连接顺序排列，每一回路的右侧标有文字说明。

展开接线图中的图形符号和文字符号是按国家统一规定的图形符号和文字符号来表

示的。

二次接线图中所有开关电器和继电器的触点都按照它们的正常状态来表示，即指开关电器在非动作状态和继电器线圈断电的状态。因此，所谓的动合触点就是继电器线圈不通电时，该触点断开，动断触点则相反。

图 1 - 16 是根据图 1 - 15 所示的原理接线图而绘制的展开图。左侧是保护回路展开图，右侧是示意图。从图中可看出，展开接线图由交流电流回路、直流操作回路和信号回路 3 部分组成。交流电流回路由电流互感器 TA 的二次绕组供电，电流互感器又装在 A、C 两相上，其二次绕组各接入一个电流继电器线圈，然后用一根公共线引回构成不完全星形接线。

直流操作回路中，画在两侧的竖线表示正、负电源。横线条中上面两行为时间继电器启动回路，第 3 行为信号继电器和中间继电器启动回路，第 4 行为信号指示回路，第 5 行为跳闸回路。

四、实验设备

实验设备见表 1 - 23。

表 1 - 23　　实　验　设　备

序号	设备名称	使用仪器名称	数量
1	控制屏		1
2	EPL - 01C	断路器及触点控制回路	1
3	EPL - 41	电阻盘	1
4	EPL - 04	继电器（一）——DL - 21C 型电流继电器	1
5	EPL - 05	继电器（二）——DS - 21 型时间继电器	1
6	EPL - 06	继电器（四）——DZ - 31B 型中间继电器	1
7	EPL - 07	继电器（五）——DX - 8 型信号继电器	1
8	EPL - 12B	光示牌	1
9	EPL - 17A	三相电源	1
10	EPL - 11	直流电源及母线	1
11	EPL - 20A	变压器及单相可调电源	1

五、实验内容

（1）选择电流继电器的动作值（确定线圈接线方式）和时间继电器的动作时限。

（2）对电流继电器和时间继电器进行元件参数整定调试。电流继电器整定成 1.75A，时间继电器整定成 1.2s。

（3）线路过电流保护接线图见图 1 - 17，按图 1 - 17 接线。

KA分别采用EPL-04的DL-21C型电流继电器，KM采用DZ-31B型中间继电器，

（4）接通电源，电压从0V增大，直至保护动作，并认真观察动作过程，做好记录，深入理解多个继电器在保护电路中的作用和动作次序。

六、实验报告

（1）试验结束后要认真进行分析总结，按实验报告要求及时写出过电流保护的实验报告。

（2）叙述过电流保护整定试验的操作步骤。

（3）分析说明过电流保护装置的实际应用和保护范围。

（4）书面解答本实验的思考题。

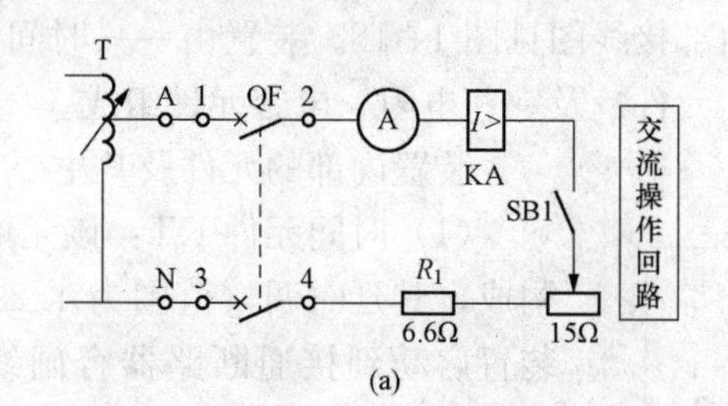

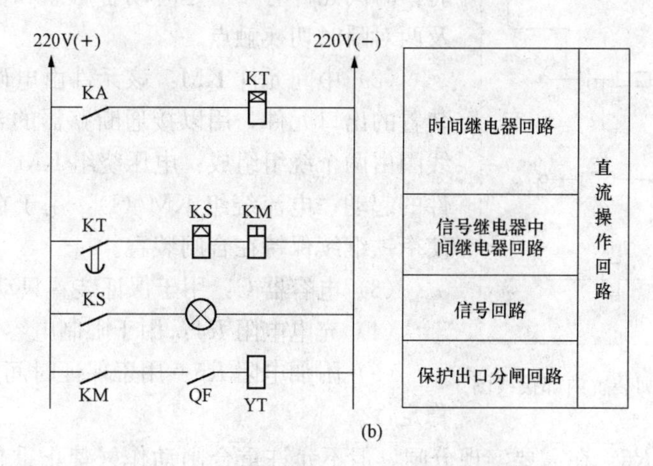

图1-17 线路过电流保护接线图

（a）线路过电流保护交流回路接线图；（b）线路过电流保护直流回路接线图

实验报告见表1-24。

表1-24 实 验 报 告

序号	代号	型号规格	实验整定值	线圈接法	整定范围	过电流时的工作状态
1	KA					
2	KT					
3	KS					
4	KM					

实验七 三相一次重合闸实验

一、实验目的

(1) 熟悉三相一次重合闸装置的电气结构和工作原理。

(2) 理解三相一次重合闸内部器件的功能和特性，掌握其实验操作及调整方法。

二、原理说明

DH-1型三相一次重合闸装置用于输电线路上实现三相一次自动重合闸，它是重要的保护设备。自动重合闸装置内部接线图见图1-18。装置由一只时间继电器（作为时间元件）、一只电码继电器（作为中间元件）及一些电阻、电容元件组成。

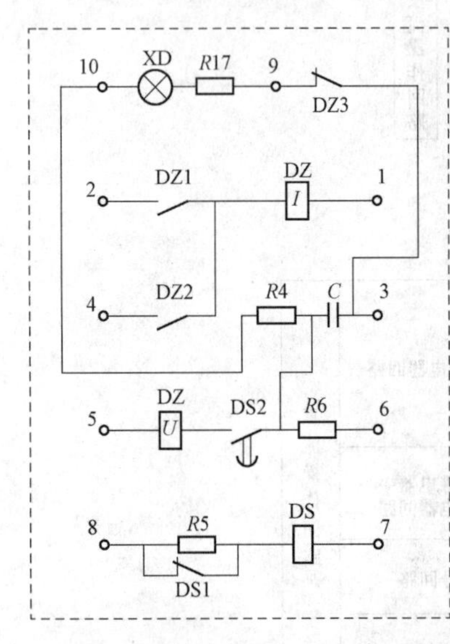

图1-18 自动重合闸装置内部接线图

装置内部的元件及其主要功用如下：

(1) 时间元件KT：该元件由DS-32型时间继电器构成，其延时调整范围为1.2～5s，用以调整从重合闸装置启动到接通断路器合闸线圈实现断路器重合的延时，时间元件有一对延时动合触点和一对延时滑动触点及两对瞬时切换触点。

(2) 中间元件KM：该元件由电码继电器构成，是装置的出口元件，用以接通断路器的合闸线圈。继电器线圈由两个绕组组成：电压绕组KM（V），用于中间元件的起动；电流绕组KM（I），用于在中间元件起动后使衔铁继续保持在合闸装置。

(3) 电容器C：用于保证装置只动作一次。

(4) 充电电阻$R4$：用于限制电容器的充电速度。

(5) 附加电阻$R5$：用于保证时间元件DS的线圈热稳定性。

(6) 放电电阻$R6$：在需要实现分闸，但不允许重合闸动作（禁止重合闸）时，电容器上储存的电能经过它放电。

(7) 信号灯HL：在装置的接线中，监视中间元件的触点KM1、KM2和控制按钮的辅助触点是否正常，故障发生时信号灯应熄灭，当直流电源发生中断时，信号灯也应熄灭。

(8) 附加电阻$R7$：用于降低信号灯HL上的电压。

在输电线路正常工作的情况下，重合闸装置中的电容器C经电阻$R4$已经充足电，整个装置处于准备动作状态。当断路器由于保护动作或其他原因而跳闸时，断路器的辅助触点启动重合闸装置的时间元件KT，经过延时后触点KT闭合，电容器C通过KT对KM（V）放电，KT启动后接通了KT（I）回路并自保持到断路器完成合闸。如果线路上发生的是暂时性故障，则合闸成功后，电容器自行充电，装置重新处于准备动作的状态。如线路上存在永久性故障，此时重合闸不成功，断路器第二次跳闸，但这一段时间远远小于电容器充电到使KT（V）启动所必须时间（15～25s），因而保证装置只动作一次。

三、实验设备

实验设备见表1-25。

表1-25 实验设备

序号	设备名称	使用仪器名称	数量
1	控制屏		1
2	EPL-08A	自动重合闸	1
3	EPL-12	光示牌	1
4	EPL-14	按钮及电阻盘	1
5	EPL-12	电秒表、相位仪	1
6	EPL-11	直流电源及母线	1
7	EPL-11	直流仪表	1

四、实验内容

(1) DH-1型自动重合闸装置实验接线见图1-19，按图接线完毕后首先进行自检，然后请指导教师检查（注意：接线时注意各接线端端口号）。

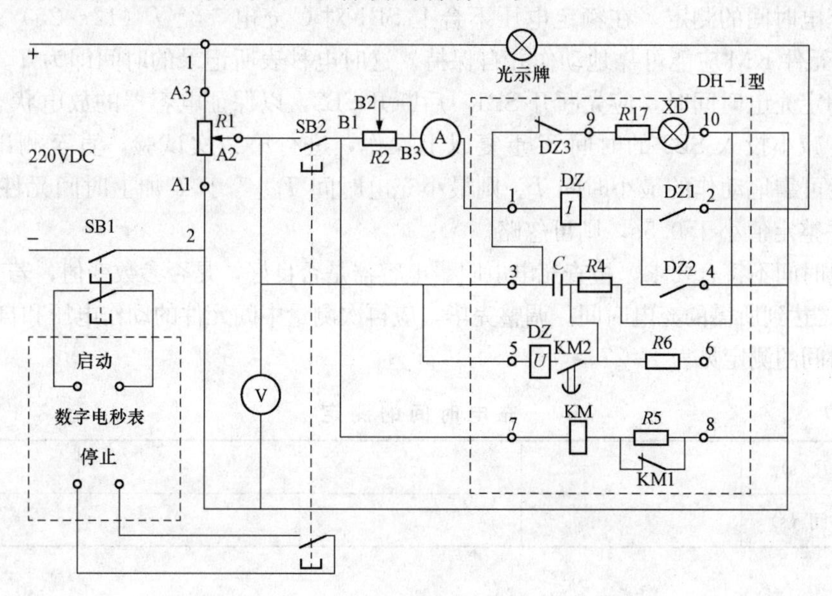

图1-19 DH-1型自动重合闸装置实验接线图

电位器$R1$、$R2$采用EPL-14的双联电阻盘，注意接线必须按照图示，否则容易引起保护动作。SB1、SB2采用EPL-14的按钮开关。

(2) 时间继电器动作电压、返回电压的测定。

1) 断开开关SB2，合上开关SB1，调节$R1$使直流电压表的读数为220V（装置的额定值），信号灯应发光，检查元件有无异常现象。

2）调节 $R1$ 逐步降低输入电压至最小，合上开关 SB2，再反方向调节 $R1$ 逐步提高输入电压至 KT 铁芯可靠吸合。读取此时的电压值 U_{dj} 填入表 1-26。

3）上述 KT 动作后，向反方向调节 $R1$，逐步降低输入电压，读取 KT 返回的最高电压 U_{fj}（以时间继电器在弹簧作用下返回起始位置为准），并断开开关 SB1 和 SB2。

时间继电器动作电压、返回电压的测定见表 1-26。

表 1-26　　时间继电器动作电压、返回电压的测定

动作电压 U_{dj}	返回电压 U_{fj}

（3）保证只动作一次测定。

1）闭合 220V 电源船形开关和 SB1 按钮开关，调节可变电阻 $R1$ 使直流电压表的读数为 220V。

2）断开 SB1 按钮开关，使自动重合闸电容器 C 放电，并对电秒表进行复位，量程置于秒挡。

3）合上 SB1，对电容器 C 进行充电，同时电秒表开始计时，当到 30s 后，合上 SB2，时间元件动作，经过整定时间过后，重合闸发出重合信号，光示牌闪一下。

4）接着断开 SB2，断开之后再合上 SB2，重合闸时间元件动作，但中间元件不应动作。

（4）充电时间的测定。在额定电压下合上 SB1 对 C 充电，经 T（12～25）s 后再投入 SB2，中间元件 KM 应能可靠地动作并自保持。这时电秒表所记录的时间即为 T。

重复测定充电时间时，应先断开 SB1，后断开 SB2，以保证电容器的放电状态。并将电秒表回零，减小投入 SB2 的时间 T 重复以上操作，进行第二次试验，直至测出中间元件 KM 刚好能可靠地动作的最小时间 T。则最小充电时间 T_{min} 等于 T 加上时间元件的整定值，若时间元件整定值小于 0.5s，则可忽略。

如充电时间不符合要求，检查充电电阻、电容器是否良好，是否参数变值，若变值需更换 C 或 $R4$ 使之达到所需的充电时间。调整完毕，应再次测量中间元件的动作电压和自保持电流。

充电时间的测定见表 1-27。

表 1-27　　充电时间的测定

投入时间 T（s）				
可靠动作时间（s）				

五、思考题

（1）电容式重合闸装置主要组成元件是什么？各起什么作用？

（2）电容式重合闸装置为什么只能重合一次？

（3）重合闸装置 KM 两个触点为什么串联使用？

（4）重合闸装置中充电电阻能否任意更换？为什么？

（5）重合闸装置不动作的内部原因是什么？

（6）电秒表使用应该注意什么？

六、实验报告

对重合闸继电器的动作特性，启动条件，实验操作进行总结，总结上述思考题，写出实验报告。

附：DH-1 型一次重合闸继电器

1. 主要技术数据

（1）直流额定电压：110、220V。

（2）中间元件电流绕组 KM（I）的额定保持电流为直流 0.25、0.5、1、2.5A。

（3）在额定电压下，电容器充电到使中间元件动作所必需的时间（装置准备下一次动作的时间）在 15～25s 范围内（时间元件的延时终止触点整定在 0.5s 时）。

（4）在 70%额定电压下，装置应保证可靠动作，此时电容器充电到使中间元件动作所必需的时间允许增长到 2min。

（5）当中间元件吸合后，在电流绕组流过额定电流时，断开电压绕组电压，衔铁应保持在吸合位置。

（6）中间元件的电流绕组 KM（I）允许流过 3 倍额定电流历时 1min。

（7）中间元件触点 KM 串联后，在额定电压下应能接通不小于 8A 的电流，历时 5s。

（8）在额定电压下，中间元件电流绕组 KM（I）的功耗应不大于 1W。

（9）时间元件的延时调整范围为 0.5～5s。

2. 装置的元件及其作用

（1）时间元件 KT。DS-32C/2 型时间继电器，它延时调整范围为 0.5～5s，它被用来调整从装置启动到发出接通断路器合闸线圈电路脉冲为止的延时。时间元件有延时滑动触点和延时终止触点以及两副瞬动转换触点。

（2）中间元件 KT。DZK-2 型中间继电器，它是装置的出口元件，用于发出接通断路器合闸线圈电路的脉冲。继电器电压绕组 KM（V）用于中间元件的启动，电流绕组 KM（I)用于中间元件启动使衔铁继续保持在合闸位置。

（3）电容器 C。用于保证装置只动作一次。

（4）充电电阻 $R4$。用于限制电容器的充电速度。

（5）附加电阻 $R5$。用于保证时间元件 KT 的线圈热稳定性。

（6）放电电阻 $R6$。在保护动作，但重合闸不应当动作（禁止重合闸）时，电容器经过它放电。

（7）信号灯 HL。在装置接线中，监视装置中充放电电阻和电容器以及中间元件电压线圈是否正常。

（8）附加电阻 $R7$。用于限制流过信号灯 HL 的电流。

3. 装置简单动作原理

当输电线路在正常情况下，重合闸装置中的电容器 C 经电阻 $R4$ 已经充满电，整个装置准备动作。当断路器由于保护动作或其他原因而跳闸时，断路器的辅助触点启动重合闸装置的时间元件 KT，经过延时终止触点 KT 闭合，电容器 C 通过 KT 对 KM（V）放电，KM（V)启动后接通 KM（I）回路并自保持到断路器完成合闸。如果线路上发生的是暂时性故障，则合闸成功后，电容器自行充电，装置重新处于准备动作状态。如线路上存在永久性故障，此时重合闸不成功，断路器第二次跳闸，但这一段时间远远小于电容器充电到使 KM（V）启动所必需的时间（15～25s），因而保证只动作一次。

实验八　自动重合闸后加速保护实验

一、实验目的

（1）熟悉自动重合闸后加速保护的接线原理。

（2）理解自动重合闸后加速的组成形式和技术特性，掌握其实验操作方法。

二、预习与思考

（1）图 1-21 中各个继电器的功用是什么？

（2）当线路发生故障时，由哪几个继电器及其触点，首先按正常的继电保护动作时限有选择性地作用于继电器跳闸？

（3）重合于持续故障时，保护再次启动，此时由哪几个继电器及其触点共同作用，实现后加速？

（4）在输电线路重合闸电路中，采用后加速时，加速回路中接入了 KM2 的什么触点？为什么？

（5）请分析自动重合闸后加速保护的优缺点？

（6）分析自动重合闸后加速保护实验的原理和整个动作过程，完成预习报告。

三、实验原理

重合闸后加速保护一般又简称为“后加速”，所谓后加速就是当线路第一次故障时，保护有选择性动作，然后，进行重合。如果重合于永久性故障上，则在断路器合闸后，再加速保护动作，瞬时切除故障，而与第一次动作是否带有时限无关。重合闸后加速保护的网络接线图见图 1-20。

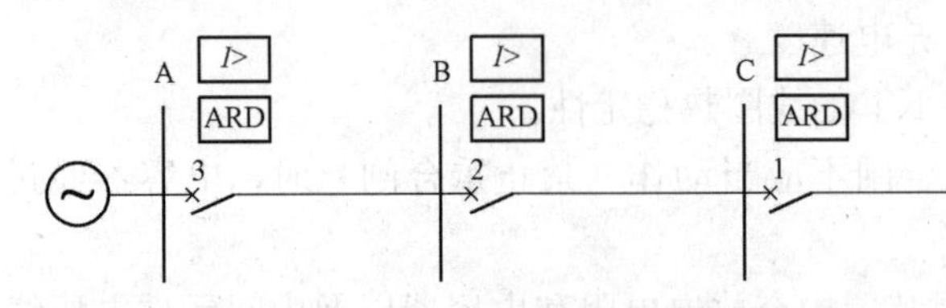

图 1-20　重合闸后加速保护的网络接线图

“后加速”的配合方式广泛应用于 35kV 以上的网络及对重要负荷供电的送电线路上。因为在这些线路上一般都装有性能比较完善的保护装置，例如，阶段式电流保护、距离保护等，因此，第一次有选择性地切除故障的时间（瞬时动作或具有 0.5s 的延时）均为系统运行所允许，而在重合闸以后加速保护的动作（一般是加速第Ⅱ段的动作，有时也可以加速第Ⅲ段的动作），就可以更快地切除永久性故障。

图 1-21 示出了自动重合闸后加速保护原理接线图。线路故障时，由于延时返回继电器 KM2 尚未动作，其动合触点仍断开，电流继电器 KA 动作后，启动时间继电器 KT，经一

定延时后，其触点闭合，启动出口中间继电器 KM1，使 QF 跳闸。QF 跳闸后，ARD 动作发出合闸脉冲。在发生合闸脉冲的同时，ARD 启动继电器 KM2，使其触点闭合。若故障为持续性故障，则保护第二次动作，经 KM2 的触点直接启动 KM1 而使断路器 QF 瞬时跳闸。

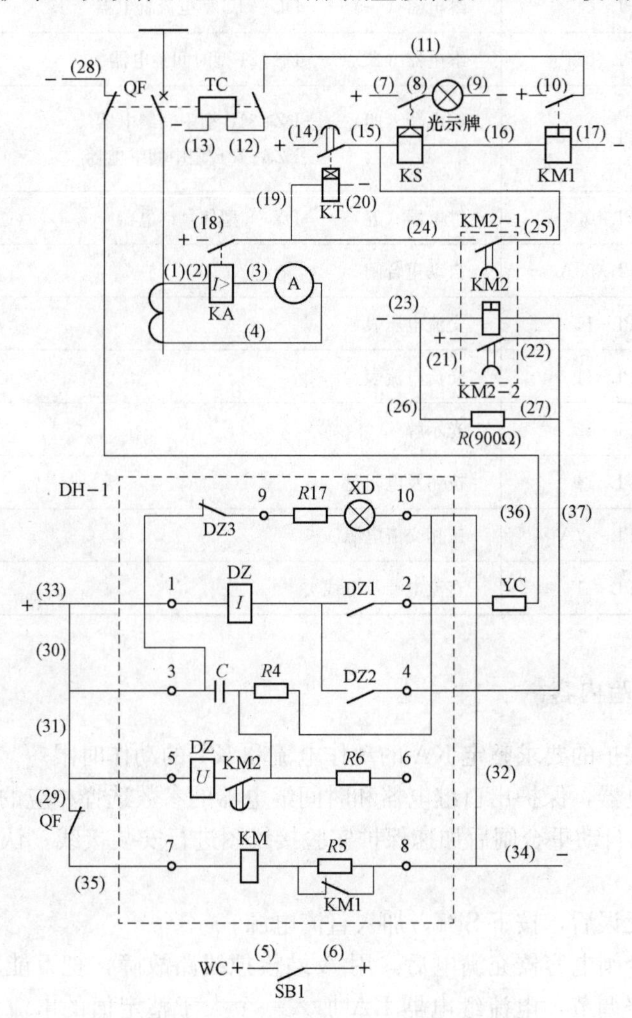

图 1-21 自动重合闸后加速保护原理接线图

四、实验设备

实验设备见表 1-28。

表 1-28 实 验 设 备

序号	设备名称	使用仪器名称	数量
1	控制屏		1
2	EPL-01	A 站保护	1
3	EPL-03A	故障点设置	

续表

序号	设备名称	使用仪器名称	数量
4	EPL-04	继电器（一）——DL-21C 型电流继电器	1
5	EPL-05	继电器（二）——DS-21 型时间继电器	1
6	EPL-06	继电器（四）——DZ-31B 型中间继电器 ——DZS-12B 型中间继电器	1
7	EPL-07	继电器（五）——DX-8 型信号继电器	1
8	EPL-08A	自动重合闸	1
9	EPL-11	交流电压表	1
10	EPL-11	交流电流表	1
11	EPL-12	光示牌	1
12	EPL-14	按钮及电阻盘	1
13	EPL-17A	三相交流电源	1
14	EPL-11	直流电源及母线	1

五、实验内容

（1）根据过流保护的要求整定 KA 的动作电流和 KT 的动作时限。

（2）由加速继电器，保护出口继电器和时间继电器的参数选择相应的操作电源。

（3）按图 1-21 自动重合闸后加速保护实验接线图进行安装接线。认真仔细检查后，再请指导老师检查。

（4）检查接线无误后，按下 SB1，加入直流电源。

（5）等自动重合闸电容器充满电后，用 A 站模拟线路故障，把万能转换开关打在电流保护处，再进行短路调节，电流继电器 KA 加入一个大于整定值的电流，此时加速继电器 KMZ 未启动，因此 KA 启动 KT，KT 经过一定时限启动 KM1，使断路器跳闸，同时经 KS 发信号。

（6）断路器跳闸后，重合闸发出合闸脉冲的同时，由 ZCH 出口触点 DZ 启动 KM2，KM2 动作后其延时断开的动合触点闭合，实现后加速。

（7）模拟持续性故障，观察后加速动作情况。此时 KM2 触点已经闭合，KA 动作信号不经过 KT，直接由 KM2 的延时追回触点传给 KS 和 KM1。

（8）完成实验后，再次按下 SB1，退出工作电源，为下次实验做好准备。

六、实验报告

分析后加速保护的动作特性，结合上述思考题写出实验报告。

实验报告见表 1-29。

表 1-29 实验报告

序号	代号	型号规格	实验整定值或额定工作值	线圈接法	SB 接通时	SB 断开时	用途
1	KA						
2	KT						
3	KS						
4	KM1						
5	KM2						

七、思考题

(1) 时间继电器 KT 及 KM 的延时设置目的是什么?

(2) KM2 动作后为何应按下 SB 按钮?

(3) 与 KM2 线圈并联的电阻有什么作用?

(4) KM2-2 触点的作用是什么?

实验九 闪光继电器构成的闪光装置实验和极化继电器原理实验

一、实验项目

(1) 闪光继电器构成的闪光装置实验。

(2) 极化继电器原理实验。

二、实验目的

(1) 掌握闪光继电器的用途和工作原理。

(2) 掌握双位置继电器的用途和工作原理。

三、实验仪器

(1) 实验 1:DX-3 型闪光继电器 1 个,指示灯 1 个,电阻盘 1 个,220V 直流电源 1 个,按钮 1 个(带动合、动断触点),导线若干。

(2) 实验 2:DLS-34A 双位置继电器 1 个,指示灯一个,220V 直流电源 1 个,按钮 2 个,导线若干。

四、实验原理

DX-3 型闪光继电器构成的闪光装置图见图 1-22,双位置继电器实验接线图见图 1-23。

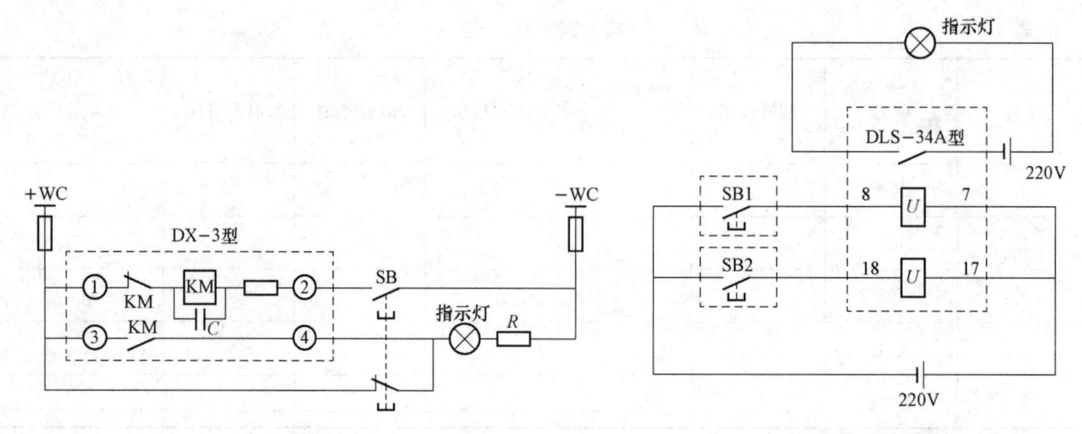

图 1-22　DX-3 型闪光继电器构成的闪光装置图　　　　图 1-23　双位置继电器实验接线图

1. 实验 1

按图 1-22 接线。接通电源后，在按钮 SB 没有按下时，指示灯亮；同时闪光继电器通电，在电容 C 的充放电作用下，KM 线圈交替励磁和失磁。当按下按钮后，按钮的动合触点闭合，通过 KM 的动合触点将脉冲正电源接入指示灯，使指示灯发闪光。

2. 实验 2

当双位置继电器其中一个线圈励磁时，产生电磁力矩吸合衔铁，带动触点系统动作；当励磁电流消失时，由于互锁机构的作用，使衔铁及触点系统保持在一个位置上。当另一个线圈励磁时，产生电磁力与前者相反，使得衔铁和触点系统保持在另外一个位置上。衔铁动作时可带动位置指示器，指示出继电器所处的位置。绿牌表示跳闸位置，红牌表示合闸位置。

五、实验方法与步骤

1. 实验 1

(1) 按图 1-22 接线。

(2) 接通电源后观察指示灯发平光，闪光继电器交替励磁和失磁。

(3) 按下按钮 SB，指示灯发闪光。

2. 实验 2

(1) 按图 1-23 接线。

(2) 按下 SB1，双位置继电器动作，指示灯亮；松开 SB1，继电器仍保持在动作状态。

(3) 按下 SB2，双位置继电器返回，指示灯灭；松开 SB2，继电器仍保持在返回状态。

实验十　防跳继电器实验

一、实验项目

防跳继电器实验。

二、实验目的

(1) 掌握防跳继电器的用途和工作原理。

(2) 能按照实验接线图进行接线并验证原理。

三、实验仪器

DZB-15B型防跳继电器1个、电阻盘2个、220V直流电源1个、按钮1个、直流电流表1块、直流电压表1块、导线若干。

四、实验原理

防跳继电器实验接线图（一）、（二）分别见图1-24、图1-25。

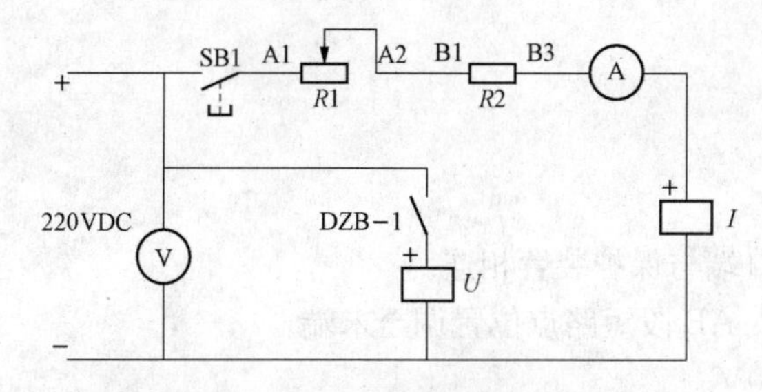

图1-24　防跳继电器实验接线图（一）

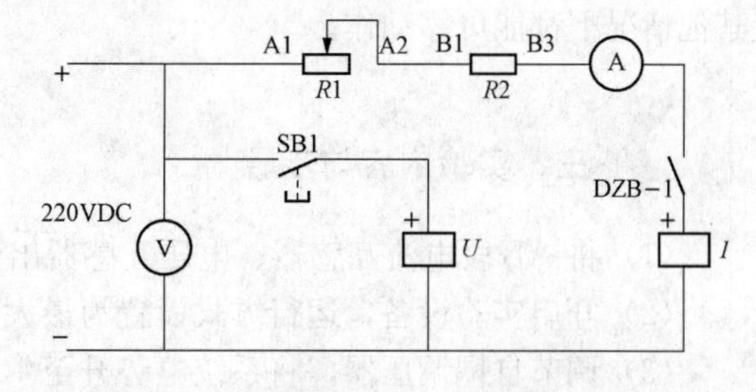

图1-25　防跳继电器实验接线图（二）

五、实验方法与步骤

1. 电流启动、电压保持实验

(1) 按图1-24接线，检查SB1在断开位置，将$R1$阻值调至最大。

(2) 接通电源，观察电压表读数为220V。

(3) 按下SB1，观察电流表读数。逐渐减小$R1$阻值，至防跳继电器刚刚动作，记录电流线圈的启动电流I_q。

(4) 断开SB1，防跳继电器仍保持在动作状态。

2. 电压启动、电流保持实验

(1) 按图1-25接线，检查SB1在断开位置，将$R1$阻值调至最大。

(2) 接通电源，观察电压表读数为220V。

(3) 按下SB1，防跳继电器应动作。

(4) 调节$R1$，使电流表电流为0.25A。

(5) 断开SB1，防跳继电器仍保持在动作状态。

实验十一　模拟系统正常、最大、最小运行方式实验

一、实验目的

理解电力系统的运行方式以及运行方式对继电保护的影响。

二、实验说明

在电力系统分析课程中，已学过电力系统等值网络的相关内容。可知输电线路长短、电

压级数、网络结构等，都会影响网络等值参数。在实际中，由于不同时刻投入系统的发电机变压器数有可能发生改变，高压线路检修等情况，网络参数也在发生变化。在继电保护课程中规定：通过保护安装处的短路电流最大时的运行方式称为系统最大运行方式，此时系统阻抗为最小。反之，当流过保护安装处的短路电流为最小时的运行方式称为系统最小运行方式，此时系统阻抗最大。由此可见，可将电力系统等效成一个电压源，最大最小运行方式是它在两个极端阻抗参数下的工况。

作为保护装置，应该保证被保护对象在任何工况下发生任何情况的故障，保护装置都能可靠动作。对于线路的电流电压保护，可以认为保护设计与整定中考虑了两种极端情况后，其他情况下都能可靠动作。

三、实验内容与步骤

（1）将 AB 段电流互感器、电压互感器出口端与保护装置相连。

（2）开启实验设备，运行方式设置为最大，AB 段短路点位置调至末端。

（3）调节自耦调压器，将系统电势升至 100V。

（4）合上 QF1，在 AB 段进行三相短路。记录此时的短路电流和 A 母线残余电压。

（5）解除短路故障，将运行方式切换至正常。合上 QF1，在 AB 段末端进行第二次短路，记录短路电流和 A 母线残余电压。

（6）解除短路故障，将运行方式切换至最小，重复步骤（5），记录短路电流和 A 母线残余电压。

（7）将实验数据填入表 1 - 29。

四、实验报告

（1）计算两相短路和三相短路时的短路电流和母线残余电压。

三相短路时
$$I_{K}^{(3)}=\frac{E_{\varphi}}{X_{X}+x_{1}l}$$
$$U_{cy}=\sqrt{3}I_{k}^{(3)}x_{1}l$$

两相短路时
$$I_{k}^{(2)}=\frac{\sqrt{3}}{2}\frac{E_{\varphi}}{X_{x}+x_{1}l}$$

$$U_{cy}^{(2)}=2\cdot I_{k}^{(2)}\cdot X_{L}=2\cdot\frac{\sqrt{3}}{2}\cdot I_{k}^{(3)}\cdot x_{1}l=\sqrt{3}\cdot I_{k}^{(3)}\cdot x_{1}l$$

式中 E_{φ}——系统次暂态相电势；

X_{X}——系统电抗；

x_{1}——被保护线路每千米电抗；

l——被保护线路的全长。

注：$x_{1}l$ 在实验计算中，直接用模拟线路电阻值代入，$X_{L}=x_{1}l$。

（2）根据上面的计算模型，计算各种运行方式下，三相短路时母线残压和短路电流的理论值。

（3）将计算数据和实验中的记录数据填入表 1 - 30。

AB 段线路末端三相短路电流电压值见表 1 - 30。

表 1 - 30　　AB 段线路末端三相短路电流电压值

项目	实测值			计算值		
	最大方式	正常方式	最小方式	最大方式	正常方式	最小方式
残余电压						
短路电流						

(4) 分析数据，说明运行方式将如何影响残余电压和短路电流。

(5) 思考运行方式对电流电压保护的影响。

保护装置外部接线图见图 1 - 26。

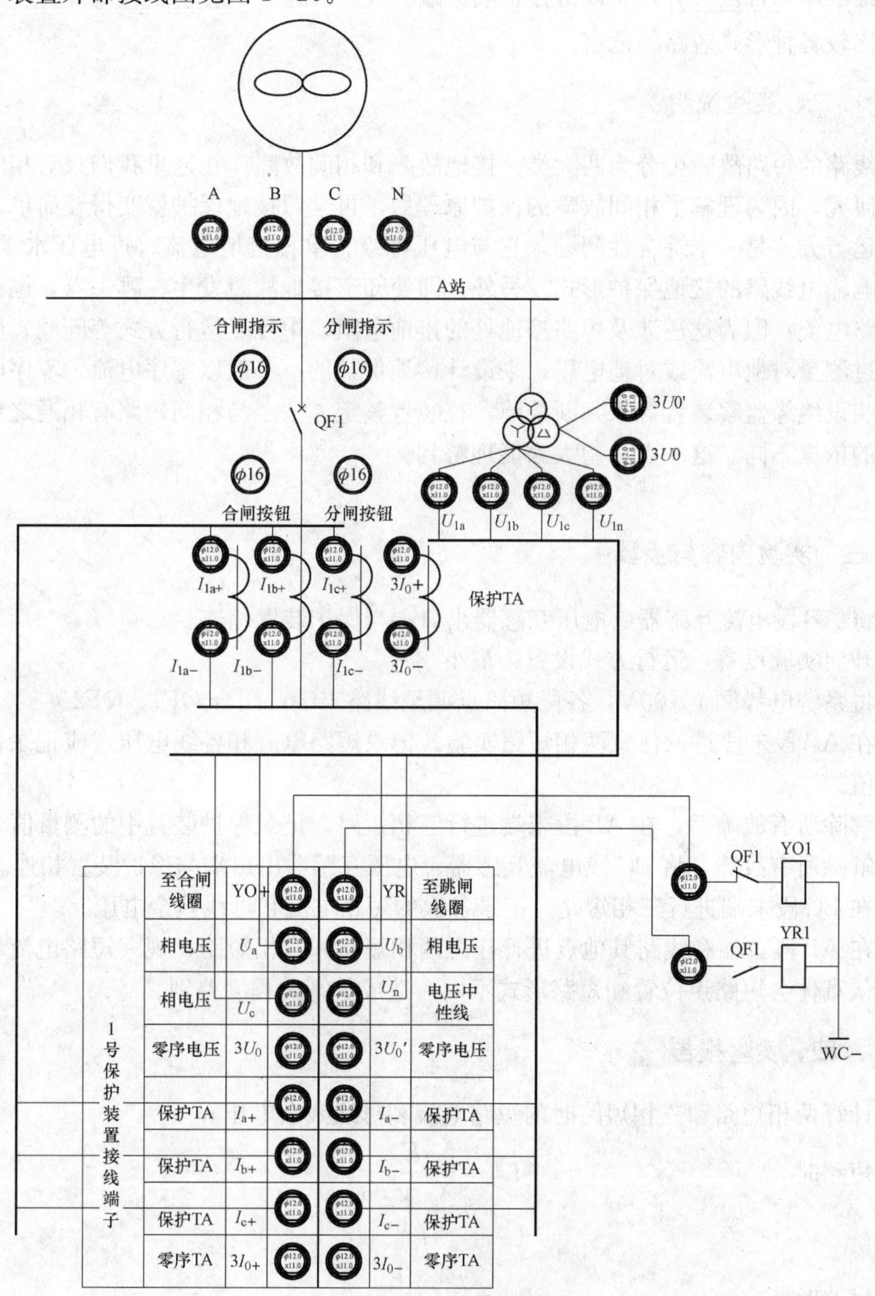

图 1 - 26　保护装置外部接线图

实验十二 模拟系统短路实验

一、实验目的

（1）掌握输电线路相间短路电流和残余电压的计算。

（2）了解输电线路短路的各种形式。

（3）了解中性点运行方式对继电保护的影响。

（4）比较各种形式短路的危害。

二、实验说明

输电线路的短路故障可分为两大类：接地故障和相间故障。在这里我们只对相间短路的情况进行研究，因为理解了相间故障的保护原理后，再学习接地保护就变得较简单。大家知道中性点运行方式是一个综合性问题，它与电压等级、单相接地电流、过电压水平等有关。它直接影响输电线路的接地保护形式。另外，即使知道接地故障发生在哪一点，也很难精确计算其短路电流；因为这还涉及短路接地处的接地电阻、中性点运行方式等问题，所以基本上没有通过测量对地电流或对地电压，来设计接地保护的。一般以零序电流、零序电压、接地阻抗或装设绝缘监察装置等来判断故障。在装置整定方法上与相间短路有相通之处，只是判断故障的依据不同。这一点希望大家能理解到。

三、实验内容与步骤

（1）将 AB 段电流互感器、电压互感器出口端与保护装置相连。

（2）开启实验设备，运行方式设置为最小。

（3）将系统电势调至 100V，各段短路点调至线路末端，闭合 QF1、QF2。

（4）在 AB 段末段进行任意两相短路实验，记录短路电流和各线电压，应记录保护装置中的测量值。

（5）解除所有故障后，在 AB 段末端进行三相短路，记录保护装置中的测量值。

（6）解除所有故障，将 BC 段电流互感器、电压互感器出口端与保护装置相连。

（7）在 BC 段末端进行三相短路，记录各次的短路电流和母线残余电压。

（8）在 AB 段首端和线路其他点进行任意两相短路和三相短路，观察短路电流和母线残余电压。认真体会短路点位置和短路形式不同，造成危害的程度差别。

四、实验报告

（1）计算两相短路和三相短路时的短路电流和母线残余电压。

三相短路时
$$I_{k}^{(3)}=\frac{E_{\varphi}}{X_{X}+x_{1}l}$$

$$U_{cy}=\sqrt{3}I_{k}^{(3)}x_{1}l$$

两相短路时
$$I_{k}^{(2)}=\frac{\sqrt{3}}{2}\frac{E_{\varphi}}{X_{X}+x_{1}l}$$

$$U_{cy}^{(2)} = 2 \cdot I_k^{(2)} \cdot X_L = 2 \cdot \frac{\sqrt{3}}{2} \cdot I_k^{(3)} \cdot x_1 l = \sqrt{3} \cdot I_k^{(3)} \cdot x_1 l$$

式中 $E_φ$——系统次暂态相电势；

X_X——系统电抗；

x_1——被保护线路每千米电抗；

l——被保护线路的全长。

注：$x_1 l$ 在实验计算中，直接用模拟线路电阻值代入，$x_1 = x_1 l$。

(2) 将计算值和实测值填入表 1-31。

表 1-31 计算值和实测值

项目	AB 段末端		BC 段末端	
	计算值	实测值	计算值	实测值
两相短路				
三相短路				
短路残压				

实验十三 保护装置静态实验

(此实验在微机保护装置出厂前，厂家已测试过，为避免对装置产生损坏，建议不开设此实验)

一、实验目的

(1) 了解国家对新安装微机保护装置的相关检查规则。

(2) 掌握微机保护装置静态实验项目和方法。

二、实验说明

根据国家颁布的检验规程，新上的微机保护装置应进行相关试验。主要有外部检查、静态实验和交流动态实验。

(1) 微机保护的外部检查。常规的外部检查内容：

1) 检查保护屏上的标志以及切换设备的标志是否完整、正确、清楚，是否与图纸相符。

2) 检查各插件的印刷电路板是否有虚焊、线头松动，集成块是否插紧、放置是否正确等。

3) 根据说明书，将插件内跳线按逻辑要求逐个设置好。

4) 检查开关电源的子排上的接线额定工作电压，微机保护装置的额定电压及额定电流是否与图纸相符。

5) 检查背面板接线以及端是否连接可靠，切换压板上的螺钉应紧固。

绝缘检查内容：

a. 绝缘检查前的准备工作。用兆欧表进行绝缘检查时，为防止高电压将芯片击穿，应先断开直流电源拔出CPU插件，电源插件和继电器插件插入。将通信线与微机保护装置断开，投入逆变电源插件及保护屏上各压板。断开收发信机及其他保护之间的有关连线。

除此之外，微机保护屏要求有良好可靠的接地，接地电阻应符合设计要求。所有测量仪器外壳应与保护屏在同一点接地。

b. 对地绝缘电阻要求。对保护屏内部微机保护装置用1000V兆欧表分别对交流电流回路、直流电压回路、信号回路、出口引出触点，进行对地绝缘电阻测试，要求大于10MΩ。

用1000V绝缘电阻表对交流电流回路、直流电压回路、信号回路、出口引出触点全部短接后对地进行绝缘电阻测试，应大于1.0MΩ。

c. 耐压实验及要求。上述实验合格后，将上述回路短接后施加工频电压1000V，做历时1min的耐压试验。试验过程不应出现击穿或闪络现象。试验结束后，复测整个二次回路绝缘电阻应无显著变化。

(2) 微机保护装置静态实验。静态实验主要有以下几种类型：电源部分检查，硬件检查，保护软件版本和CRC码检验，开关量输入回路校验，微机保护交流采样回路校验，定值输入功能与保护逻辑检验。具体操作与要求在实验方法中列出。

(3) 微机保护的交流动态实验。交流动态实验以微机保护整组传动实验为主，它包括了微机保护与所有二次回路及断路器的联动实验，不仅能检查出回路中的不正确接线，而且能检查微机保护之间的配合情况。在投入运行前的带负荷实验中，应检查电流、电压互感器的变比、极性的正确性，以保证在保护投运后的正常运行。交流动态实验主要包括整组传动实验、与其他保护的传动配合实验、高频通道连调实验、带负荷实验。

三、实验方法

用于不同电压等级线路中的微机线路保护装置，具备的功能差异较大。所以静态实验检验项目也不一样，这里根据实验中所使用的装置，列写出一些静态实验方法。静态实验一定要在熟读装置说明书、操作手册与端子图后，在老师的指导下进行，谨防损坏保护装置。实验项目应根据实验室条件（配套设施）选做。实验台能提供开关、可调交流电源、固定高压直流电源、秒表、导线。

1. 微机保护电源部分检查

电源插件被拔出和所有插件均插入的正常带负载情况下，调节交流工作电压至80%U_N、100%U_N、115%U_N，在稳压电源插件板上或插件内部的探针上测量各直流输出电压值、纹波电压应在允许范围内。所有插件均插入时，装置应能正常工作（如果稳压电源空载时不能满足要求，就不要进行带载试验，以免损伤芯片）。

2. 硬件检查

(1) 屏幕菜单与键盘检查：检查液晶显示器是否接触不良、液晶溢出或屏幕字符缺笔画等异常情况。检查键盘是否存在按键不可靠，光标上、下移动不灵活。如果出现异常，则在断电后将接口板拔下，查看插件内部的显示器部分是否有松动或换一块显示器，或撕开面板粘胶，查看键盘按钮处的膜片与电路接触是否可靠。

(2) 定值修改及固化功能检验。进入定值修改模式，任意修改几组定值，然后存储退出，保护进入运行状态。再检查一遍，定值是否真正修改过。

(3) 整定值失电保护功能检查。在整定值修改后，关闭保护电源经过 10s 时间再上电，要求整定值不变。

(4) 时钟整定及掉点保护功能检验。时钟修改后，关闭保护电源并经 10s 后再上电，要求时钟运行良好。

(5) 告警回路检查。在关机、保护装置故障及异常情况下，告警继电器触点应可靠闭合。

3. 开关量输入回路校验

校验的方法是：投退压板、切换开关或用短接线将输入公共端（+24V）与开关量输入端子短接，通过查询保护装置来校验变位的开关量是否与短接端子的开关量相同。对每个 CPU 插件的开关量均要仔细检查，并做记录。

4. 微机保护交流采样回路检查（此时应检查装置一级菜单保护信息下的保护电量，不能以测量电量为准）

(1) 检验零点漂移。待微机保护装置开机达半小时，各芯片插件热稳定后方可进行该项目检查。将其交流电流回路短路，交流电压回路开路，分别检查各 CPU 通道的采样值和有效值。如果电流回路零漂达±0.5 以上，就会影响保护对外加量的正确反应。对此应调 VFC 插件的可调电阻，将零漂调到符合规定要求。除此之外，还要求在一段时间内（几分钟）零漂值稳定在规定范围内（此时应检查装置一级菜单保护信息下的保护电量，不能以测量电量为准）。

(2) 检验电流、电压回路的平衡度。各电流端子顺极性串联，如图 1-27 所示。在 I_a 与 $3I_0$ 两端加 1～5A 的电流。并注意各相电流示值的差异（此时应检查装置一级菜单保护信息下的保护电量，不能以测量电量为准）。对于电压回路，端子同极性并联，如图 1-28 所示。在 U_a 与 U_n 之间加 50～100V 的电压，并注意各电压值相差多少（此时可观擦测量信息）。

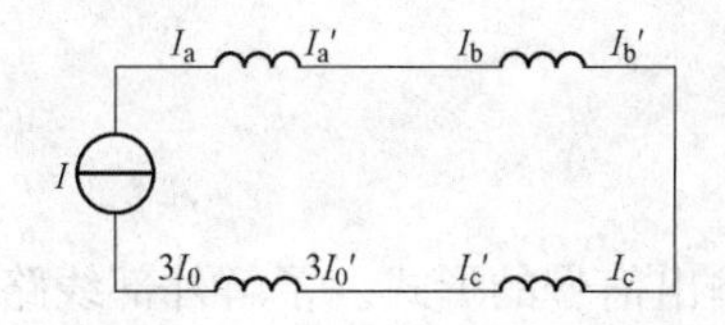

图 1-27 各电流端子顺极性串联

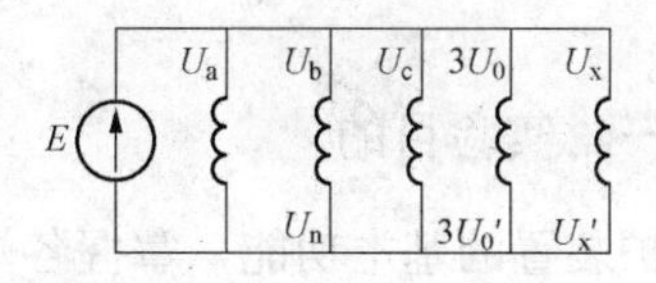

图 1-28 端子同极性并联

(3) 通道线性度检查。所谓通道线性度是指改变实验电压或电流时，采样获得的测量值应按比例变化并且满足误差要求。该实验主要用于检查保护交流电压、电流回路对高、中、低值测量时的误差是否都在允许范围内，尤其要注意低值端的误差。

实验接线图仍与图 1-27、图 1-28 相同。按照微机保护的适用条件，调整实验电压分别施加 60、30、5、1V，电流通入为 $0.2I_N$、$0.1I_N$，监视屏幕菜单中各通道的电压、电流采样值的线性度。

对于实验低值：1V、$0.1I_N$、$0.2I_N$ 与外部测量表记录的误差应不大于 10%，其他误差应不大于 2%。

5. 功耗测试

(1) 直流回路功耗测试。图 1-29 为测定直流功耗回路图。

(2) 交流电压回路功耗测量。如图 1-30 (a) 所示，对每相相电压回路施加额定电压，

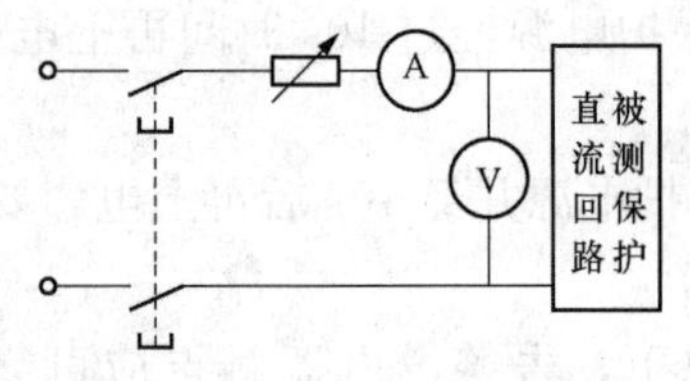

图 1-29 测定直流功耗回路

测量相应回路的电流值，并求出各相电压回路功耗。要求三相电压功耗基本平衡并小于 1VA，$3U_0$ 回路的功耗也应小于 1VA。

（3）交流电流回路功耗测量。如图 1-30（b）所示，对每相电压回路分别通入额定电流值，测量每相交流电流及 $3I_0$ 电流回路电压值得出每相交流电流回路功耗。要求三相负载应基本平衡，每相功耗小于 5VA。

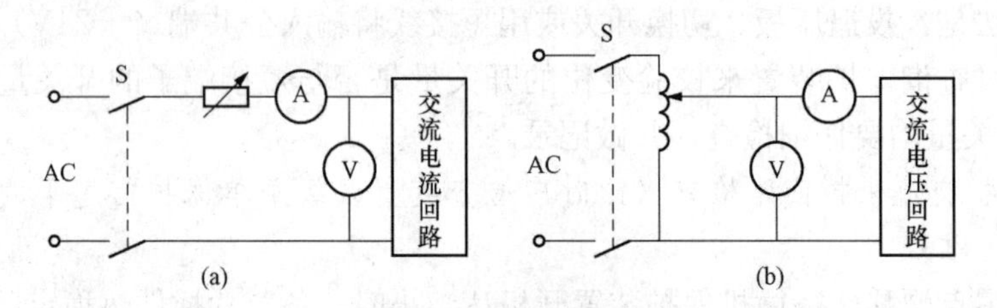

图 1-30 交流回路功耗测量电路

（a）交流电压回路功耗测量；（b）交流电流回路功耗测量

四、实验报告

（1）微机保护装置投运前，应做哪些试验？

（2）你了解微机保护的运行管理规则吗？

（3）记录各检查项目的检查结果。并对装置静态特性做出评价。

实验十四 微机保护装置基本功能实验

一、实验目的

熟悉保护装置的基本功能，掌握各端子输入输出信号的形式。了解外部线路的连接和保护的逻辑关系。

二、实验说明

熟悉一下保护装置的使用方法，有助于以后实验的正常开展。这里将主要介绍保护装置基本功能的实现方法。

保护装置主要由 3 块插件（CPU 插件、电源及互感器插件、继电器插件）和显示屏组成。实验装置面板上引出了保护装置 B 互感器部分的全部输入端子。通过接入不同的电流、电压信号和对保护装置进行相应的整定，就可实现相应的保护功能。

3 段独立的过电流保护功能，它以比较输入电流和整定电流值大小为主，并可以采用低电压或方向闭锁该功能。

反时限保护功能。提供三种反时限特性。

三相一次自动重合闸。与保护的配合方式可以选择前加速或后加速，为方便在多种场合下的使用，设有检同期、检无压及不检对侧重合方式。重合闸时间可以根据所使用的断路器情况进行调整。

加速保护是一段非独立的电流保护功能，它应与自动重合闸功能配合使用；并根据线路和重合闸配合的具体情况，选择前加速或后加速。

三、实验方法

挂箱接线端子分为两部分：一部分为交流输入信号采集部分，另一部分为直流控制及信号输出部分。保护装置外部接线图如图 1 - 26 所示。图 1 - 26 给出了一份比较全的接线图，在后面所叙的实验中，不是每个实验都必须按此图接线。电压采集部分，只有当实验需要电压闭锁环节时才必须接入。

(1) 在保护装置中任选一段电流保护，其他保护功能退出，将电流整定值设置为 2.5A，时间定值设为 3s。将系统电压升至 100V，在线路末端进行三相短路，向线路阻抗减小方向调整短路点位置，直至短路电流达 2.5A 为止。此时，保护装置将发出跳闸脉冲，这就是一个最简单的电流动作试验。装置只判断电流大小，根据整定时限，延迟跳闸脉冲发出时间。

(2) 将重合闸和加速保护功能投入。重合闸设置为检无压或不检，采用后加速保护，加速电流 2.0A，加速时间为 0，重合闸时间 0.5s。同上，将电流调至 2.5A 后，保护装置发出跳闸信号。断路器跳闸后 0.5s，保护装置发出合闸信号，如果合闸后线路电流低于 2.0A，保护装置将不再动作；如果合闸后，线路电流大于 2.0A，断路器将立即跳闸（即无时限动作）。如果采用前加速，当线路出现故障时，第一次跳闸是以速断保护中整定的电流、时限为动作依据的。如果线路故障未消除，重合闸后，保护装置仍以电流保护设置的电流、时限作为判跳依据。

(3) 将电流保护中电流整定值设置为 2.5A，低电压闭锁投入，电压值为 70V，时限设置为 0，其他保护功能退出。将系统电压升至 100V，在 AB 段末端进行三相短路。虽然电流大于 2.5A，但是电压仍高于 60V，所以保护装置不会动作。缓慢向线路阻抗减小方向调整短路点位置，并注意电压值的变化，电压低于 60V 时，保护装置立即发出跳闸脉冲。

(4) 将反时限保护投入使用，其他保护功能退出。将电流定值设置为 2.5A，时限定值设置为 2s，分别在 AB 段不同点进行三相短路，注意感觉不同点保护动作时间的长短。改变反时限特性，重复实验。注意相同短路电流下，不同反实现特性的时限长短。

四、问题思考

(1) 如果将保护装置中三段电流保护用于线路的三段式电流保护，一定要把第一段设置成电流速断，第三段设置成定时限过电流吗？

(2) 如果保护装置的电流保护功能采用低电压闭锁，低电压和过电流是什么样的逻辑关系。

(3) 实验中，测量 TA 为什么可以和保护 TA 串联使用？

(4) 零序电流和零序电压该如何接入保护装置？同期电压输入端接的是什么量？

实验十五 微机过电流保护

一、实验目的

(1) 掌握过电流保护的原理和整定计算方法。

（2）熟悉过电流保护的特点。

二、基本原理

在图 1-31 所示的单侧电源辐射形电网中，线路 L1、L2、L3 正常运行时都通过负荷电流。当 d_3 处发生短路时，电源送出短路电流至 d_3 处。保护装置通过的电流 1、2、3 中通过的电流都超过正常值，但是根据电网运行的要求，只希望装置 3 动作，使断路器 3QF 跳闸，切除故障线路 L3，而不希望保护装置 1 和 2 动作使断路器 1QF 和 2QF 跳闸，这样可以使线路 L1 和 L2 继续送电至变电站 B 和 C，为了达到这一要求，应该使保护装置 1、2、3 的动作时限 t_1、t_2、t_3 满足以下条件，即

$$t_1 > t_2 > t_3$$

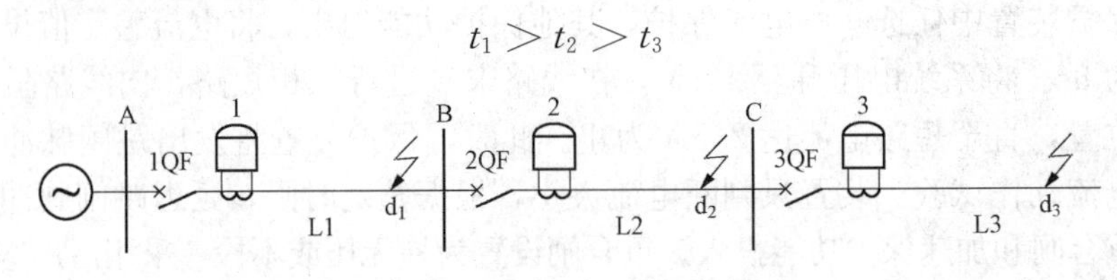

图 1-31 单侧电源辐射形电网

三、整定计算

（1）动作电流。在图 1-31 所示的电网中，对线路 L2 来讲，正常运行时，L2 可能通过的最大电流称为最大负荷电流 $I_{fh \cdot max}$，这时过电流保护装置 2 的启动元件不应该启动，即动作电流 $I_{dZ} > I_{fh \cdot max}$

L3 上发生短路时，L2 通过短路电流 I_d，过电流保护装置 2 的启动元件虽然会启动，但是由于它的动作时限大于保护装置 3 的动作时限，保护装置 3 首先动作于 3QF 跳闸，切除短路故障。

故障线路 L3 被切除后，保护装置 2 的启动元件和时限元件应立即返回，否则保护装置 2 会使 QF2 跳闸，造成无选择性动作。故障线路 L3 被切除后再投入运行时，线路 L2 继续向变电站 C 供电，由于变电站 C 的负荷中电动机自启动的原因，L2 中通过的电流为 $K_{zq} I_{fh \cdot max}$（K_{zq}为自启动系数，它大于 1，其数值根据变电站供电负荷的具体情况而定），因而启动元件的返回电流 I_f 应大于这一电流，即

$$I_f > K_{zq} I_{fh \cdot max}$$

由于电流继电器（即过流保护装置的启动元件）的返回电流小于启动电流，所以只要 $I_f > K_{zq} I_{fh \cdot max}$的条件能得到满足，$I_{dz} > I_{fh \cdot max}$的条件也必然能得到满足。

不等式可以改写成为以下的等式

$$I_f = K_k K_{zq} I_{fh \cdot max}$$

在式中，K_k 为可靠系数，考虑到电流继电器误差和计算误差等因素，它的数值取 1.15～1.25。

因为返回电流与动作电流的比值称为返回系数，即

$$\frac{I_f}{I_{dz}} = K_f$$

或

$$I_{dz} = \frac{I_f}{K_f}$$

综合上述公式，就得到过电流保护动作电流的公式

$$I_{dz}=\frac{K_k K_{zq}}{K_f}I_{fh\cdot max}$$

根据上式求得的是一次侧动作电流。如果需要计算电流继电器的动作电流 $I_{J\cdot dz}$，那么还要计及电流互感器的变比 n_{LH} 和接线系数 K_{jx}。电流继电器动作电流的计算公式为

$$I_{J\cdot dz}=\frac{I_{dz}}{n_{LH}}K_{jx}=\frac{K_k K_{jx} K_{zq}}{K_f n_{LH}}I_{fh\cdot max}$$

（2）灵敏度。过电流保护装置的灵敏度用启动元件（即电流继电器）的灵敏系数 K_{lm} 的数值大小来衡量。它是指在被保护范围末端短路时，通过电流继电器的电流 $I_{J\cdot d}$ 与动作电流 $I_{J\cdot dz}$ 的比值，即

$$K_{lm}=\frac{I_{J\cdot d}}{I_{J\cdot dz}}$$

计算时需要考虑以下几点：

（1）在计算过电流保护的 K_{lm} 时，应选用最小运行方式。

（2）对保护电网相间短路的过电流保护来说，应计算两相短路时的 K_{lm}。

（3）接线方式对 K_{lm} 也有影响。

（4）要求在被保护线路末端短路时 $K_{lm}\geqslant 1.5$。

（3）动作时限。为了保证保护的选择性，电网中各个定时限过电流保护装置必须具有适当的动作时限。离电源最远的元件的保护动作时限最小，以后的各个元件的保护动作时限逐级递增，相邻两个元件的保护动作时限相差一个时间阶段 Δt。这样选择动作时限的原则称为阶梯原则。Δt 的大小决定于断路器和保护装置的性能。目前在定时限过电流保护整定时，一般 Δt 取 0.5s。

四、实验内容与步骤

（1）根据预习准备，将计算获得的动作参数整定值（电源线电压为 100V），对各段保护进行整定。（整定值见实验十八）

（2）按图 1-26 接线，检查无误后，再请指导老师检查，方可进行下一步操作。

（3）启动实验装置。BC 段时限整定 3s，装置其他功能闭锁。

（4）运行方式设置为最小，将系统电压升至 100V。断开保护装置跳闸线圈，合上断路器 1QF、2QF，在 AB 和 BC 段末端进行两相短路，记录短路电流。计算实测值与整定值的比，注意是否符合灵敏度的要求。

（5）解除短路故障，连接保护装置跳闸线圈，分别在 AB 和 BC 段末端进行两相短路，注意对应断路器是否相应跳闸。

（6）断开微机保护装置 B 的跳闸线圈，在 BC 段进行两相短路，1QF 应跳闸，但此时微机保护装置 B 应发出动作信号。

（7）连接所有的跳闸线圈，将保护装置 A 时限改为 2.5s，在 BC 段进行两相短路，注意这时会出现什么情况。

五、实验报告

实验前认真阅读实验指导书和相关教材，进行预习准备；实验结束后要认真总结，将相

关参数及数据记录下来。针对Ⅲ段的具体整定方法，按要求并及时写出实验报告，并解答预习思考题。将实验数据填入表 1-32 中。

表 1-32 实 验 报 告

保护	A站保护	B站保护
电流整定值（A）		
时间整定值（s）		
理论灵敏度		
线路末端两相短路电流（A）		
实测灵敏度		
能否保护本段线路全长		

实验十六 微机无时限电流速断保护

一、实验目的

（1）掌握无时限电流速断保护的原理、计算和整定的方法。

（2）熟悉无时限电流速断保护的特点。

二、基本原理

在电网中不同地点发生相间短路时，通过线路电流的大小是不同的，短路点离电源愈远短路电流就愈小。此外，短路电流的大小与系统的运行方式和短路种类也有关。

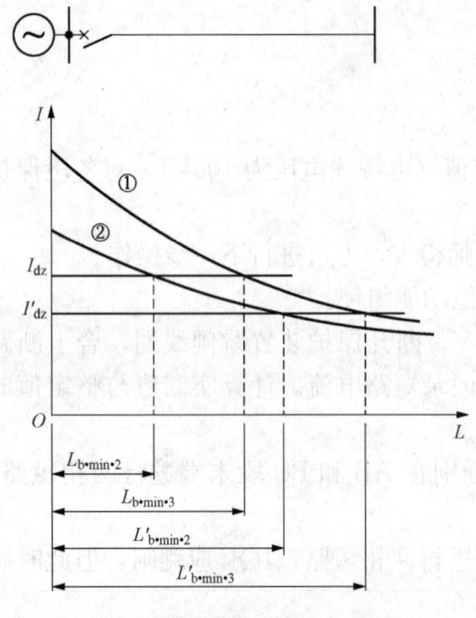

图 1-32 电流速断保护范围的确定

①—在最大运行方式下，不同地点发生三相短路时的短路电流变化曲线；

②—在最小运行方式下，不同地点发生两相短路时的短路电流变化曲线

如果将保护装置中电流启动元件的动作电流 I_{dz} 整定为：在最大运行方式下，离线路首端 $L_{b\cdot max\cdot 3}$ 处发生三相短路时通过保护装置的电流。那么在该处以前发生短路，短路电流会大于动作电流，保护装置能启动；而在该处以后发生短路，因短路电流小于装置的动作电流，故它不启动。因此，$L_{b\cdot max\cdot 3}$ 就是在最大运行方式下发生三相短路时，电流速断的保护范围。从图 1-32 可见，在最小运行方下发生两相短路时，保护范围为 $L_{b\cdot min\cdot 2}$，它比 $L_{b\cdot max\cdot 3}$ 来得小。如果将保护装置的动作电流减小，整定为 I'_{dz}，从图 1-32 可见，电流速断的保护范围增大了。在最大运行方式下发生三相短路时，保护范围为 $L_{b\cdot max\cdot 3}$；在最小运行方式下发生两相短路时，保护范围为 $L_{b\cdot max\cdot 2}$。

从以上分析可见，电流速断保护是根据短路时通过保护装置的电流来选择动作电流的，以动作电流的大小来控制保护装置的保护范围。

三、整定计算

在图1-32所示的电网中，如果在线路上装设了无时限电流速断保护，由于它的动作时间很小（小于0.1s），为了保证选择性，在相邻元件上发生短路时，是不允许电流启动元件动作的。因此，不论在哪种运行方式下发生哪种短路，保护范围不应超过被保护线路的末端。也就是说，无时限电流速断保护的启动电流

$$I_{dz}^{1} > I_{d\cdot max}^{(3)} \text{ 或 } I_{dz}^{1} = K_{k} I_{d\cdot max}^{(3)}$$

在式中，K_k 为可靠系数，考虑到计算 $I_{d\cdot max}^{(3)}$ 采用的是次暂态电流而没有计及短路电流中的非周期性分量的影响、电流继电器误差和计算误差等因素，因此它的数值取1.2～1.3。

无时限电流速断保护的灵敏度是用保护范围的大小来衡量。对于保护相间短路的无时限电流速断保护来说，在最大运行方式下发生三相短路时，它的保护范围 $L_{b\cdot max\cdot 3}$ 最大；在最小运行方式下发生两相短路时，它的保护范围 $L_{b\cdot max\cdot 2}$ 最小。从图1-32可见，根据动作电流 I_{dz}^{1} 和在不同地点发生短路时的短路电流变化曲线，可以求得 $L_{b\cdot max\cdot 3}$ 和 $L_{b\cdot max\cdot 2}$ 的大小。一般要求 $L_{b\cdot max\cdot 3}$ 不小于被保护线路全长的50%，$L_{b\cdot min\cdot 2}$ 不小15%～20%。

四、实验内容与步骤

（1）根据预习准备，将计算获得的动作参数整定值（电源线电压为100V），对各段保护进行整定。（整定值见实验十八）

（2）按图1-26接线，检查无误后，再请指导老师检查，方可进行下一步操作。

（3）把各按钮、开关的初始位置设定如下：

系统运行方式切换开关置于“最小”，实验内容切换开关置于“正常工作”，A相、B相、C相短路按钮处于弹出位置，并分别把AB段和BC段的线路故障点设置旋钮置于顺时针到底位置，三相调压器旋钮置于逆时针到底位置。

（4）合上漏电断路器和线路电源绿色按钮开关，按下合闸按钮。缓慢调节三相调压器旋钮，注意观察交流电压表的读数至100V。

（5）把实验内容切换开关置于“A站保护”，将A相、B相、C相短路按钮按下，并按下故障设置确认按钮。模拟AB线路末端短路，观察各保护装置是否动作。

（6）逆时针调节AB段的线路故障点设置旋钮，将短路点缓慢向首端移动，装置动作时止，注意此时短路点的位置。

（7）把实验内容切换开关置于“正常工作”，解AB线路的故障；分别按下A相、B相、C相短路按钮，并把实验内容切换开关置于“B站保护”，分别模拟BC线路末端、中间和始端短路，观察保护装置动作情况，做好动作记录。

（8）系统运行方式切换开关置于“最大”，重复以上实验。

五、实验报告

实验前认真阅读实验指导书和相关教材，进行预习准备；实验结束后要认真总结，将相关参数及数据记录下来。针对Ⅰ段的具体整定方法，按要求并及时写出实验报告，并解答预习思考题。

（1）将实验数据填入表1-33。

表 1-33 实验报告

保护	A 站保护	B 站保护
电流整定值（A）		
能否保护线路全长		
能否作为后备保护		

（2）运行方式和短路方式对无时限电流速断保护距离有什么样的影响？

实验十七　微机带时限电流速断保护

一、实验目的

（1）掌握带时限电流速断保护的原理和整定计算方法。

（2）熟悉带时限电流速断保护的特点。

二、基本原理

由于无时限电流速断保护的保护范围只是线路的一部分，因此为了保护线路的其余部分，往往需要再增设一套延时电流速断保护（又称带时限电流速断保护）。

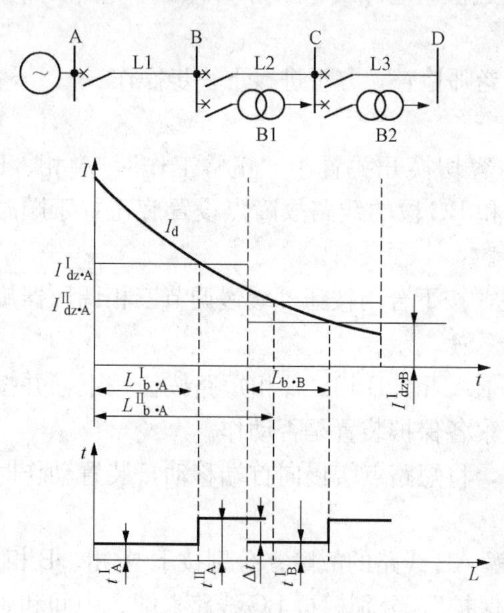

图 1-33　延时电流速断保护与无时限电流速断保护相配合

为了保证时限的选择性，延时电流速断保护的动作时限和动作电流都必须与相邻元件无时限的保护相配合。延时电流速断保护与时限电流速断保护的配合见图 1-33。在图 1-33 中，如果线路 L2 和变压器 B1 都装有无时限电流速断保护，那么线路 L1 上的延时电流速断保护的动作时限 t^{II}_{A}，应该选择得比无时限电流速断保护的动作时限 t^{I}_{B}（约 0.1s）大 Δt，即

$$t^{II}_{A} = t^{I}_{B} + \Delta t$$

而它的保护范围允许延伸到 L2 和 B1 的无时限电流速断保护的保护范围内。因为在这段范围内发生短路时，L2 和 B1 的无时限电流速断保护立即动作于跳闸。在跳闸前，L1 的延时电流速断保护虽然会起动，但由于它的动作时限比无时限电流速断保护大 Δt，所以它不会无选择性动作于 L1 的断路器跳闸。

如果延时电流速断保护的保护范围末端与相邻元件的无时限电流速断保护的范围末端在同一地点，那么两者的动作电流（$I^{II}_{dz\cdot A}$ $I^{I}_{dz\cdot B}$）是相等的。但考虑到电流互感器和电流继电器误差等因素的影响，延时电流速断保护的保护范围应缩小一些，也就是 $I^{II}_{dz\cdot A}$应大于 $I^{I}_{dz\cdot A}$，或 $I^{II}_{dz}\cdot A = K_k I^{II}_{dz\cdot B}$

在图 1-33 所示的例子中，L1 的延时电流速断保护既要与 L2 的无时限电流速断保护相配

合，又要与 B1 的无时限电流速断保护相配合。因此，在按上式计算时，$I^{\mathrm{II}}_{dz\cdot B}$应为 L2 和 B1 无时限电流速断保护中动作电流较大的一个数值。否则，延时电流速断保护的保护范围会超过动作电流较大的那一个元件的无时限电流速断保护的保护范围，而造成无选择性动作。

三、整定计算

在上例中，如果变压器装有差动保护，那么整个变压器都处在无时限保护的保护范围内。这时，L1 的延时电流速断保护的保护范围就允许延伸到整个变压器。它的动作电流就是根据在最大运行方式下低压侧三相短路时的短路电流 $I^{(3)}_{d\cdot max}$来选择，即

$$I^{\mathrm{II}}_{dz}\cdot A = K'_k I^{(3)}_{d\cdot max}$$

式中　K'_k——可靠系数。

考虑到电流互感器和电流继电器的误差以及由于变压器分接头改变而影响短路电流的大小等因素，它的数值取 1.3～1.4。延时电流速断保护装置的灵敏度用启动元件（即电流继电器）的灵敏系数 K_{1m}的数值大小来衡量。它是指在系统最小运行方式下，被保护线路末端发生两相短路时，通过电流继电器的电流 $I_{J\cdot d}$与动作电流 $I_{J\cdot dz}$的比值，即 $K_{1m}=\frac{I_{J\cdot d}}{I_{J\cdot dz}}$，规程要求 $K_{1m}\geqslant 1.25$。

四、实验内容与步骤

（1）根据预习准备，将计算获得的动作参数整定值（电源线电压为 100V），对各段保护进行整定。（整定值见实验十八）

（2）按图 1-26 接线，检查无误后，再请指导老师检查，方可进行下一步操作。

（3）系统运行方式切换开关置于“最小”，实验内容切换开关置于“正常工作”，A 相、B 相、C 相短路按钮处于弹出位置，并分别把 AB 段和 BC 段的线路故障点设置旋钮置于顺时针到底位置，三相调压器旋钮置于逆时针到底位置。

（4）合上漏电断路器和线路电源绿色按钮开关，按下合闸按钮。缓慢调节三相调压器旋钮，注意观察交流电压表的读数至 100V。

（5）在 AB 段末端进行两相短路，注意保护装置是否动作。若动作，断开微机保护装置 A 的跳闸线圈，再进行一次两相短路，记录短路电流。

（6）连接保护装置 A 和 B 的跳闸线圈，先在 BC 段首端进行三相短路，记录哪个保护装置动作。断开保护装置 B 的跳闸线圈，再进行一次三相短路，观察保护装置 A 是否动作。

（7）连接保护装置 B 的跳闸线圈，在 BC 段末端进行三相短路，向减小方向移动短路点，找到保护装置 B 的无时限电流速断保护范围；断开保护装置 B 的跳闸线圈，同样方法，找到带时限电流速断保护的保护范围。比较保护装置 A 的第二断保护范围是否延伸至保护装置 B 的第一段保护范围以外。

五、实验报告

实验前认真阅读实验指导书和相关教材，进行预习准备；实验结束后要认真总结，将相关参数及数据记录下来。针对Ⅰ段的具体整定方法，按要求并及时写出实验报告，并解答预

习思考题。

(1) 将实验数据填入表 1-34。

表 1-34 实 验 报 告

保护	A保护	B保护
电流整定值 (A)		
时限整定值 (s)		
灵敏度		

(2) 带时限电流速断保护是在什么样的情况下产生的？无时限电流速断保护时限值一般整定为 0s，完全以电流为装置判跳依据，带时限电流速断保护呢？

(3) 为什么带时限电流速断保护的保护区间不能延伸到下一回线电流速断保护之后？如何保证？

实验十八 三段式电流保护

一、实验目的

(1) 掌握三段式电流保护的原理和整定计算方法。

(2) 熟悉三段式电流保护的特点。

(3) 理解各段保护间的配合关系。

(4) 理解输电线路三段式电流保护的原理图、展开图及保护装置中各继电器的功用。

二、预习思考

(1) 三段式电流保护为什么要使各段的保护范围和时限特性相配合？

(2) 由指导老师提供有关技术参数，对三段式电流保护参数进行计算与整定。

(3) 为什么在实验中，采用两相一继接法三段式保护能满足教学要求？并指出其优缺点。

(4) 三段式保护动作之前是否必须对每个继电器进行参数整定？为什么？

(5) 写出控制回路前后的过程和原理。

三、实验设备

实验设备见表 1-35。

表 1-35 实 验 设 备

序号	实验设备	所用仪器	数量
1	JBXL-01	A站保护	1
2	JBXL-02	B站保护	1
3	JBXL-03	微机保护	2
4	JBXL-02	三相交流电源	1

四、实验原理及接线图

1. 无时限电流速断保护

瞬时电流速断保护的整定及动作范围见图 1-34。

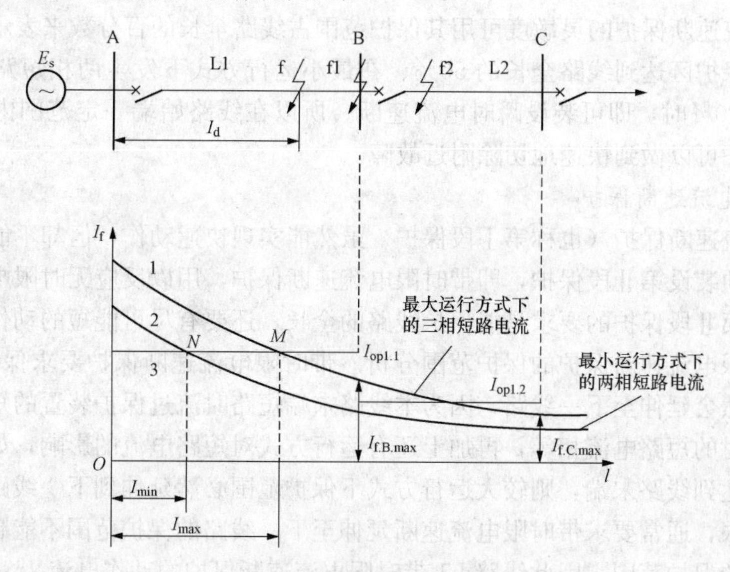

图 1-34 瞬时电流速断保护的整定及动作范围

三段式电流保护通常用于 3～66kV 电力线路的相间短路保护。在被保护线路上发生短路时，流过保护安装点的短路电流值，随短路点的位置不同而变化。在线路的始端短路时，短路电流值最大；短路点向后移动时，短路电流将随线路阻抗的增大而减小，直至线路末端短路时短路回路的阻抗最大，短路电流最小。短路电流值还与系统运行方式及短路的类型有关。图 1-34 曲线 1 表示在最大运行方式下发生三相短路时，线路各点短路电流变化的曲线；曲线 2 则为最小运行方式下两相短路时，短路电流变化的曲线。

由于本线路末端 f1 点短路和下一线路始端的 f2 点短路时，其短路电流几乎是相等的（因 f1 离 f2 很近，两点间的阻抗约为零）。如果要求在被保护线路的末端短路时，保护装置能够动作，那么，在下一线路始端短路时，保护装置不可避免地也将动作。这样，就不能保证应有的选择性。为了保证保护动作的选择性，将保护范围严格地限制在本线路以内，就应使保护的动作电流 $I_{op1.1}$（为保护 1 的动作电流折算到一次电路的值）大于最大运行方式下线路末端发生三相短路时的短路电流 $I_{f.B.max}$，即

$$I_{op1.1} > I_{f.b.max}, I_{op1.1} = K_{rel} I_{f.b.max}$$

式中 K_{rel}——可靠系数。

当采用电磁型电流继电器时，取 K_{rel}＝1.2～1.3。

显然，保护的动作电流是按躲过线路末端最大短路电流来整定，可保证在其他各种运行方式和短路类型下，其保护范围均不至于超出本线路范围。但是，按照以上公式整定的结果（如图 1-34 中的直线 3）。保护范围就必然不能包括被保护线路的全长。因为只有当短路电流大于保护的动作电流时，保护才能动作。从图 1-34 中能够得出保护装置的保护范围。还可以看出，这种保护的缺点是不能保护线路的全长，而且随着运行方式及故障类型的不同，

其保护范围也要发生的相应变化。图 1-34 中在最大运行方式下三相短路时，其保护范围为 l_{max}；而在最小运行方式下两相短路时，其保护范围则缩小至 l_{min}。无时限电流速断保护的优点是：因为不反应下一线路的故障，所以动作时限将不受下一线路保护时限的牵制，可以瞬时动作。

无时限电流速断保护的灵敏度可用其保护范围占线路全长的百分数来表示。通常，在最大运行方式下保护区达到线路全长的 50%、在最小运行方式下发生两相短路时能保护线路全长的 15%～20%时，即可装设瞬时电流速断。所以在线路始端一定范围内短路时，无时限电流速断保护可以做到快速地切除附近故障。

2. 带时限电流速断保护

无时限电流速断保护（也称第Ⅰ段保护）虽然能实现快速动作，但却不能保护线路的全长。因此，必须装设第Ⅱ段保护，即带时限电流速断保护，用以反应无时限电流速断保护区外的故障。对第Ⅱ段保护的要求是能保护线路的全长，还要有尽可能短的动作时限。

(1) 带时限电流速断保护的保护范围分析。带时限电流速断保护要求保护线路的全长，那么保护区必然会延伸至下一线路，因为本线路末端短路时流过保护装置的短路电流与下一线路始端短路时的短路电流相等，再加上还有运行方式对短路电流的影响，如若较小运行方式下保护范围达到线路末端，则较大运行方式下保护范围必然延伸到下一线路。为尽量缩短保护的动作时限，通常要求带时限电流速断延伸至下一线路的保护范围不能超出下一线路无时限电流速断的保护范围，因此线路 L1 带时限电流速断保护的动作电流 $I^{\text{II}}_{\text{op1.1}}$ 应大于下一线路无时限电流速断保护的动作电流 $I^{\text{I}}_{\text{op1.2}}$，即

$$I^{\text{II}}_{\text{op1.1}} > I^{\text{I}}_{\text{op1.2}}$$

$$I^{\text{II}}_{\text{op1.1}} = K_{\text{rel}} I^{\text{I}}_{\text{op1.2}}$$

式中 K_{rel}——可靠系数，考虑到非周期分量的衰减一般取 K_{rel}＝1.1～1.2。

限时电流速断保护的保护范围分析见图 1-35。限时电流速断保护与瞬时电流速断保护的时限配合见图 1-36。

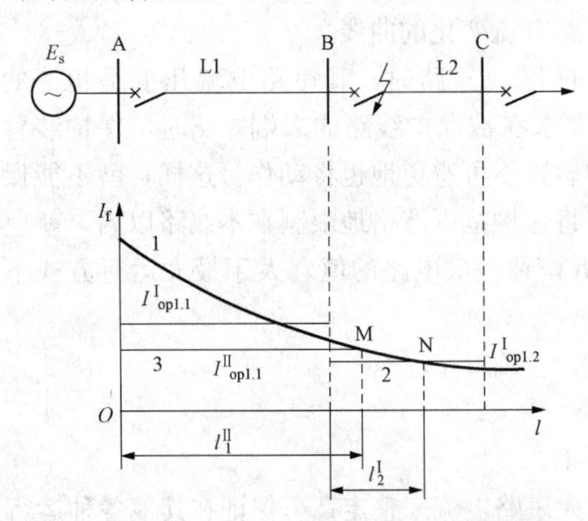

图 1-35 限时电流速断保护的保护范围分析

由图 1-35 可知，为保证保护动作的选择性，带时限电流速断保护的动作时限需要与下一线路的无时限电流速断保护相配合，即应比后者的时限大一个时限级差 Δt。

时限级差，从快速性的角度要求，应愈短愈好，但太短了保证不了选择性。如图 1-36 所示，当在下一线路首端 f 点发生短路故障时，本线路 L1 的带时限电流速断保护和下一线路 L2 的无时限电流速断保护同时启动，但本线路 L1 的带时限电流速断保护需经过延时后才能跳闸，而下一线路 L2 的无时限电流速断保护瞬时跳闸将故障切除，这就保证了选择性。要做到这一点 Δt 应在 0.3～0.6s 间，一般取 0.5s。

(2) 灵敏度校验。为了使带时限电流速断能够保护线路的全长，应以本线路的末端作为灵敏度的校验点，以最小运行方式下的两相短路作为计算条件，来校验保护的灵敏度。其灵

敏度为

$$K_{sen}=\frac{I_{f.B.min}}{I_{op1}^{II}}$$

式中 $I_{f.B.min}$——在线路 L1 末端短路时流过保护装置的最小短路电流；

I_{op1}^{II}——线路 L1 带时限电流速断保护的动作电流值折算到一次电路的值。

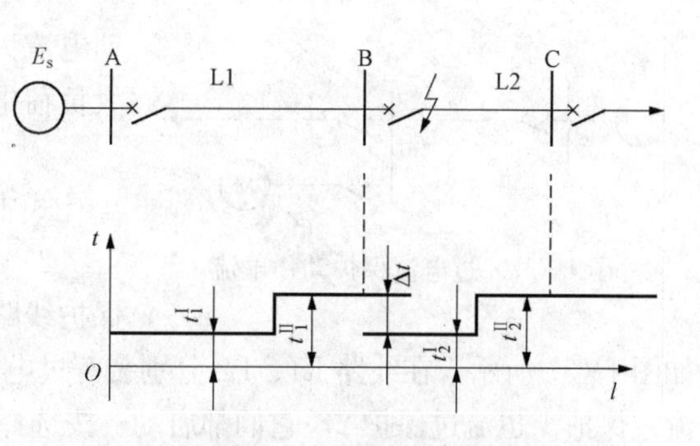

图 1-36 限时电流速断保护与瞬时电流速断保护的时限配合

根据规程要求，灵敏度系数应不小于 1.3。如果保护的灵敏度不能满足要求，有时还采用降低动作电流的方法来提高其灵敏度。为此，应使线路 L1 上的带时限电流速断保护范围与线路 L2 上的带时限电流速断保护相配合，即

$$I_{op1.1}^{II}=K_{rel}I_{op1.2}^{II}$$

$$t_1^{II}=t_2^{II}+\Delta t$$

式中 $I_{op1.2}^{II}$——L2 上的带时限电流速断保护的一次动作电流值；

t_2^{II}——L2 上的带时限电流速断保护的动作时间。

显然，动作时限增大了，但灵敏度却提高了，而且仍保证了动作的选择性。

3. 定时限过电流保护

无时限电流速断保护和带时限电流速断保护能保护线路全长，可作为线路的主保护用。为防止本线路的主保护发生拒动，必须给线路装设后备保护，以作为本线路的近后备和下一线路的远后备。这种后备保护通常采用定时限过电流保护（又称为第Ⅲ段保护），其动作电流按躲过最大负荷电流整定，动作时限按保证选择性的阶梯时限来整定。其原理接线图与带时限电流速断保护相同，但由于保护范围和保护的作用不同，其动作电流和动作时限则不同。

（1）定时限过电流保护的工作原理和动作电流。

过电流保护工作原理：正常运行时，线路流过负荷电流，保护不动。当线路发生短路故障时，保护启动，经过保证选择性的延时动作，将故障切除。

过电流保护动作电流：

过电流保护动作电流的整定，要考虑可靠性原则，即只有在线路存在短路故障的情况下，才允许保护装置动作。

过电流保护应按躲过最大的负荷电流计算保护的动作电流，根据可靠性要求，过电流保护的动作电流必须满足以下两个条件。

1）在被保护线路通过最大负荷电流的情况下，保护装置不应该动作，即

$$I_{op1}^{III}>I_{Lmax}$$

式中 I_{op1}^{III}——保护的一次动作电流值；

I_{Lmax}——被保护线路的最大负荷电流。

过电流保护动作电流见图 1-37。

最大负荷电流要考虑电动机自启动时的电流。由于短路时电压下降，变电站母线上所接负荷中的电动机被制动，在故障切除后电压恢复时，电动机有一个自启动过程，电动机自启

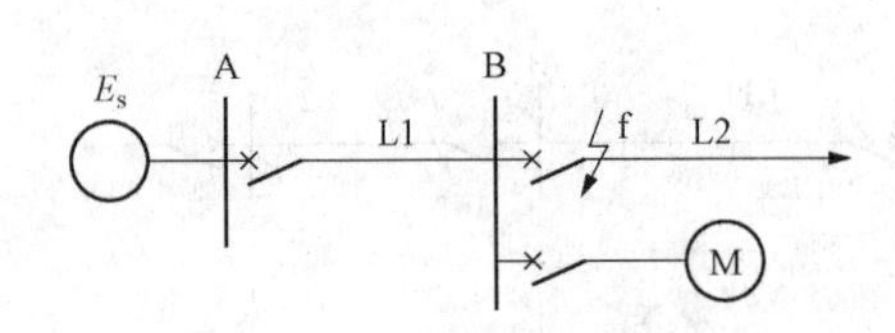

图 1-37 过电流保护动作电流

动电流大于正常运行时的额定电流 $I_{N.M}$，则线路的最大负荷电流 I_{Lmax} 也大于其正常值 I_R，即

$$I_{Lmax}=K_{ast}I_R$$

式中 K_{ast}——自启动系数，一般取 1.5～3。

2）对于已经启动的保护装置，故障切除后，在被保护线路通过最大负荷电流的情况下应能可靠地返回。如图 1-37 所示，在线路 L1、L2 分别装有过电流保护 1 和保护 2，当在 f 点短路时，短路电流流过保护 1 也流过保护 2，它们都启动。按选择性的要求，应该由保护 2 动作将 QF2 跳开切除故障。但由于变电站 B 仍有其他负荷，并且因电动机自启动，线路 L1 可能出最大负荷电流，为使保护 1 的电流继电器可靠返回，它的返回电流 I_{rel}（继电器的返回电流折算到一次电路的值），应大于故障切除后线路 L1 最大负荷电流 I_{Lmax}。

$$I_{rel}>K_{ast}I_R$$

$$I_{rel}=K_{rel}K_{ast}I_R$$

式中 I_{rel}——保护 1 的返回电流。

由于

$$K_{re}=\frac{I_{re}}{I_{op}}$$

即

$$I_{op1}=\frac{I_{rel}}{K_{re}}$$

$$I_{op1}^{III}=\frac{K_{rel}K_{ast}}{K_{re}}I_R$$

式中 K_{rel}——可靠系数，取 1.2～1.25；

K_{re}——电流继电器的返回系数，取 0.85～0.95。

（2）动作时限的整定。

定时限过电流保护的动作时限见图 1-38。

定时限过电流保护的动作时限，应根据选择性的要求加以确定。例如，在图 1-38所示的辐射形电网中，线路 L1 上装设有过电流保护 1，线路 L2 和线路 L3 上也都分别装设有过电流保护 2 和 3。那么当线路 L3 上的 f2 点发生短路故障时，短路电流将从电源经线路 L1、线路 L2 和线路 L3 而流向短路点。这样，过电流保护 1、2 及 3 均启动。但是，根据选择性的要求，应该只由保护 3 动作使 QF3 跳闸。为此，就应使保护 2 的动作时限 t_2 大于保护 2 的延时 t_2。由此可见，装于辐射形电网中的各定时限过电流保护装置，其动作时限必须按选择性的要求互相配合。配合的原则是：离电源较近的上一级保护的动作时限，应比相邻的、离电源较远的下一级保护的动作时限要长（注意：是过电流保护之间的配合）。在图 1-38（a）中将各级保护的整定时限特性画于图 1-38（b）中，好似一个阶梯，这就是通常所说的阶梯形时限特性。

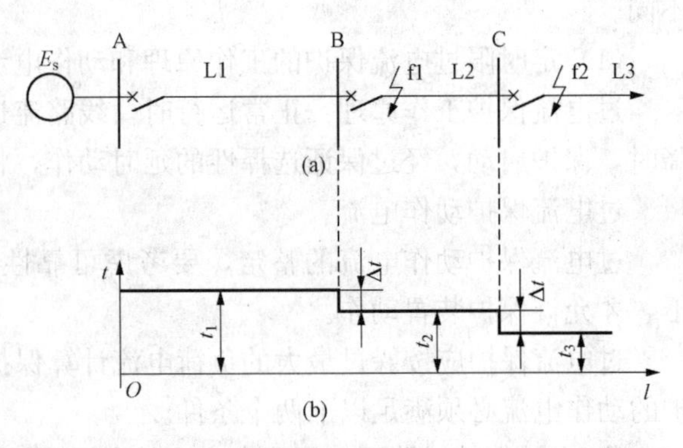

图 1-38 系统接线和定时限过电流保护的动作时限

（a）系统接线图；（b）定时限过电流保护的动作时限

若线路 L3 有几条并行的出线，那么保护 2 的时限应与其中最大的时限配合。由此可见，每条电力线路过电流保护的动作时限，不能脱离整个电网保护配置的实际情况及时限的配合要求，不能孤立地加以整定。处于电网终端的保护，其动作时限是无时限的或只带一个很短的时限，因为它没有下一线路保护需要配合。在这种情况下，过电流保护常可作为主保护，而无需再装设无时限动作的其他保护。

按照时限配合的要求，保护装设地点离电源愈近，其动作时限将愈长，而故障点离电源愈近，短路电流却愈大，对系统的影响也愈严重。所以，定时限过电流保护虽可满足选择性的要求，却不能满足快速性的要求。故障点离电源近，其动作时间反而长。这是它的缺点。正因为如此，定时限过电流保护在电网中一般用作其他快速保护的后备保护。

这种过电流保护的动作时限是由时间继电器建立的，整定后其定值与短路电流的大小无关，故称为定时限过电流保护。

(3) 灵敏度校验。为了使保护达到预期的保护效果，还应进行灵敏度的校验，即在保护区内发生短路时，验算保护的灵敏系数是否满足要求。显然，这种验算应针对最不利的条件，亦即在短路电流的计算值为最小的条件下进行。因为只有在这种情况下的灵敏系数满足要求时，才能保证在其他任何情况下的灵敏系数都能满足要求。

电流保护的灵敏系数 K_{sen}，等于保护区末端金属性短路时，短路电流的最小计算值 I_{fmin} 与保护动作电流 I_{op1}^{III} 之比，即

$$K_{sen}=\frac{I_{fmin}}{I_{op1}^{III}}$$

作为本线路近后备保护时，I_{fmin} 为本线路末端短路时流过保护的最小短路电流，要求灵敏系数 $K_{sen}\geqslant 1.3\sim 1.5$；作为下一线路远后备保护时，最小计算值为下一线路末端短路时流过保护的最小短路电流，要求灵敏系数 $K_{sen}\geqslant 1.2$。

4. 线路相同短路的三段式电流保护装置

由无时限电流速断保护、带时限电流速断保护、定时限过电流保护相配合而构成三段式电流保护装置。这三部分保护分别叫作Ⅰ、Ⅱ、Ⅲ段，其中Ⅰ段无时限电流速断保护、Ⅱ段带时限电流速断保护是主保护，Ⅲ段定时限过电流保护是后备保护。

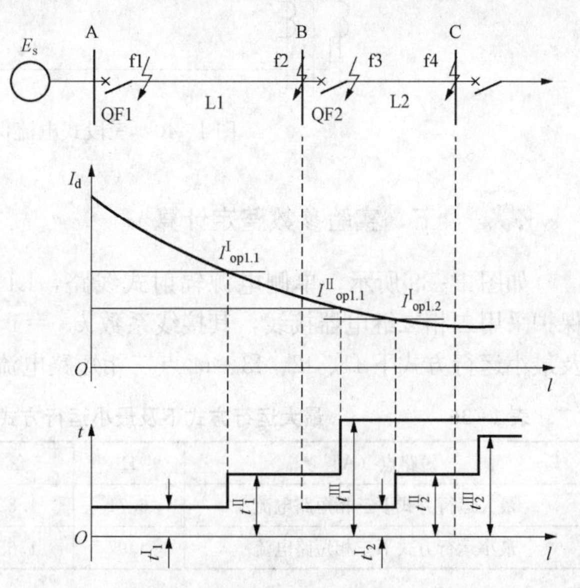

图 1-39 三段式电流保护各段保护范围及时限配合

(1) 三段式电流保护的保护范围及时限配合。如图 1-39 所示。当在 L1 线路首端 f1 点短路时，保护 1 的Ⅰ、Ⅱ、Ⅲ段均启动，由Ⅰ段将故障瞬时切除，Ⅱ段和Ⅲ段返回；在线路末端 f2 点短路时，保护Ⅱ段和Ⅲ段启动，Ⅱ段以 0.5s 时限切除故障，Ⅲ段返回。若Ⅰ、Ⅱ段拒动，则过电流保护以较长时限将 QF1 跳开，此为过电流保护的近后备作用。当在线路 L2 上 f3 点发生故障时，应由

保护 2 动作跳开 QF2，但若 QF2 拒动，则由保护 1 的过电流保护动作将 QF1 跳开，这是过电流保护的远后备作用。

（2）三段式电流保护的原理图。三段式电流保护原理图如图 1-40 所示，图中各元件均以完整的图形符号表示，有交流回路和直流回路，图中所示的接线方式是广泛应用于小接地电流系统电力线路的两相不完全是星形接线。接于 A 相的三段式电流保护，由继电器 KA1、KS1 组成Ⅰ段；KA3、KT1、KS2 组成Ⅱ段；KA5、KT2、KS3 组成Ⅲ段。接于 C 相的三段式电流保护，由继电器 KA2、KS1 组成Ⅰ段；KA4、KT1、KS2 组成Ⅰ段，KA4、KT1、KS2 组成Ⅱ段；KA6、KT2、KS3 组成Ⅲ段。KA7 反映 A 相和 C 相的电流和，它与 KT2、KS3 组成Ⅲ段，可提高保护的灵敏性。为使保护接线简单，节省继电器，A 相与 C 相共用其中的中间继电器、信号继电器及时间继电器。

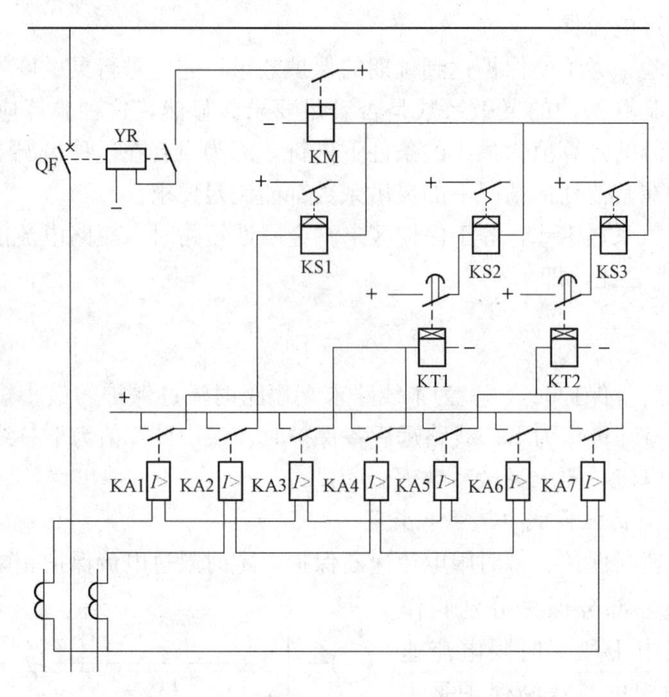

图 1-40　三段式电流保护实验原理图

五、实验参数整定计算

如图 1-39 所示，单侧电源辐射式线路，L1 的继电保护方案拟定为三段式电流保护，保护采用二相二继电器接线，其接线系数 $k_{con}=1$，电流互感器采用 1∶1，最大运行方式下及最小运行方式下 f1、f2、f3、f4 点三相短路电流值见表 1-36。

表 1-36　最大运行方式下及最小运行方式下各点三相短路电流值

短路点（A）	f1	f2	f3	f4	正常最大工作电流
最大运行方式下三相短路电流	6.71	1.82	1.32	0.65	0.20
最小运行方式下三相短路电流	4.97	1.65	1.23	0.62	

三段式保护的动作值的整定计算。

1. 线路 L1 的无时限电流速断保护

电流速断保护的动作电流 I_{op1-1} 按大于本线路末端 f2 点在最大运行方式下发生三相短路时流过的短路电流 $I^{(3)}_{f.B.max}$ 来整定，即保护的一次动作电流为

$$I^{I}_{op1.1} = K_{rel} I^{III}_{f.B.max} = 1.3 \times 1.82 = 2.366A$$

继电保护的动作电流为 $I^{I}_{dj.1} = K_{con} I^{I}_{op1.1} = 2.366A$

选用 DL-21C/6 型电流继电器，其动作电流的整定范围为 1.5～6A，本段保护整定 2.4A，线圈采用串联接法。

2. 线路 L1 的带时限电流速断保护

（1）要计算线路 L1 的限时电流速断保护的动作电流，必须首先算出线路 L2 无时限电流速断保护的动作电流 $I_{op1.2}$，按大于本线路末端 f4 点在最大运行方式下发生三相短路时流过的短路电流 $I^{(3)}_{f.C.max}$ 来整定。

$$I^{I}_{op1.2} = K_{rel} I^{(3)}_{f.C.max} = 1.3 \times 0.65 = 0.845A$$

线路 L1 的带时限电流速断保护的一次动作电流为

$$I^{II}_{op1.1} = K_{rel} I^{I}_{op1.2} = 1.1 \times 0.845 = 0.93A$$

继电器的动作电流为　$I^{II}_{dj.1} = K_{con} I^{II}_{op1-1} = 0.93A$

选用 DL-21C/3 型电流继电器，其动作电流的整定范围为 0.5～2A，本保护整定为 0.93A，线圈采用串联接法。

动作时限应与线路 L2 的瞬时电流速断保护配合，即

$$t^{II}_{.1} = t^{I}_{.2} + \Delta t = 0 + 0.5 = 0.5s$$

选用 DS-21 型时间继电器，其时限调整范围为 0.25～1.25s，为了便于学生在操作中观察本保护整定为 1s。

（2）灵敏度校验。带时限电流速断保护应保证在本线路末端短路时可靠动作，为此以 f2 点最小短路电流来校验灵敏度，最小运行方式下的二相短路电流为

$$I^{(2)}_{f.B.min} = \frac{\sqrt{3}}{2} I^{(3)}_{f.B.min} = 0.866 \times 1.44 = 1.247A$$

则在线路末端短路时，灵敏系数为 $K_{sen} = \frac{I^{(2)}_{f.B.min}}{I^{II}_{op1.1}} = \frac{1.247}{0.93} = 1.34 > 1.3$

3. 线路 L1 的定时限过流保护

（1）过电流保护的一次动作电流为

$$I^{III}_{op1} = \frac{K_{rel} K_{ast}}{K_{re}} I_{R} = \frac{1.2 \times 1.5}{0.85} \times 0.2 = 0.423A$$

继电器动作电流为

$$I^{III}_{dj1} = K_{con} I^{III}_{op1} = 0.423A$$

选用 DL-21C/1 型电流继电器，其动作电流的整定范围为 0.15～0.6A，本保护整定为 0.50A，线圈采用并联接法。

（2）过电流保护动作时限的整定。为了保证选择性，过电流保护的动作时限按阶梯原则整定，这个原则是从用户到电源的各保护装置的动作时限逐级增加一个 Δt，所以动作时限 t^{III}_{1} 应与电路 L2 过电流保护动作时限 t^{III}_{2} 相配合。如：L2 过电流保护动作时间为 2s，L1 过

电流保护动作时间为

$$t_1^{\mathrm{III}} = t_2^{\mathrm{III}} + \Delta t = 2 + 0.5 = 2.5$$

选用DS-22型时间继电器，其时限调整范围为1.2～5s，为了便于学生在操作中观察本保护整定为5s。

（3）灵敏度校验：

保护作为近后备时，对本线路L1末端f2点短路校验，灵敏系数为

$$K_{\mathrm{sen}} = \frac{I_{\mathrm{f.B.min}}^{(2)}}{I_{\mathrm{op1.1}}^{\mathrm{III}}} = \frac{0.866 \times 1.44}{0.43} = 2.9 > 1.5$$

作线路L2的远后备时，校验下一线路末端f4点短路，灵敏系数为

$$K_{\mathrm{sen}} = \frac{I_{\mathrm{f.C.min}}^{(2)}}{I_{\mathrm{op1.1}}^{\mathrm{III}}} = \frac{0.866 \times 0.62}{0.43} = 1.248 > 1.2$$

4. 三段式保护选用的继电器规格及整定值列表

三段式保护选用的继电器规格及整定值列表见表1-37。

表1-37　三段式保护选用的继电器规格及整定值列表

序号	用途	实验整定值
1	无时限电流速断保护	2.4A
2	带时限电流速断保护	0.93A
3	定时限过电流保护	0.43A
4	带时限电流速断时间	1s
5	定时限过电流保护时间	5s

六、实验内容与步骤

（1）根据预习准备，将计算获得的动作参数整定值（电源线电压为100V），对各段保护进行整定。

（2）按图1-41接线，检查无误后，再请指导老师检查，方可进行下一步操作。

（3）把各按钮、开关的初始位置设定如下：

系统运行方式切换开关置于“最小”，实验内容切换开关置于“正常工作”，A相、B相、C相短路按钮处于弹出位置，并分别把AB段和BC段的线路故障点设置旋钮置于顺时针到底位置，三相调压器旋钮置于逆时针到底位置。

（4）合上漏电断路器和线路电源绿色按钮开关，按下合闸按钮。缓慢调节三相调压器旋钮，注意观察交流电压表的读数至100V。

（5）把实验内容切换开关置于“A站保护”，将A相、B相、C相短路按钮按下，并按下故障设置确认按钮。模拟AB线路末端短路，观察各保护装置动作情况，做好动作记录。

（6）逆时针调节AB段的线路故障点设置旋钮，分别模拟AB线路中间和始端短路，观察各保护装置动作情况，做好动作记录。

（7）把实验内容切换开关置于“正常工作”，解除AB线路的故障；分别按下A相、C相短路按钮，并把实验内容切换开关置于“B站保护”，分别模拟BC线路末端、中间和始

端短路，观察保护装置动作情况，做好动作记录。

（8）系统运行方式切换开关置于“最大”，重复以上实验。

七、实验报告

实验前认真阅读实验指导书和相关教材，进行预习准备；实验结束后要认真总结，将相关参数及数据记录下来。针对Ⅰ段、Ⅱ段、Ⅲ段的具体整定方法，按要求并及时写出实验报告，并解答预习思考题。

第二部分　微　机　保　护

项目一　PSL603G 系列数字式线路保护

本装置为由微机实现的数字式高压线路保护装置，可作为 220kV 及以上电压等级输电线路的主保护及后备保护。本装置由分相电流差动和零序电流差动构成全线速动主保护，由波形识别原理构成快速距离Ⅰ段保护，由三段式相间和接地距离保护及零序方向电流保护构成后备保护。保护有分相出口，并可选配自动重合闸功能，对单母线或双母线接线的断路器实现单相重合、三相重合和综合重合闸功能。

实验一　微机型线路零序保护

一、实验目的

（1）测试 PSL603（GM）型 220kV 线路保护屏零序保护工作原理及定值。

（2）掌握线路零序保护的测试方法。

二、实验设备

PW31 型继电保护测试仪 1 台；PSL603（GM）型 220kV 线路保护屏 1 台；导线若干。

三、保护原理

本装置零序保护设有四段和加速段，均可由控制字选择是否带方向元件，还设有控制字投退的一段 TV 断线时投入的零序保护（该段不受压板控制）。设有零序Ⅰ段、零序Ⅱ段和零序总投压板。零序总投压板退出时，零序保护各段都退出。零序Ⅲ及加速段若需单独退出，可将该段的电流定值及时间定值整定到最大值。

零序Ⅳ段电流定值也作为零序电流启动定值，若需退出零序Ⅳ段，可将时间定值整定为 100s，要将零序Ⅳ段电流整定的和其他保护模件的零序电流启动定值相同，以便各保护模件有相同的零序电流启动灵敏度。

零序Ⅰ段、零序Ⅱ段可由控制字设定为不灵敏段或者灵敏段。在非全相运行和重合闸时，设定为不灵敏段的Ⅰ段或Ⅱ段自动投入，设定为灵敏段的Ⅰ段或Ⅱ段自动退出。在全相运行时只投入灵敏段的Ⅰ段或Ⅱ段。

零序Ⅲ段在非全相运行时自动退出、零序Ⅳ段在非全相运行时不退出。

零序电压 $3U_0$ 由保护自动求和完成，即 $3U_0=U_a+U_b+U_c$。零序电压的门槛按浮动计算，再固定增加 0.5V，所以零序电压的门槛最小值为 0.5V。零序方向元件动作范围

$$175° \leqslant \arg \frac{3\dot{U}_0}{3\dot{I}_0} \leqslant 325°$$

其灵敏角在－110°，动作区共150°。

零序各段是否带方向可以由控制字选择投退。

线路TV时，在非全相运行和合闸加速期间，自产$3U_0$已不单纯是故障形成，零序功率方向元件退出，按规程规定零序电流保护自动不带方向。

当TV断线后，零序电流保护的方向元件将不能正常工作，零序保护是否还带方向由“TV断线零序方向投退”控制字选择。如果选择TV断线时零序方向投入，TV断线时所有带方向的零序电流段均不能动作，这样可以保证TV断线期间反向故障，带方向的零序电流保护不会误动。

零序保护在重合加速脉冲和手合加速脉冲期间投入独立的加速段，零序电流加速段定值及延时可整定。

零序Ⅱ、Ⅲ、Ⅳ段动作是永跳还是选跳可分别由控制字选择。PSL600零序保护逻辑框图如图2-1所示。

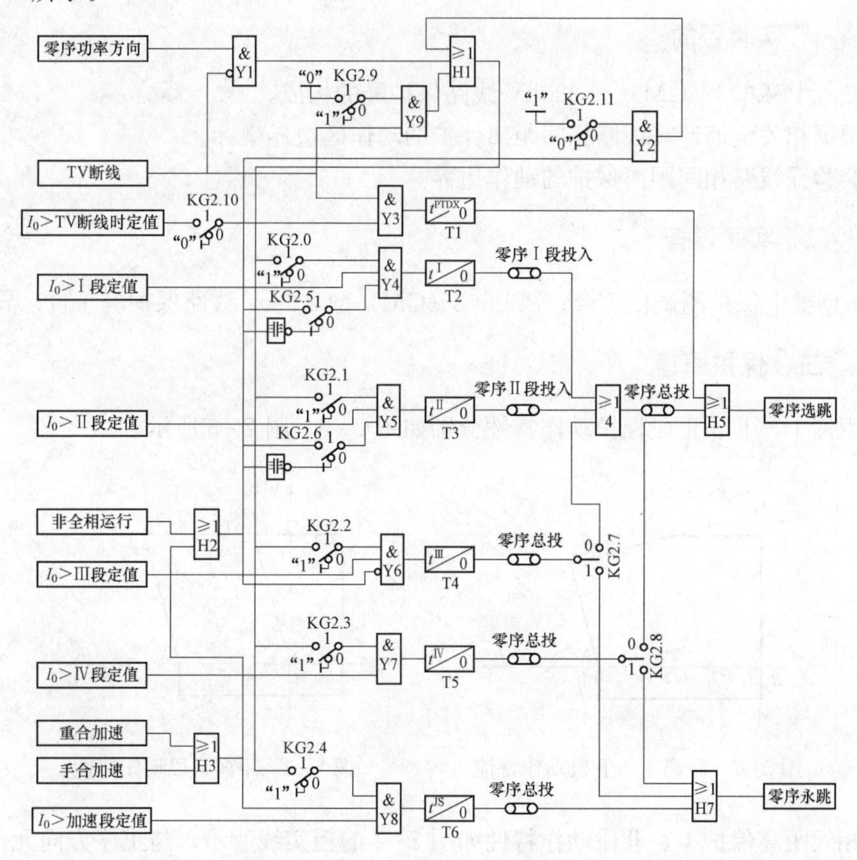

图2-1　PSL600零序保护逻辑框图

KG2.0—零序电流Ⅰ段带方向；KG2.1—零序电流Ⅱ段带方向；KG2.2—零序电流Ⅲ段带方向；KG2.3—零序电流Ⅳ段带方向；KG2.4—零序电流加速段带方向；KG2.5—零序电流Ⅰ段为不灵敏段；KG2.6—零序电流Ⅱ段为不灵敏段；KG2.7—零序电流Ⅲ段永跳；KG2.8—零序电流Ⅳ段永跳；KG2.9—TV断线时零序功率方向投入；KG2.10—TV断线时零序TV断线段投入；KG2.11—线路TV

四、实验方法与步骤

(1) 将“电流电压自检”投至“1”位置。接通零序Ⅰ、Ⅱ及零序总投入压板，退出其他保护压板。

(2) 将KG2.5、KG2.6均投入“0”位，即零序电流Ⅰ、Ⅱ段为灵敏段，保证三相开关均在合闸位置，即屏后TWJ三相跳位均不开入。

(3) 选择手动试验，突加任一相零序电流超过零序电流Ⅰ段定值且保持时间超过零序电流Ⅲ段的延时时间，则零序电流Ⅰ、Ⅱ、Ⅲ先后启动。也可突加电流超过零序电流Ⅰ段定值，保持时间大于Ⅰ段延时时间且小于Ⅱ段延时时间，则只有零序电流Ⅰ段启动。（注：该保护的灵敏段和不灵敏段的定值相同，无法分别设定。）

实验二　微机型线路距离保护

一、实验目的

(1) 熟悉PSL603（GM）型220kV线路保护屏的构成。

(2) 根据相关定值计算线路相间距离保护的动作区边界坐标。

(3) 会验证线路相间距离保护的动作边界。

二、实验设备

PW31型继电保护测试仪1台；PSL603（GM）型220kV线路保护屏1台；导线若干。

三、保护原理

(1) 距离Ⅰ、Ⅱ、Ⅲ段保护动作特性分别如图2-2、图2-3所示。

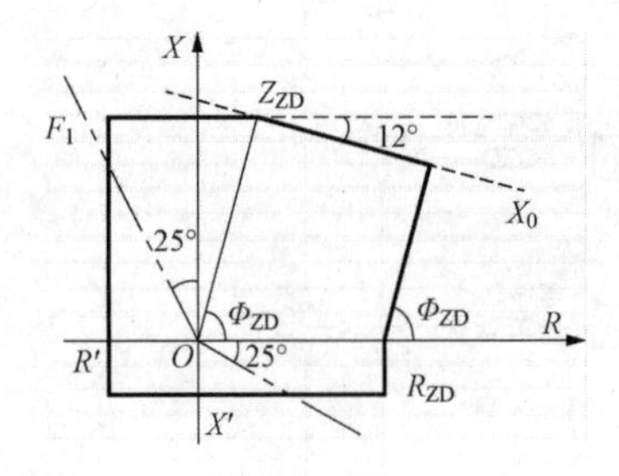

图2-2　距离Ⅰ、Ⅱ段动作特性

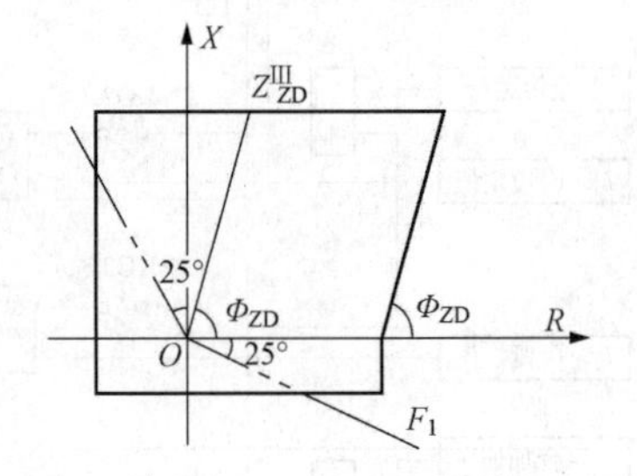

图2-3　距离Ⅲ段动作特性

线路相间距离保护Ⅰ、Ⅱ段动作特性如图2-2的粗实线所示，与正序方向元件F_1共同组成动作区；线路相间距离保护Ⅲ段动作特性如图2-3的粗实线所示，与正序方向元件F_1共同组成动作区。阻抗定值Z_{ZD}按段分别整定，灵敏角Φ_{ZD}三段公用一个定值。相间距离保护Ⅰ、Ⅱ段电阻分量$R_{ZD}^{Ⅰ,Ⅱ}$为R_{ZD}的一半，相间距离保护Ⅲ段的电阻分量$R_{ZD}^{Ⅲ}$为R_{ZD}，偏移门槛根据$R_{ZD}^{Ⅰ,Ⅱ,Ⅲ}$和Z_{ZD}自动调整。

R 分量的偏移门槛：$R'=\min$（$0.5R_{ZD}^{\mathrm{I,II,III}}$，$0.5Z_{ZD}$）；$X$ 分量的偏移门槛；$X'=\min(0.5\Omega，0.5Z_{ZD})$。正序阻抗角 Φ_{ZD} 取 60°，R_{ZD} 和相间距离Ⅰ段定值 Z_{ZD}^{I} 各组按表 1 中的数据进行整定计算（Z_{ZD}^{I} 最大值为 6Ω），包括 R_{ZD}^{I}、R′、X′及图 2-2 中各点的坐标，（写出 R'、X' 及 a、d、h 点极坐标的计算过程），将计算结果填入表 2-1。

表 2-1　　计 算 结 果

R_{ZD}(Ω)	Z_{ZD}^{I}(Ω)	R_{ZD}^{I}(Ω)	R'(Ω)	X'(Ω)	a	b	c	d	e	f	g	h	i	j	k
2	4	1	0.5	0.5	1.1Ω	1.12Ω	1Ω	3.93Ω	6Ω	3.46Ω	3.5Ω	1.17Ω	0.5Ω	0.71Ω	0.5Ω
					−25°	−26.6°	0°	47.3°	60°	90°	98.2°	115°	180°	−135°	−90°

$R_{ZD}^{\mathrm{I}}=0.5R_{ZD}=1\Omega$，$Z_{ZD}^{\mathrm{I}}=4\Omega$；

$R'=\min$（$0.5R_{ZD}^{\mathrm{I}}$，$0.5Z_{ZD}$）$=\min$（0.5Ω，2Ω）$=0.5\Omega$；

$X'=\min$（0.5Ω，$0.5Z_{ZD}$）$=\min$（0.5Ω，2Ω）$=0.5\Omega$；

a 点纵坐标 $y_a=\tan25°\times R_{ZD}=0.47\times1=0.47<X'=0.5\Omega$，

故 a 点坐标：(1，− 0.47)，极坐标为 1.1∠25°；

b 点坐标：(1，−0.5)，极坐标为 1.12∠−26.6；c 点坐标：(1，0)，极坐标为 1∠0°；

e 点坐标：(2，3.46)，极坐标为 4∠60°；f 点坐标：(0，3.46)，极坐标为 3.46∠90°；

g 点坐标：(−0.5，3.46)，极坐标为 3.5∠98.2°；

h 点纵坐标 $y_h=x_f/\tan25°=0.5/0.47=1.06<3.364$，

故 h 点坐标：(−0.5，1.06)，极坐标为 1.17∠115.2°；

i 点坐标：(−0.5，0)，极坐标为 0.5∠180°；

j 点坐标：(−0.5，−0.5)，极坐标：0.71∠−135°；

k 点坐标：(0，−0.5)，极坐标：0.5∠−90°；

d 点坐标计算过程：该坐标为直线 ed 和直线 cd 的交点，直线 ed 的斜率：$\tan-12°=-0.213$；

直线 ed 的方程为：$y-3.46=-0.213(x-2)$，即 $y=-0.213x+3.89$

直线 cd 的方程为：$y=1.732(x-1)$，即 $y=1.732x-1.732$

联立两个方程可得 d 点坐标为（2.67，2.89），极坐标为 3.93∠47.3°。

将各点极坐标填入表 2-1 中。

（2）距离保护逻辑框图如图 2-4 所示。

四、实验方法与步骤

（1）将测试仪 3 路电压及 4 路电流分别接入保护屏后对应的电压端子和电流端子。

（2）接通直流屏，调节输出直流电压为 220V，合上 220kV 线路保护屏后的空气开关，合上船型开关，启动保护装置。

（3）退出分相差动保护、零序差动保护、零序电流保护总投入、接地距离保护硬压板，投入相间距离保护硬压板；在距离保护定值菜单中输入 $\Phi_{ZD}=60°$、R_{ZD} 和 Z_{ZD}^{I}（相间距离Ⅰ段阻抗）定值，投入距离Ⅰ段保护、退出距离Ⅱ、Ⅲ段保护软压板。

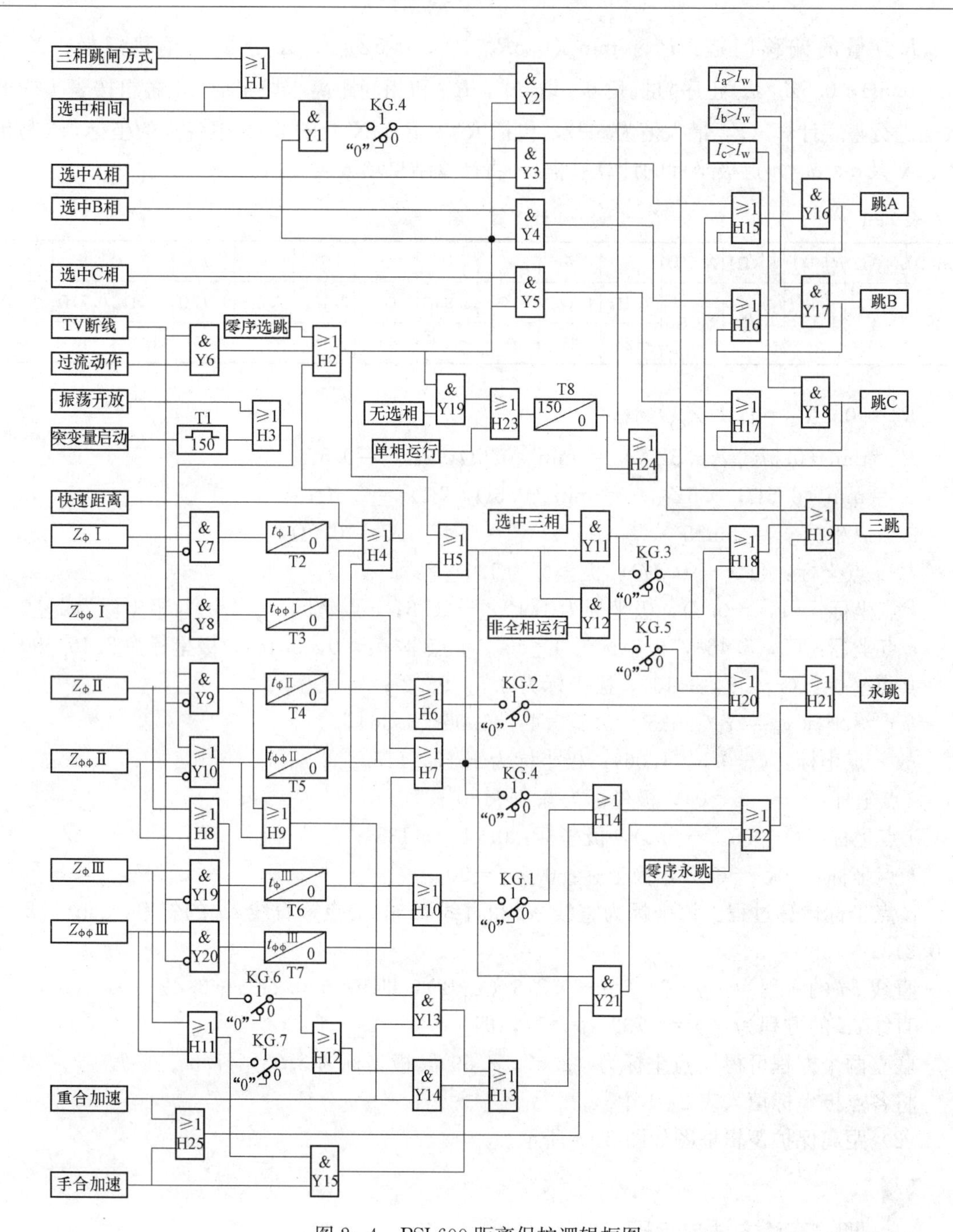

图 2-4　PSL600 距离保护逻辑框图

Z_{Φ}—接地距离；$Z_{\Phi\Phi}$—相间距离；KG.1—距离Ⅲ段永跳；
KG.2—距离Ⅱ段永跳；KG.3—三相故障永跳；KG.4—相间故障永跳；
KG.5—非全相动作永跳；KG.6—重合加速Ⅱ段；KG.7—重合加速Ⅲ段（Y21，H25）

（4）打开保护测试仪，选择手动测试；在测试窗中选择“短路计算”，选择故障类型为相间短路（三相、两相或两相接地短路），按测试点角度输入阻抗角，按测试点极坐标模长的 1.05 倍输入阻抗，点击“确定”，点击“开始试验”按钮，将测试仪电压和电流输入保护屏，测试保护的动作情况，2s后点击“停止试验”按钮；按测试点极坐标模长的0.95倍输入，测试保护的动作情况（如保护动作，在点击“停止试验”按钮后在保护屏上按下“复归”按钮，按上述过程分别测试c、d、e、f、g各点的动作情况）。

（5）测试a点动作情况：按$-24°$输入阻抗角，测试模长分别在1.05倍和0.95倍输入阻抗条件下，保护的动作情况；按$-26°$输入阻抗角，测试模长0.5倍输入阻抗条件下，保护的动作情况。

（6）测试h点动作情况：按114°输入阻抗角，测试模长分别在1.05倍和0.95倍输入阻抗条件下，保护的动作情况；按116°输入阻抗角，测试模长0.5倍输入阻抗条件下，保护的动作情况。

（7）测试i点动作情况：按i点极坐标角度输入阻抗角，测试模长在0.5倍输入阻抗条件下，保护的动作情况。

（8）将以上保护动作情况填入表2-2。

注：按下“开始试验”按钮后，无论保护是否动作，5s内必须按下“停止试验”按钮。

表2-2 保护动作情况

测试点 阻抗倍数	a	b	c	d	e	f	g	h	i
1.05	(−24°)	—						(114°)	—
0.95	(−24°)	—						(114°)	—
0.5	(−26°)		—	—	—	—	—	(116°)	

实验三 微机型线路光纤电流差动保护

一、实验目的

（1）测试PSL603（GM）型220kV线路保护屏分相差动电流保护和零序差动电流保护工作原理及定值。

（2）掌握线路分相差动电流保护和零序差动电流保护的测试方法。

二、实验设备

PW31型继电保护测试仪1台；PSL603（GM）型220kV线路保护屏2台；导线若干。

三、保护原理

比例差动示意图如图2-5所示，电流差动保护逻辑框图如图2-6所示。

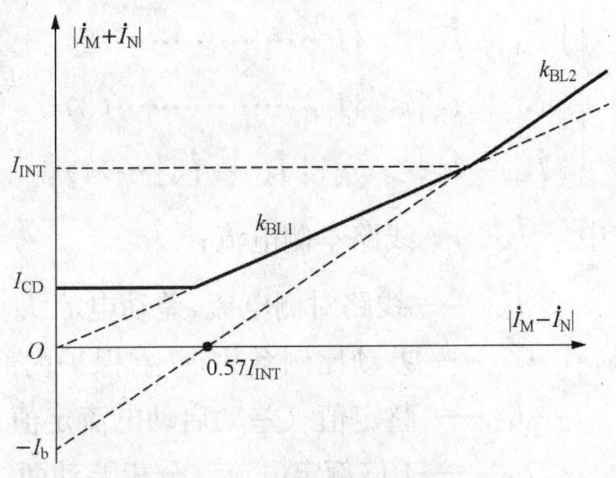

图2-5 比例差动示意图

1. 分相差动电流保护

动作判据

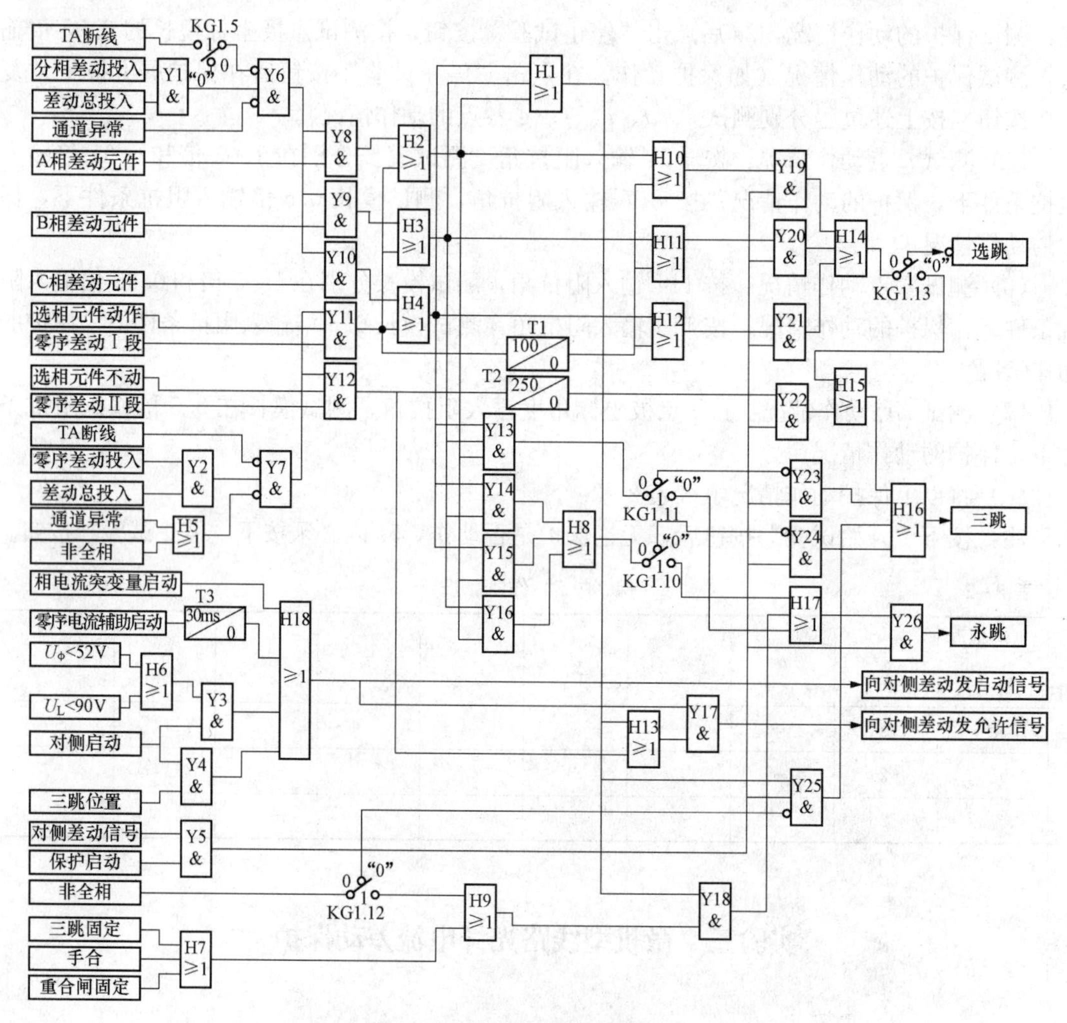

图 2-6 电流差动保护逻辑框图

KG1. 5—TA 断线闭锁保护；KG1. 10—相间故障永跳；

KG1. 11—三相故意永跳；KG1. 12—非全相再故障永跳；KG1. 13—允许分相跳闸

$$\begin{cases} |\dot{I}_M+\dot{I}_N|>I_{CD} \cdots\cdots(1) \\ |\dot{I}_M+\dot{I}_N|>4I_C \cdots\cdots(2) \\ |\dot{I}_M+\dot{I}_N|\leqslant 4I_{INT} \cdots\cdots(3) \\ |\dot{I}_M+\dot{I}_N|>k_{BL1}|\dot{I}_M-\dot{I}_N| \cdots(4) \end{cases} \quad 或 \quad \begin{cases} |\dot{I}_M+\dot{I}_N|>I_{CD} \cdots\cdots(1) \\ |\dot{I}_M+\dot{I}_N|>4I_C \cdots\cdots(2) \\ |\dot{I}_M+\dot{I}_N|\leqslant 4I_{INT} \cdots\cdots(3) \\ |\dot{I}_M+\dot{I}_N|>k_{BL2}|\dot{I}_M-\dot{I}_N|-I_b \cdots(4) \end{cases}$$

式中 $\dot{I}_M$——线路本侧电流；

$\dot{I}_N$——线路对侧电流，差动电流 $I_d=|\dot{I}_M+\dot{I}_N|$，制动电流 $I_r=|\dot{I}_M-\dot{I}_N|$；

k_{BL1}、k_{BL2}——差动比例系数，k_{BL1}保护内部固定为 0.5，k_{BL2}保护内部固定为 0.7；

I_{CD}——整定值（差动启动电流定值）；

I_{INT}——4 倍额定电流（分相差动两线交点）；

I_b——常数，计算值为 $0.4I_{INT}$；

I_C——线路电容电流。

2. 零序差动电流保护

原理同上。零序差动比例系数 K_{0BL}，保护内部固定为 0.8。零序差动电流保护具有两段，Ⅰ段延时 100ms 选相跳闸，Ⅱ段延时 250ms 三跳。

四、实验方法与步骤

1. 分相差动电流保护测试

差动保护控制字中“电流电压自检”如选择“1”位，当不输入母线 TV 电压时，“TV 断线”灯亮；当选择“0”位时灯灭。如选择“1”位时，输入母线 TV 相电压低于 9.8V（线电压约为 17V）时灯亮；超过该定值时灯灭。差动保护测试与该控制字位置无关。距离零序保护控制字中也有“电流电压自检”，情况同上。

将保护控制字 KG1.5、KG1.11、KG1.10、KG1.13 均置“0”，即退出“TA 断线闭锁”、退出“相间故障永跳”、退出“三相故障永跳”，允许分相跳闸。投入“分相差动投入”及“差动总投入”硬压板，退出“零序差动投入”硬压板。相电流突变量启动定值调为 5A。

（1）分相差动电流定值（I_{CD}）的测试。各组按表 2-3 左栏输入零序电流启动定值和分相差动电流定值（$I_{CD}>2I_{CQD}$）。取任一相电流为变量，步长取 0.01A，逐渐增加该相电流直至保护动作，记录分相差动电流定值 I_{CD}的测试值并填入表 2-3 中。

（2）零序启动电流定值（I_{0QD}）的测试。各组按表 2-3 右栏输入零序电流启动定值和分相差动电流定值（$I_{CD}<2I_{0QD}$）。取任一相电流为变量，步长取 0.01A，逐渐增加该相电流直至保护动作，记录零序电流启动定值 I_{0QD}的测试值并填入表 2-3 中。

（3）保护动作跳闸结果测试。

1）将重合方式选择开关打至“单相”或“综合”位置，突加任一相电流（$3I_0$）超过零序电流启动定值，使分相差动电流保护动作，则该相选跳，因没有输入 TWJ 跳位，经延时后启动三跳及永跳。

2）将重合方式选择开关打至“三相”位置，重复步骤 1）使保护动作，则直接启动三跳及永跳（不单跳故障相）。

3）将重合方式选择开关打至“单相”“三相”或“综合”位置，突加任意两相电流超过零序电流启动定值，使保护动作，则启动三跳及永跳（如突加三相对称电流，因没有零序电流，无法满足零序电流启动条件，需调整分相差动电流定值低于所加电流值）。

将以上 3 种情况下开关的跳闸结果填入表 2-4。

2. 零序差动电流保护测试

投入“零序差动投入”及“差动总投入”硬压板，退出“分相差动投入”硬压板。逻辑图中的选相元件即为分相差动元件，即任意一相所加电流达到分相差动元件电流定值后，选相元件动作。逻辑图中的零序电流Ⅰ段和Ⅱ段采用的定值相同，均为 I_{0CD}。

（1）零序差动电流定值（I_{0CD}）的测试。取分相差流定值和 2 倍零序启动电流定值均小于零序电流差动定值（I_{CD}，$2I_{0QD}<I_{0CD}$），各组按表 2-5 输入定值（I_{CD}均取 0.5A）。以任一相电流（$3I_0$）为变量，逐渐增加该相电流直至保护动作，记录零序差动电流 I_{0CD}的测试值并填入表 2-5 中。

（2）零序差动电流Ⅰ段保护（短延时 100ms）动作时间测试。将重合方式选择开关打至“单相”或“综合”位置。突加任一相电流超过零序电流差动定值使保护动作（选相元件、零序差流Ⅰ段、Ⅱ段保护均动作），经短延时后动作启动跳故障相，再经相应延时后分别启动三跳及永跳，查看事件中的短延时时间并填入表 2-3 中。

（3）零序差动电流Ⅱ段保护（长延时 250ms）动作时间测试。取分相差流定值大于零序电流差动定值（$I_{CD}>I_{0CD}$），各组按表 2-5 中的数值自行整定 I_{CD}，突加任一相电流介于分相差流定值和零序电流差动定值之间，使保护动作（选相元件不动，零序差流Ⅰ段、Ⅱ段保护均动作），经长延时后分别启动三跳及永跳，将长延时时间填入表 2-5 中。

表 2-3　　零序电流启动定值 I_{0QD} 的测试值

参数 / 分组	分相差动电流定值（I_{CD}）	零序电流启动定值（I_{0QD}）	分相差动电流测试值	分相差动电流定值（I_{CD}）	零序电流启动定值（I_{0QD}）	零序电流启动测试值
1、2组	1A	0.4A		1A	1A	
3、4组	2A	0.4A		1A	2A	
5、6组	3A	0.4A		1A	3A	
7、8组	4A	0.4A		1A	4A	

表 2-4　　开 关 跳 闸 结 果

重合方式 / 故障类型	单相/综合	三相	单相/三相/综合
单相故障			—
多相故障	—	—	

表 2-5　　零序差动电流 I_{0CD} 测试值

参数 / 分组	分相差动电流定值（I_{CD}）	零序电流启动定值（I_{0QD}）	零序差动电流定值（I_{0CD}）	零序差动电流测试值	零序差流Ⅰ段动作时间（短）	零序差流Ⅱ段动作时间（长）
1、2组	0.5A/2A	0.4A	1A			
3、4组	0.5A/3A	0.4A	2A			
5、6组	0.5A/4A	0.4A	3A			
7、8组	0.5A/5A	0.4A	4A			

五、问题

写出重合方式选择开关分别在“单相”“三相”或“综合”位置下的工作特点。

实验四　微机型线路光纤电流差动保护联调

一、实验目的

（1）测试 PSL603（GM）型 220kV 线路保护屏光纤联调保护工作原理及定值。

（2）掌握光纤联调保护的测试方法。

二、实验设备

PW31 型继电保护测试仪 1 台；PSL603（GM）型 220kV 线路保护屏 2 台；导线若干。

三、保护原理

分相电流差动保护比率制动特性如图 2-7 所示，零序电流差动保护比率制动特性如图 2-8所示。

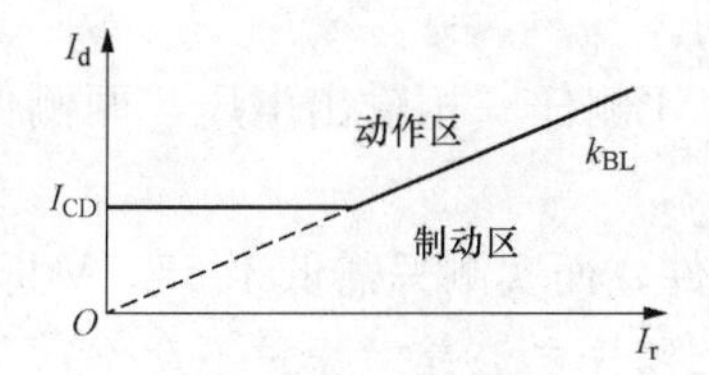

图 2-7 分相电流差动保护比率制动特性

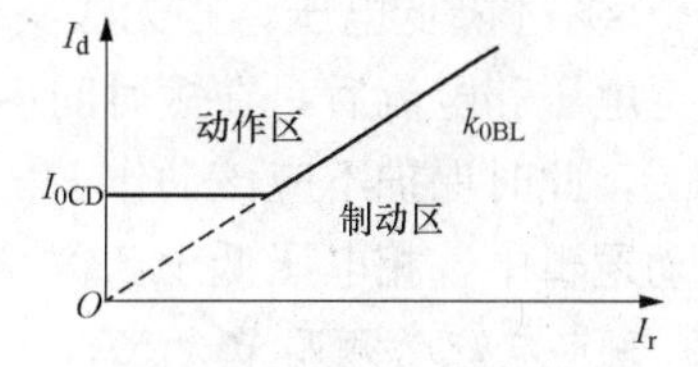

图 2-8 零序电流差动保护比率制动特性

1. Y3、Y4 门公共输入端，“对侧启动”应为对侧差动允许信号

原因分析：如果“对侧启动”为对侧差动启动信号，则当线路运行期间如果 M 侧差动保护 TA 一相断线，则 M 侧差动保护可以靠 TA 断线闭锁，保证不误动作，但 M 侧相电流突变量或零序电流辅助启动元件可能会动作，为 N 侧发出对侧差动启动信号。如果 N 侧区外又发生短路故障，则 N 侧相电流突变量或零序电流辅助启动元件可能会动作，将导致 N 侧差动保护误动作。

2. Y5 门输入端，“对侧启动信号”为对侧差动启动信号，而不是对侧差动允许信号

原因分析：当线路单侧开关合闸于故障线路的情况，只有一侧有电流，而另一侧无流，有流侧为无流侧发启动信号和允许信号，无流侧三相为跳闸位置，收到对侧允许信号后，向有流侧发启动信号（注：此时无流侧因差动元件不能动作，无法发允许信号），有流侧接到无流侧启动信号后，通过 Y5 门可开放本侧差动保护。而无流侧自身保护已启动（三跳起动），且已经收到有流侧启动信号，因此也能开放差动保护。

如果 Y5 门输入端为差动允许信号，则有流侧只能收到无流侧起动信号，而不是允许信号，因此有流侧差动保护无法开放，即拒动。而无流侧差动保护可正常开放。

3. Y5 门输入端，“保护启动”为本侧 H18 门输出

原因分析：当弱馈侧通过电压降低方式启动时，该侧电流可能达不到零序电流或突变量电流定值，通过对侧差动允许信号及本侧电压降低，给对侧发差动启动信号，保证对侧差动保护开放；弱馈侧通过对侧差动启动信号及本侧差动启动信号，启动 Y5 门，当本侧差动元件动作（在动作区）时，本侧差动保护开放。

4. TV 断线信号

KG1.15“电流电压自检投入”置“0”，即自检不投入时，在不加额定电压时保护屏不发“TV 断线信号”；置“1”，即自检投入时，输入母线 TV 相电压低于 9.8V（线电压约为 17V）时发“TV 断线信号”；超过该定值时灯灭。

自检投入时，当两侧电流达到突变量或零序电流启动值时，将电压（额定值）及电流同

时加入后，两侧保护屏发“TV 断线信号”，因为在加入测试量瞬间，保护屏接收电压和电流时，先判断为电流已经达到启动值，此时认为先接收到电流、再接收到电压，即判断为 TV 断线；当两侧电流未到达启动值时，将电压（额定值）及电流同时加入后，两侧保护屏不发“TV 断线信号”；如先加入正常额定电压，然后再通入超过启动值的电流，就不会发出“TV 断线信号”。

5. 测试弱馈起动逻辑

以 N 侧为弱馈侧为例。在额定电压下，增加 M 侧保护差动电流达到起动值，且满足两侧差动元件均动作，在短时间内降低 N 侧任一相电压，则可实现弱馈起动；如果经过较长时间（大约 10s）才降低电压，则无法实现弱馈启动。

加上额定电压和电流后，在短时间内拔掉电流 M 侧任一相输出电压，两侧保护也均动作。按逻辑图，此时保护不应该动作。

弱馈起动逻辑中，相电压低于 52V 满足启动条件，而实测只需低于 55.7V 即可启动。

6. TA 的额定电流必须调节为 5A，如果为 1A，零序电流差动保护不动作

7. 当差动电流小于分相差动电流定值而大于零序差动电流定值时，选相元件不动作，则三相跳闸；当差动电流同时大于分相差动电流定值和零序差动电流定值时，选相元件动作，可实现单相选跳

四、实验方法与步骤

将测试仪电流端子 A、N 接入 M 侧保护屏 1D13、16 端子；B、N 接入 N 侧保护屏 1D13、16 端子；电压端子 A、B、C、N 分别接入 M、N 侧保护屏 1D1、2、3、4 端子。

将保护控制字 KG1.15 置“0”，电流电压自检退出；KG1.14 置“0”，TA 二次额定电流为 5A；KG1.13 置“0”，允许分相跳闸；KG1.11 置“0”，退出三相故障永跳；、KG1.10 置“0”，退出相间故障永跳。

分别将两个线路保护屏的光纤发送端接到对侧接收端；投入“分相差动投入”及“差动总投入”压板，退出“零序差动投入”“零序电流保护总投入”“接地距离保护”“相间距离保护”压板。

调节两侧分相电流突变量启动定值为 5A，零序电流辅助启动定值 I_{0QD} 为 0.2A，分相差动电流定值为 1A，零序差动电流定值为 1.6A。

1. 分相电流差动保护测试（动作特性如图 2-7 所示）

动作判据

$$\begin{cases} I_d > I_{CD} & (I_r < 2I_{CD}) \\ I_d > K_{BL} I_r & (I_r \geqslant 2I_{CD}) \end{cases}$$

分相差动电流 $$I_d = |\dot{I}_M + \dot{I}_N|$$

分相制动电流 $$I_r = |\dot{I}_M - \dot{I}_N|$$

式中 $\dot{I}_M$——线路本侧电流；

$\dot{I}_N$——线路对侧电流；

K_{BL}——分相差动比率系数，固定为 0.5；

I_{CD}——分相差动启动电流。

(1) 电流启动值 I_{CD}测试。调节测试仪 A 相电流，$I_{MA}=0.6\angle0°A$，调节测试仪 B 相电流；$I_{NA}=0.35\angle0°A$，取 B 相电流为变量，步长为 0.01A。

加入电流后，两侧测试坐标均为 (0.25，0.95)，均位于制动区，因此两侧分相差动元件均不动作。逐渐增加 B 相电流，则测试点向左上方移动，直至保护动作，理论测试坐标点为 (0.2，1)，该测试点在差动电流启动线（水平线）上。记录 I_{NA}电流的测试值，用 0.6 加上该值，即可得到 I_{CD}测试值。

(2) 分相比率制动系数 K_{BL}测试。调节测试仪 A 相电流，$I_{MA}=1.8\angle0°A$，调节测试仪 B 相电流；即 $I_{NA}=0.65\angle180°A$，取 B 相电流为变量，步长为 0.01A。

加入电流后，两侧测试点坐标均为 (2.45，1.15)，均位于制动区，因此两侧分相差动元件均不动作。逐渐减小 B 相电流，则测试点向左上方移动，直至保护动作，理论测试坐标点为 (2.4，1.2)，该测试点在比率制动线上。记录 I_{NA}电流的测试值，则 K_{BL}的测试值为 $\frac{1.8-I_{NA}}{1.8+I_{NA}}$。也可多取几点进行测试，方法同上。

(3) 将控制字 KG1.14 置“1”，即 TA 额定电流取 1A 时，则 $4I_{INT}=4A$，理论上拐点 2 的坐标应为 (8，4)。此时测试 K_{BL2}的斜率，与 K_{BL1}一样，仍为 0.5，而不是 0.7。

如果将控制字 KG1.14 置“0”，即 TA 额定电流取 5A 时，则 $4I_{INT}=20A$，理论上拐点 2 的坐标应为 (20，40)，因测试 K_{BL2}时所需输入电流已经超过 30A，因此无法测试。

2. 零序电流差动保护测试（动作特性如图 2-8 所示）

动作判据

$$\begin{cases} I_d > I_{0CD} & (I_r < 1.25I_{0CD}) \\ I_d > K_{0BL}I_r & (I_r \geq 1.25I_{0CD}) \end{cases}$$

零序差动电流 $I_d=3|\dot{I}_{0M}+\dot{I}_{0N}|$，$3\dot{I}_{0M}$为线路本侧零序电流，$3\dot{I}_{0N}$为线路对侧零序电流；零序制动电流 $I_r=3|\dot{I}_{0M}-\dot{I}_{0N}|$；$K_{0BL}$为零序差动比率系数，固定为 0.8；$I_{0CD}$为零序差动启动电流。零序差动电流保护具有两段，Ⅰ段延时 100ms 选相跳闸，Ⅱ段延时 250ms 三跳。

(1) 电流启动值（I_{0CD}）测试。调节测试仪 A 相电流，$I_{MA}=3I_{0M}=1\angle0°A$，调节测试仪 B 相电流；即 $I_{NA}=3I_{0N}=0.55\angle0°A$，取 B 相电流为变量，步长为 0.01A。

加入电流后，测试坐标为 (0.45，1.55)，均位于制动区，因此两侧零序差动元件均不动作。逐渐增加 B 相电流，则测试点向左上方移动，直至保护动作，理论测试坐标点为 (0.4，1.6)，该测试点在差动电流启动线（水平线）上。记录 I_{NA}电流的测试值，用 1 加上该值，即可得到 I_{0CD}测试值。

(2) 零序比率制动系数 K_{0BL}测试。调节测试仪 A 相电流，$I_{MA}=3I_{0M}=2.7\angle0°A$，调节测试仪 B 相电流；即 $I_{NA}=3I_{0N}=0.35\angle180°A$，取 B 相电流为变量，步长为 0.01A。

加入电流后，两侧测试点坐标均为 (3.05，2.35)，均位于制动区，因此两侧零序差动元件均不动作。逐渐减小 B 相电流，则测试点向左上方移动，直至保护动作，理论测试坐标点为 (3，2.4)，该测试点在比率制动线上。记录 I_{NA}电流的测试值，则 K_{0BL} 的测试值为 $\frac{2.7-I_{NA}}{2.7+I_{NA}}$，将以上测试数据填入表 2-6。

3. 零序电流辅助启动定值 I_{0QD} 的测试

该测试利用分相或零序电流差动保护测试均可，以零序电流差动为例。调节测试仪 A 相电流，$I_{MA}=3I_{0M}=1.7\angle 0°A$，调节测试仪 B 相电流；即 $I_{NA}=3I_{0N}=0.15\angle 0°A$，取 B 相电流为变量，步长为 0.01A。

加入电流后，两侧测试点坐标均为（1.55，1.85），均位于动作区，但由于 N 侧电流未达到 I_{0QD}，因此保护不动作。逐渐增加 B 相电流，则测试点向右上方移动，当 N 侧电流超过 I_{0QD} 时，保护动作。测试数据见表 2-6。

表 2-6 测试数据

	分相差动电流定值 I_{CD}（A）	分相比率制动特性 K_{BL}	零序差动电流定值 I_{0CD}（A）	零序比率制动特性 K_{0BL}	零序电流辅助启动定值 I_{0QD}（A）
整定值	1	0.5	1.6	0.8	0.2
测试值					

4. 两侧不同电流定值下，保护的动作逻辑测试

调节 M 侧 I_{CD} 定值为 1A；N 侧 I_{CD} 定值为 1.5A，则 M 侧拐点坐标为（2，1），N 侧拐点坐标为（3，1.5）。

（1）高电流启动值逻辑测试。调节测试仪 A 相电流，$I_{MA}=1\angle 0°A$，调节测试仪 B 相电流；即 $I_{NA}=0.45\angle 0°A$，取 B 相电流为变量，步长为 0.01A。

加入电流后，测试坐标为（0.55，1.45），M 侧分相电流差动元件动作；对于 N 侧，由于测试点位于制动区，故该侧分相差动元件不动作，两侧分相电流差动保护均不动作。逐渐增加 B 相电流，则测试点向左上方移动，直至 N 侧差动元件动作，理论测试坐标点为（0.5，1.5），该测试点在 N 侧差动电流起动线（水平线）上。

（2）比率制动特性逻辑测试。调节测试仪 A 相电流，$I_{MA}=1.8\angle 0°A$，调节测试仪 B 相电流；即 $I_{NA}=0.65\angle 180°A$，取 B 相电流为变量，步长为 0.01A。

加入电流后，测试坐标为（2.45，1.15），两侧分相差动元件均位于制动区，因此两侧分相差动元件均不动作。逐渐减小 B 相电流，则测试点向左上方移动，当 B 相电流减小到 0.6A 以下时，测试点已进入到 M 侧差动保护动作区，此时测试坐标点在（2.4，1.2）的左上方，位于 N 侧差动保护的制动区，因此两侧分相电流差动保护均不动作。

调节测试仪 A 相电流，$I_{MA}=2.4\angle 0°A$，调节测试仪 B 相电流；即 $I_{NA}=0.85\angle 180°A$，取 B 相电流为变量，步长为 0.01A。

加入电流后，测试点坐标均为（3.25，1.55），两侧差动保护均位于制动区，因此两侧分相差动元件均不动作。逐渐减小 B 相电流，则测试点向左上方移动，直至保护动作，理论测试坐标点为（3.2，1.6），该测试点处于两侧相重合的比率制动线上。

5. N 侧开关三跳位置启动逻辑测试

该测试利用分相或零序电流差动保护测试均可，以零序电流差动为例。

（1）短接 N 侧三相 TWJ 三相开入触点，即短接 1D63、64、65 和 59。

（2）模拟 M 侧开关先合闸，且线路有故障的情况，此时 N 侧开关在分闸位置。初始状态下，M 侧电流已经超过零序电流起动值，而 N 侧电流一直为零，零序电流启动元件不能

动作。当M侧电流增加到1.6A（零序电流差动保护起动值）以上时，两侧差动元件均动作，两侧H1=1。M侧H18=1，H13=1，Y17=1，向N侧发启动信号和允许信号。N侧收到M侧差动信号，且TWJ在三跳位置，则Y4=1，H18=1，H13=1，Y17=1，向M侧发差动启动信号和允许信号。M侧收到N侧信号后，Y5=1，分相电流差动保护动作。N侧开关已经在断开位置，因此该侧分相电流差动保护不动作。

（3）测试仪B相输入电流为零，即N侧电流 $I_{NA}=0$；A相输入电流为1.55A，变量为 I_A，步长为0.01A。加入电流后，初始测试点坐标为（1.55，1.55）。增加A相电流，则测试点以斜率1向右上方移动，直至M侧保护动作，理论测试点坐标为（1.6，1.6）。

6. 弱馈启动（低压启动）测试

该测试利用分相或零序电流差动保护测试均可，以分相电流差动为例。

（1）投入“分相差动投入”压板，退出“零序差动投入”压板。

（2）KG1.15“电流电压自检投入”置“1”，即自检投入。调节两侧零序电流辅助启动定值为0.9A。

（3）设N侧为弱馈侧。当线路内部发生短路故障时，N侧电流很小，没有达到零序电流启动值；而M侧电流已经达到零序电流启动值。两侧差动元件均动作，M侧向N侧发出差动启动信号和差动允许信号，当N侧相电压低于52V或线电压低于90V时，N侧Y3=1，H18=1，H13=1，Y17=1，向M侧发差动启动信号和差动允许信号，两侧差动保护均动作。

（4）测试过程：采用状态序列法，状态触发条件选“最长状态时间”，取1s。

1）测试1。

①状态1：设定测试仪A相电流 $I_{MA}=0A$，B相电流 $I_{NA}=0$，A、B、C三相电压为正序对称电压（默认值）；②状态2：设定测试仪A相电流 $I_{MA}=1.1A$，B相电流 $I_{NA}=0$，A、B、C三相电压为正序对称电压（默认值）。测试点坐标为（1.1，1.1），位于差动保护动作区；③状态3：设定测试仪A相电流 $I_{MA}=0.95A$，B相电流 $I_{NA}=0$，B相电压为零，A、C相电压不变。测试点坐标为（0.95，0.95），位于差动保护制动区。

启动后，保护不动作。

原因：状态2中，N侧电压仍正常，所以保护不动作；状态3中，测试点位于差动保护制动区内。

2）测试2。前两个状态同前。

③状态3：设定测试仪A相电流 $I_{MA}=1.1A$，B相电流 $I_{NA}=0$，B相电压为零，A、C相电压不变。测试点坐标为（1.1，1.1），位于差动保护动作区。

启动后，保护动作。

3）测试3。调节零序电流启动值为0.8A。状态1同前。

②状态2：设定测试仪A相电流 $I_{MA}=2.4\angle 0°A$，B相电流 $I_{NA}=0.85\angle 180°$，B相电压为零，A、C相电压不变。测试点坐标为（1.55，3.25），位于差动保护制动区。

启动后，保护不动作。

4）测试4。前两个状态同前。

③状态3：设定测试仪A相电流 $I_{MA}=2.4\angle 0°A$，B相电流 $I_{NA}=0.75\angle 180°$，B相电压为零，A、C相电压不变。测试点坐标为（1.65，3.15），位于差动保护动作区。

启动后，保护动作。

5）测试5：测试低电压动作值。

经测试，相电压动作值约为55.7V，与逻辑图中的理论值（52V）相比，误差较大。可分别调整B相电压为55.8V和55.6V，分别测试。

实验五 重合闸逻辑测试

一、实验目的

（1）测试PSL603（GM）型220kV线路保护屏重合闸逻辑。

（2）掌握重合闸工作方式。

二、实验设备

PW31型继电保护测试仪1台；PSL603（GM）型220kV线路保护屏1台；导线若干。

三、实验原理

重合闸逻辑框图如图2-9所示。重合闸可以由以下方式启动：

（1）保护跳闸启动重合闸（要求启动重合闸的跳闸触点为瞬动触点：本保护、外部单跳、外部三跳）。

1）单相跳闸启动重合闸（包括本保护单跳和外部引入的单跳启动开入）；如果此时出现两相及以上的TWJ开入或两相及以上的跳闸命令，将闭锁单重启动重合闸。保护单跳启动重合闸的条件为（与门条件）：

a. 保护发单相跳闸信号；

b. 跳闸相无电流且无跳令；

c. 不满足三相启动条件；

d. 重合闸处于单重或综重方式。

2）保护三相跳闸启动重合闸（包括本保护三跳和外部引入的三跳启动开入）；

保护三跳启动重合闸的条件为（与门条件）：

a. 保护发三相跳闸信号；

b. 三相无电流且无三相跳令；

c. 重合闸处于三重方式或综重方式；

（2）断路器位置不对应启动重合闸。断路器位置不对应启动重合闸的条件为（与门条件）：

1）功能控制字“开关偷跳重合”投入；

2）单相或三相跳位继电器持续动作且断开相无流，与重合闸方式对应；

3）合后继开入动作（仅当整定为“合后继可用”时）。

将KG1.15置“0”，即“模拟量自检退出”；如投入，在不加电压的情况下发出“TV断线”信号。将KG.13置“0”，即合后继电器不可用，逻辑输出为“1”；KG.3置“1”，即重合闸充电时间为12s；KG.2置“0”，即重合闸不检同期；KG.4置“0”，即单重不检

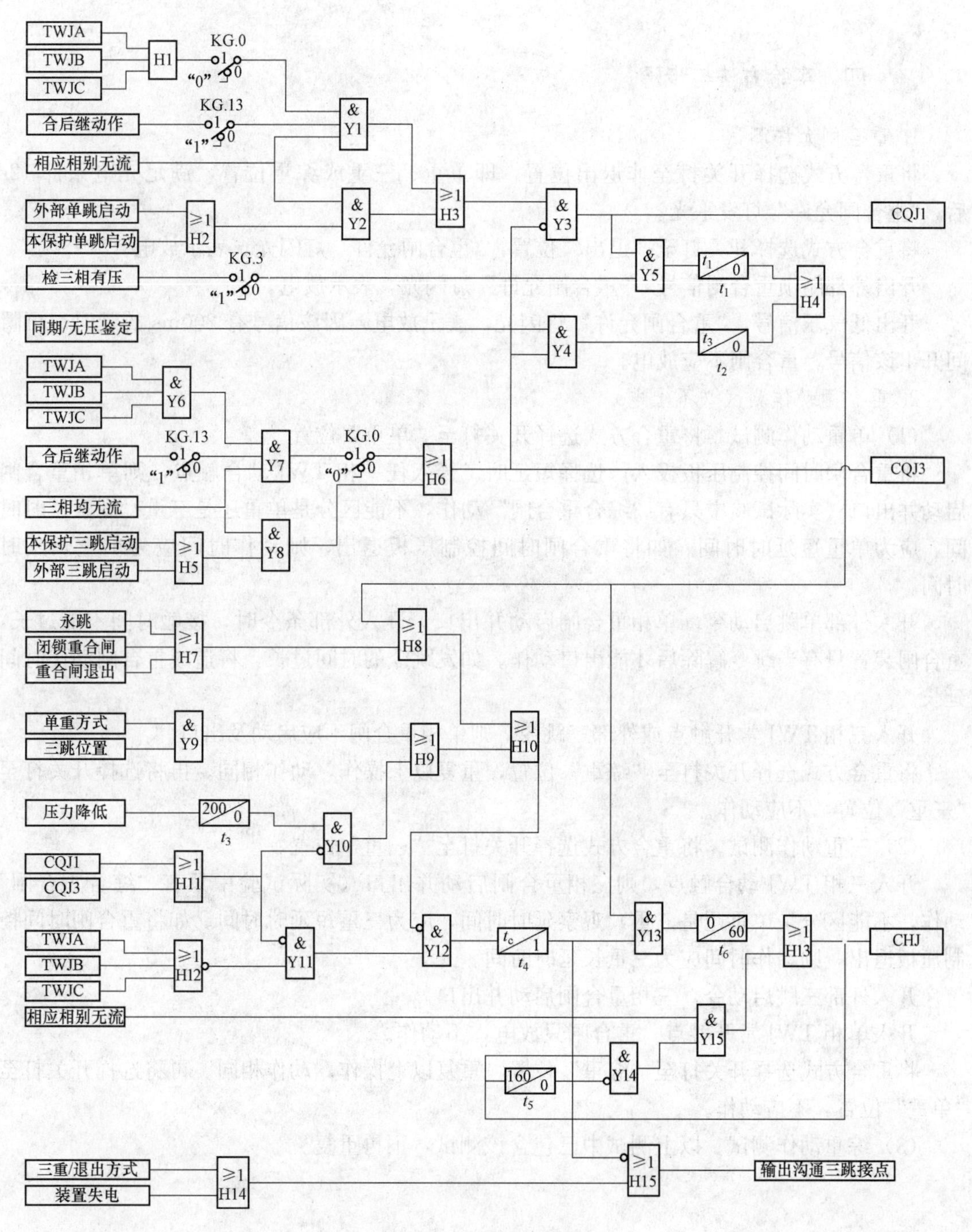

图 2-9 重合闸逻辑框图

三相有压；将单重长延时及三重长延时分别调至 1.5s 和 2s，单重短延时和三重短延时分别调至 0.5s 和 1s。

四、实验方法与步骤

1. 重合闸允许测试

将重合方式选择开关打至非退出位置，即单重、三重或综重位置，满足充电条件 12s 后，“重合闸允许”灯发平光。

将重合方式选择开关打至“退出”位置，“重合闸允许”灯闪光，表示放电。

开出外部闭锁重合闸信号，“重合闸允许”灯闪光，表示放电。

开出低气压信号，“重合闸允许”灯闪光，表示放电。因该信号有 200ms 的延时，可瞬间开出该信号，重合闸不应放电。

2. 重合闸动作测试（不上电）

（1）单重动作测试。将重合方式选择开关打至“单重”位置。

将重合闸时间控制压板投入，选择短延时。开入任一相 TWJ 动合触点，则单相重合闸启动并出口（实际试验中只有“综合重合闸”动作，不能区分是单重还是三重）观察延时时间，应为单重短延时时间。如将重合闸时间控制压板退出，则动作时间应为单重长延时时间。

开入外部单跳启动令，单相重合闸启动并出口。开入外部条令时，接触时间不能过长，重合闸装置只有当跳令解除后才能出口动作。如发跳令的时间过长，将造成重合闸动作时间延长。

开入三相 TWJ 常开触点或外部三跳令，则单相重合闸不应启动及出口。

将重合方式选择开关打至“综重”位置，重复以上操作，动作相同。再将选择开关打至“三重”位置，不应动作。

（2）三重动作测试。将重合方式选择开关打至“三重”位置。

开入三相 TWJ 动合触点，则三相重合闸启动并出口（实际试验中只有“综合重合闸”动作，不能区分是单重还是三重）观察延时时间，应为三重短延时时间。如将重合闸时间控制压板退出，则动作时间应为三重长延时时间。

开入外部三跳启动令，三相重合闸启动并出口。

开入单相 TWJ 常开触点，重合闸只放电，不动作。

将重合方式选择开关打至“综重”位置，重复以上操作，动作相同。再将选择开关打至“单重”位置，不应动作。

（3）综重动作测试。以上测试中已包含该测试，不再重复。

项目二　PSL632A（C）数字式断路器保护

本装置是由微机实现的数字式断路器保护与自动重合闸装置，功能包括断路器失灵保护、三相不一致保护、死区保护、充电保护、过流保护和自动重合闸，适用于 220kV 及以上电压等级的 3/2 接线与角形接线的断路器保护。跳闸逻辑示意图如图 2-10 所示。

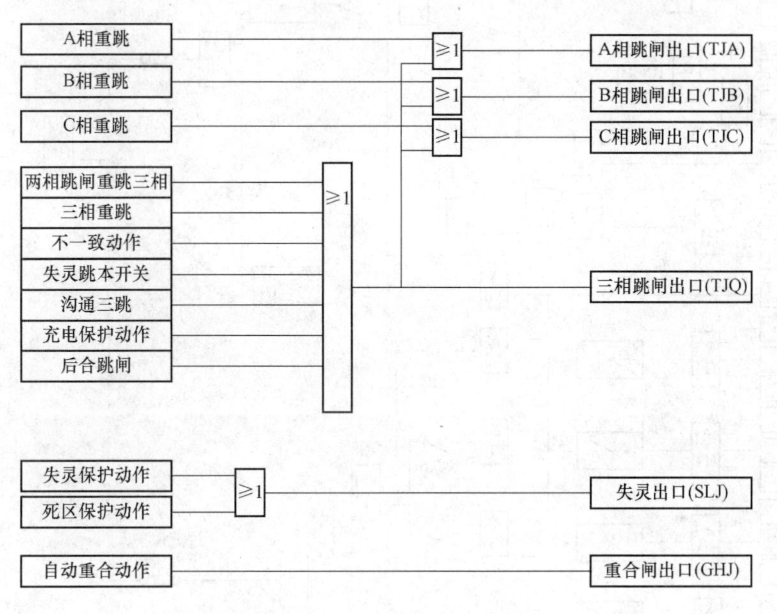

图 2-10　跳闸逻辑示意图

实验一　充　电　保　护

一、实验目的

(1) 掌握 PSL632A（C）数字式断路器保护屏充电保护工作原理。

(2) 掌握充电保护的测试方法。

二、实验设备

PW31 型继电保护测试仪 1 台；PSL632A（C）数字式断路器保护屏 1 台；导线若干。

三、保护原理

充电保护可以设定为短时或长时投入（可以由控制字选择投入）两种。两种充电保护共用电流定值，可以根据现场实际情况来整定，且都是无方向的过流保护。短时投入的充电保护动作延时不能整定，开放时间为 500ms，经短延时出口，可以由充电保护压板及短时投入控制字决定是否投入；长时投入的充电保护，经整定出口动作延时动作。可以由充电保护压板及长时投入控制字决定是否投入。充电保护出口动作驱动 CDJ 继电器。充电保护动作后，启动失灵保护，经“失灵保护延时值”出口。

充电保护还设有三段独立的相过流和零序过保护，可以由过流压板投入及相应控制字来决定是否投入。每段电流及动作时间都可以独立整定。可以作为母联或分段开关的电流保护。充电保护逻辑框图如图 2-11 所示。

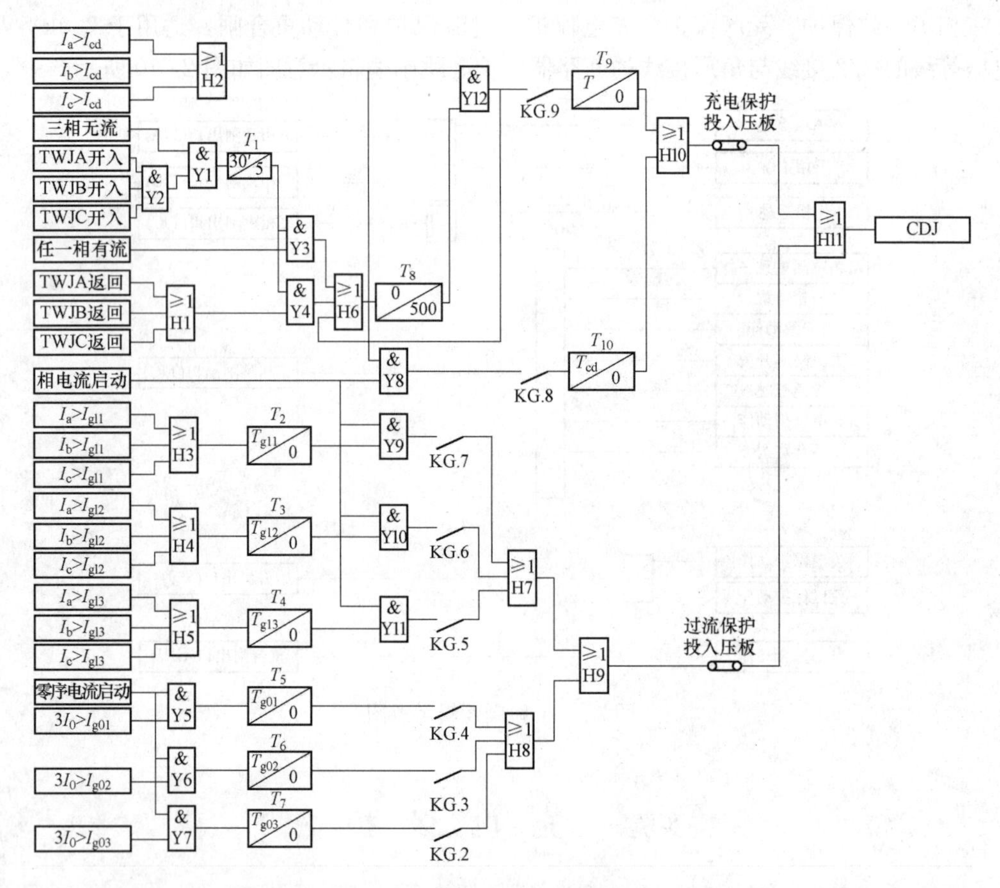

图 2-11 充电保护逻辑框图

I_{cd}—充电保护电流定值；I_{g11}—相过流保护Ⅰ段电流定值；I_{g12}—相过流保护Ⅱ段电流定值；I_{g13}—相过流保护Ⅲ段电流定值；I_{g02}—零序过流保护Ⅱ段电流定值；I_{g01}—零序过流保护Ⅰ段电流定值；I_{g03}—零序过流保护Ⅲ段电流定值；T_{cd}—充电保护时间定值；I_{g11}—相过流保护Ⅰ段时间定值；I_{g12}—相过流保护Ⅱ段时间定值；I_{g01}—零序过流保护Ⅰ段时间定值；I_{g02}—零序过流保护Ⅱ段时间定值；KG. 9—短时充电保护投入；KG. 8—长时充电保护投入；KG. 6—相过流Ⅰ段保护投入；KG. 7—相过流Ⅱ段保护投入；KG. 5—相过流Ⅲ段保护投入；KG. 4—零序过流Ⅰ段保护投入；KG. 3—零序过流Ⅱ段保护投入；KG. 2—零序过流Ⅲ段保护投入

四、实验方法与步骤

将 KG1. 15 置“1”，即“模拟量自检投入”；KG2. 14 置“1”，即充电保护投入。

（1）充电短延时、充电长延时保护。投入“充电保护投入”压板；KG1.9置“1”，即短时充电保护投入；KG1.8置“1”，即长时充电保护投入。三相TWJ触点在短接位置，保持30s后，任一相加入电流超过充电保护电流定值 I_{cd}，经 T（短延时）后充电短延时保护动作，经 T_{cd}（长延时）充电长延时动作。也可单独测试充电短延时，长延时退出。

（2）相过流保护。投入“过流保护”压板；将KG1.7、KG1.6、KG1.5置“1”，即相过流保护Ⅰ、Ⅱ、Ⅲ段投入。任一相加入电流超过对应段相过流保护定值，经该段延时后保护动作。要求 $I_{g11}>I_{g12}>I_{g13}$，$T_{g11}<T_{g12}<T_{g13}$。如单独测试Ⅱ段或Ⅲ段，则应将Ⅰ段或Ⅰ、Ⅱ段延时时间调长。

实验二 三相不一致保护

一、实验目的

（1）掌握PSL632A（C）数字式断路器保护屏三相不一致保护工作原理。

（2）掌握三相不一致保护的测试方法。

二、实验设备

PW31型继电保护测试仪1台；PSL632A（C）数字式断路器保护屏1台；导线若干。

三、保护原理

由于引入了开关的分相位置接点（任一相TWJ动作且无流时确认该相开关在跳闸位置），当任一相或任两相在跳闸位置，而三相不全在跳闸位置，则认为三相不一致。经可整定的不一致动作延时出口跳闸驱动SBJ继电器，跳本断路器三相。但由任两相在跳闸位置造成的三相不一致，出口动作延时固定为150ms。除用TWJ来判断外，还可以采用外部三相不一致专用开入，经可整定的不一致动作延时出口跳闸驱动SBJ继电器，跳本断路器三相。

以上两种方式可以通过控制字来选择。且都可以通过控制字选择是否经零序或负序电流来开放，以提高三相不一致保护动作的可靠性。三相不一致保护逻辑框图如图2-12所示。

四、实验方法与步骤

将KG2.13置“1”，即三相不一致投入；将KG2.12置“0”，即“不一致用位置接点”；将KG2.11、KG2.10均置“1”，即不一致经零序、不一致经负序。该保护的零序电流为 $3I_0$，负序电流为 $3I_2$（每相负序电流的3倍）。

（1）两相在跳闸位置，一相在合闸位置，短延时保护启动。

将任意两相TWJ动合触点短接，在第三相加电流超过零序或负序电流启动值（不一致专用输入为“0”），保护经150ms短延时后启动。

（2）一相在跳闸位置，两相在合闸位置，长延时保护启动。

将任意一相TWJ动合触点短接，在另外两相中任意一相加电流超过零序或负序电流启

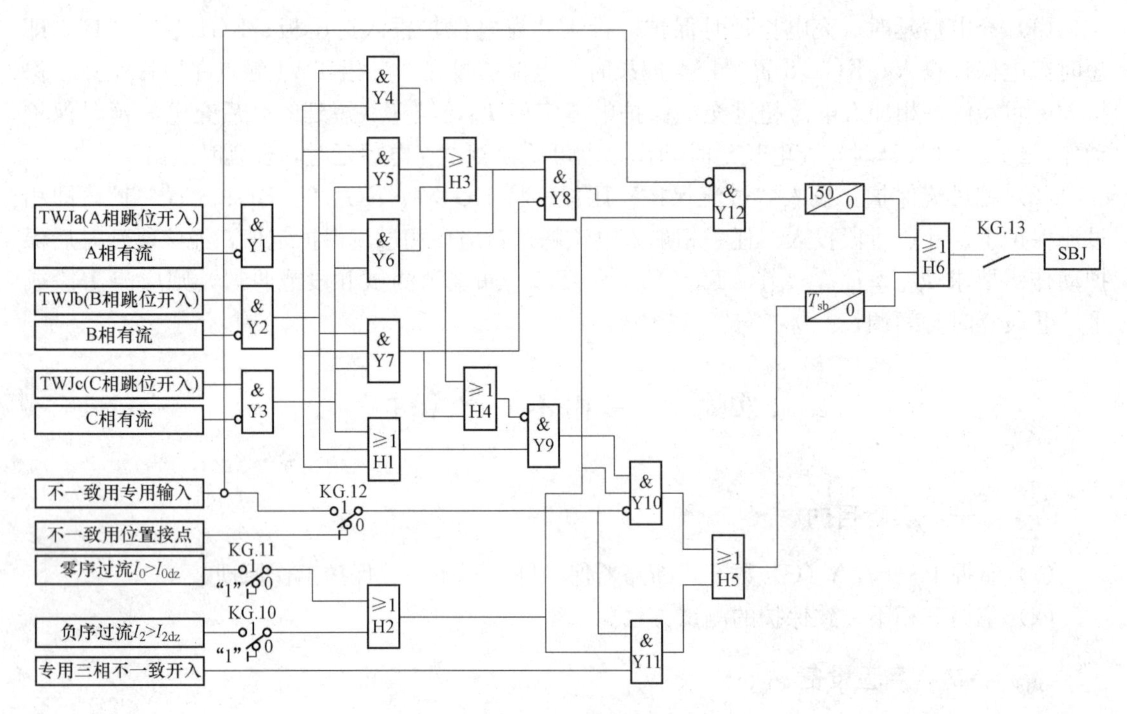

图 2-12　三相不一致保护逻辑框图

KG. 13—三相不一致投入；KG. 12—不一致用位置/专用开；
KG. 11—不一致经零序闭锁；KG. 10—不一致经负序闭锁；T_{sb}—不一致动作延时

动值（不一致用位置接点输入为“0”），保护经 T_{sb} 长延时后启动。也可在另外两相中同时加入电流，但必须计算零序及负序电流值，当超过启动值后保护动作。

（3）可单独对零序或负序电流进行测试。

实验三　死　区　保　护

一、实验目的

（1）掌握 PSL632A（C）数字式断路器保护屏死区保护工作原理。

（2）掌握死区保护的测试方法。

二、实验设备

PW31 型继电保护测试仪 1 台；PSL632A（C）数字式断路器保护屏 1 台；导线若干。

三、保护原理

在某些接线方式下可能存在死区，（如断路器在 TV 与线路之间）断路器和 TV 之间发生故障，虽然故障线路的保护能快速动作，但本断路器跳开后，故障并不能切除。此时需要失灵保护动作跳开有关断路器。考虑到以上站内故障，故障电流较大，对系统影响比较大。失灵保护一般动作时间都比较长，所以增设了比失灵保护动作快的死区保护。启动元件、整组复归条件、出口跳闸接点均和失灵保护相同。死区保护逻辑框图如图 2-13 所示。

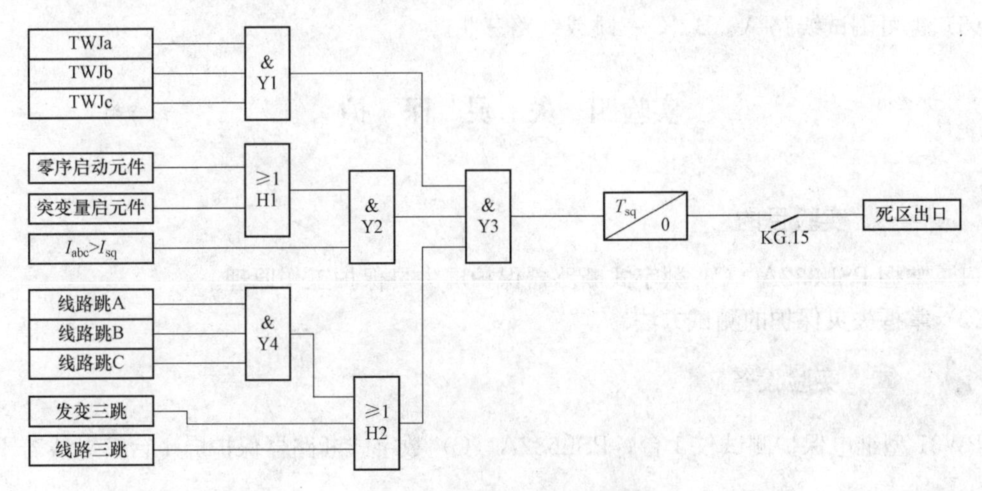

图 2-13 死区保护逻辑框图

I_{abc}—I_a、I_b、I_c 三相电流；I_{sq}—死区保护电流定值；

T_{sq}—死区保护动作延时；KG. 15—死区保护投入控制字；TWJa、b、c—三相跳闸位置接点

四、实验方法与步骤

注意：该保护中零序启动元件和突变量启动元件在启动后均经过时间元件开放十几秒，在此期间如果其他条件不满足，则时间元件返回；如果时间元件启动后，所加电流减小并低于零序启动元件及突变量启动元件定值（但仍大于死区保护电流定值），在其他条件均满足时保护仍动作。该特点与失灵保护一致。

将 KG2. 15 置“1”，即死区保护投入。

（1）将三相 TWJ 常开触点短接，开入发变组三跳，在任意一相中加入电流超过零序电流启动值及死区电流启动值，保护经 T_{sq} 延时后启动。

（2）粗略测试突变量启动值。

将零序电流启动值调至较大，如 9A；将死区电流调至 2A；突变量启动值在计算时应考虑固定门槛和浮动门槛，二者相加略大于固定门槛。

将突变量定值调至 0. 1A，电流变化量步长也调至 0. 1A（相当于固定门槛），电流初始值为 1. 9A，启动后保护不应该动作；增加电流值，每次步长均为 0. 1A，小于突变量启动值（固定门槛 0. 1A 与浮动门槛之和），保护也不能动作。

将电流变化量步长调至 0. 2A（可靠大于固定门槛），电流初始值为 1. 9A，启动后保护不应该动作；增加电流值，增加值 2. 1A 时，保护应动作。

（3）测试零序电流启动值。

将突变量启动定值调至较大，如 9A；死区电流小于零序电流启动值，如死区电流仍为 2A，零序电流启动值为 3A。当增加电流超过 3A 时，保护动作。

（4）测试死区电流。

将突变量启动定值调至较大，如 9A；死区电流大于零序电流启动值，如死区电流仍为

2A，零序电流启动值为1A。当增加电流超过2A时，保护动作。

（5）也可测试线路A、B、C三跳或线路三跳。

实验四 失 灵 保 护

一、实验目的

（1）掌握PSL632A（C）数字式断路器保护屏失灵保护工作原理。

（2）掌握失灵保护的测试方法。

二、实验设备

PW31型继电保护测试仪1台；PSL632A（C）数字式断路器保护屏1台；导线若干。

三、保护原理

为了增加失灵保护的可靠性，本装置设置了两种启动元件（突变量启动、零序电流启动）来开发失灵保护（发变失灵保护除外）。断路器失灵保护按如下几种情况来考虑，即故障相失灵、非故障相失灵、发变三跳启动失灵，失灵保护逻辑框图如图2-14所示。

四、实验方法与步骤

将KG2.14置“1”，失灵保护投入，调节T_{S2}延时时间短于T_{S1}。

1. 不上电测试

将KG2.10、2.9、2.8均置“0”，即发变不经零序、负序、低$\cos\varphi$；（注意：KG2.8不建议置“1”，否则在不加电压的情况下会发出“TV断线”信号。）将KG2.7置“1”，即发变直跳投入。开入发变三跳，则“失灵瞬时三跳”“失灵跳本开关三相”“失灵跳相邻开关”均动作。

2. 测试发变失灵经负序电流

将KG2.9置“1”，KG2.10和2.8均置“0”，及发变经负序，不经零序和低$\cos\varphi$；将零序电流启动值和突变量启动值调至较大，开入发变三跳，在任意一相加入电流超过发变经负序电流定值时，保护动作，出口同上。

3. 测试发变失灵经零序电流

将KG2.10置“1”，KG2.9和2.8均置“0”，及发变经零序，不经负序和低$\cos\varphi$；将零序电流启动值和突变量启动值调至较大，开入发变三跳，在任意一相加入电流超过发变经零序电流定值时，保护动作，出口同上。

4. 测试任一相失灵电流动作

将KG2.10、2.9、2.8、2.7均置“0”，即发变不经零序、负序、低$\cos\varphi$，发变直跳退出，开入发变三跳或线路三跳，任一相加电流超过失灵电流定值及零序或突变量启动定值，保护动作。

可单独测试失灵电流、零序电流或负序电流启动值。

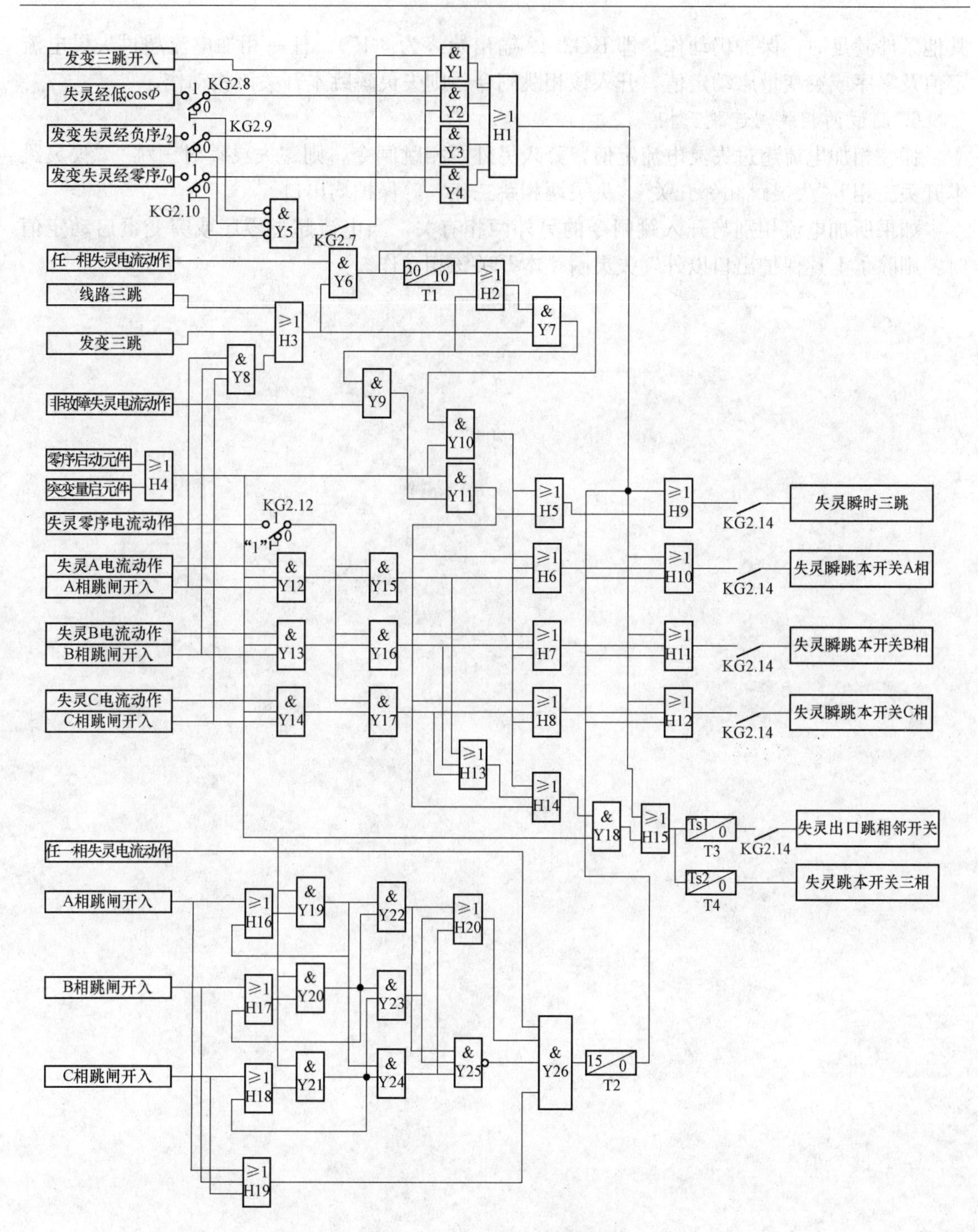

图 2-14 失灵保护逻辑框图

KG2.14—失灵保护；KG2.12—失灵经零序电流；KG2.10—发变失灵经零序；KG2.9—发变失灵经负序；KG2.8—发变失灵经低 cosφ；KG2.7—发变失灵直跳；Ts1—失灵保护动作延时；Ts2—失灵跳本开关延时

5. 测试失灵瞬跳本开关某相

将 KG2.12 置“1”，即失灵经零序投入（经试验证明，无论失灵经零序定值取多大，当其他条件满足时，保护仍动作，即 KG2.12 输出始终为“1”)。任一相加电流超过失灵电流定值及零序或突变量启动定值，开入该相跳闸令，则失灵瞬跳本开关该相动作。

6. 测试两相跳闸连跳三相

任一相加电流超过失灵电流定值，开入另外两相跳闸令，则“失灵瞬时三跳”“失灵跳本开关三相”“失灵跳相邻开关”“失灵两相跳三相”等保护均出口。

如果所加电流相别与开入跳闸令的另外两相有关，当电流超过零序或突变量启动定值时，则除了上述保护出口以外，失灵瞬跳本开关该相动作。

项目三　SG B750 数字式母线保护

SG B750 数字式母线保护装置具有如下多种保护功能：母线差动保护、母联充电保护、母联断路器失灵和死区保护、母联过流保护、母联断路器非全相保护、复合电压闭锁功能和运行方式识别功能等。

一、大差、小差动作判据

1. 大差启动判据

大差的启动判据有两个，分别是快速启动判据（利用突变量实现）和慢速启动判据（利用电流有效值实现）。前者用于短路电流大的场合（如金属性接地或短路），启动速度快；后者用于短路电流小，突变量不大的场合（如非金属性接地或短路），启动速度慢。

（1）快速判据

$$\begin{cases} \Delta i_{d} \geqslant I_{1} \\ \Delta i_{d}/\Delta i_{r} \geqslant K_{1} \end{cases}$$

式中　Δi_d——差电流变化量，等于各连接单元（母联单元除外）变化量和的绝对值，即 $\Delta i_d = |\sum \Delta i|$；

I_1——差电流变化量启动值（为 I_{set} 的 0.3 倍，见差电流整定值）；

Δi_r——制动电流变化量，等于各连接单元（母联单元除外）电流变化量绝对值之和，即 $\Delta i_r = \sum |\Delta i|$；

K_1——电流变化量制动系数整定值（内部设定）。

（2）慢速判据

$$\begin{cases} i_{d} \geqslant I_{2} \\ i_{d}/\Delta i_{r} \geqslant K_{2} \end{cases}$$

式中　i_d——差电流瞬时值，等于各连接单元（母联单元除外）采样值之和，即 $i_d = |\sum i|$；

I_2——常规差电流起动值（为 I_{set}）；

i_r——制动电流瞬时值，等于各连接单元（母联单元除外）采样电流绝对值之和，即 $i_r = \sum |i|$；

K_2——常规差电流制动系数整定值（内部设定）。

母线屏指示灯中，“保护启动”为大差启动判据。即当大差满足条件，“保护启动”指示灯发光。

2. 大差动作判据

$$\begin{cases} |\sum I| \geqslant I_{set} \\ |\sum I| / \sum |I| \geqslant 0.3 \end{cases}$$

式中　$|\sum I|$——除了母联单元外的双母线所有其他连接单元电流相量和的模，为差动电流；

$\sum |I|$——除了母联单元外的双母线所有其他连接单元电流绝对值之和，为制动

电流；

I_{set}——差电流整定值。

3. 小差动作判据

$$\begin{cases} |\sum I(\mathrm{I}/\mathrm{II})| \geqslant I_{set} \\ |\sum I(\mathrm{I}/\mathrm{II})|/\sum|I(\mathrm{I}/\mathrm{II})| \geqslant 0.3 \end{cases}$$

式中 $|\sum I(\mathrm{I}/\mathrm{II})|$——Ⅰ或Ⅱ母线所有连接单元电流相量和的模，为差动电流；

$\sum|I(\mathrm{I}/\mathrm{II})|$——Ⅰ或Ⅱ母线所有连接单元电流绝对值之和，为制动电流；

I_{set}——差电流整定值，同上。

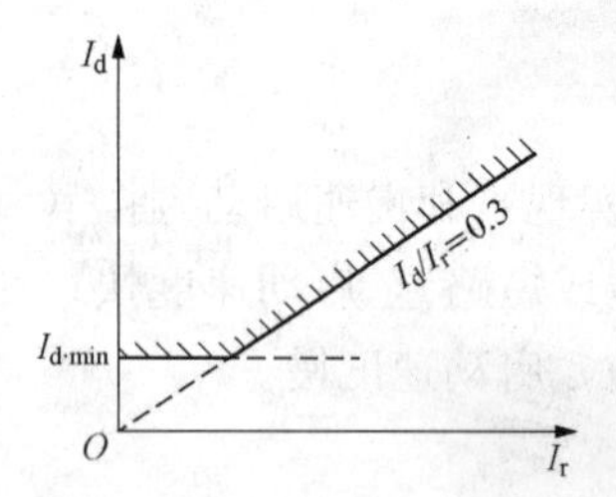

图 2-15 差动保护动作特性

小差的启动判据即为比率制动特性，差动保护动作特性如图 2-15 所示。图中，$I_{d\cdot min}$相当于等值中的 I_{cd}，即最小动作电流。制动系数固定取 0.3。母线屏指示灯中，“母差动作”为Ⅰ母线或Ⅱ母线差动保护动作判据，当大差和小差保护均动作时，“母差动作”指示灯亮。

二、TA 饱和判据

有两种判据，分别是“差流动态追忆法”和“轨迹扫描法”。判据的作用：防止外部故障后因 TA 饱和使差流增加而引起母差保护误动作。

三、差动保护启动值及 I_{set} 测试

对除母联单元外任意单元任一相加电流测试。投入母差保护控制字，将测试仪任一相电流线接至该单元任一相电流端子上，测试仪电流公共端接至该单元电流公共端，将该单元母线刀闸位置强制合于某一段母线上，则大差及该单元所在母线的小差电流相等，制动电流也同时等于差动电流。

当突加电流测试时，如突加电流达到 $0.3I_{set}$时，大差启动，“保护启动”灯亮；当对除母联单元外任意单元任一相逐渐增加电流测试时，如步长小于 $0.3I_{set}$时，则大差启动与小差动作同步，即“保护启动”与“母差动作”指示灯同时亮。

四、TA 断线报警和闭锁功能

（1）作用：在正常运行时对大差的各相差电流和每个连接单元的相电流和零序电流采样计算，以实时检测出 TA 断线，闭锁差动保护，避免区外故障时差动保护的误动，并提示断线的连接单元和相别。

（2）原理。

1）TA 断线闭锁报警功能和内部逻辑示意图如图 2-16 所示，当任一相差流大于低定值 I_1时，延时 5s 发出告警信号；当任一相差流大于高定值 I_2时，闭锁差动保护。如母线范围内故障，大差电流也会达到 TA 断线电流定值，但 5s 内母线保护已动作将故障切除，不会误发 TA 断线信号。

2）闭锁差动保护功能分为快速单相闭锁、慢速单相闭锁、快速三相闭锁和慢速三相闭锁等 4 种。与三相闭锁相比，单相闭锁功能可以防止单相断线情况下母线保护区内发生非断线相短路故障时，母线差动保护出现拒动，但当单相断线时区内发生断线相单相短路后，无法防止差动保护拒动。

与慢速闭锁功能相比，快速闭锁功能可以防止重负荷情况下断线引起的差动保护的误

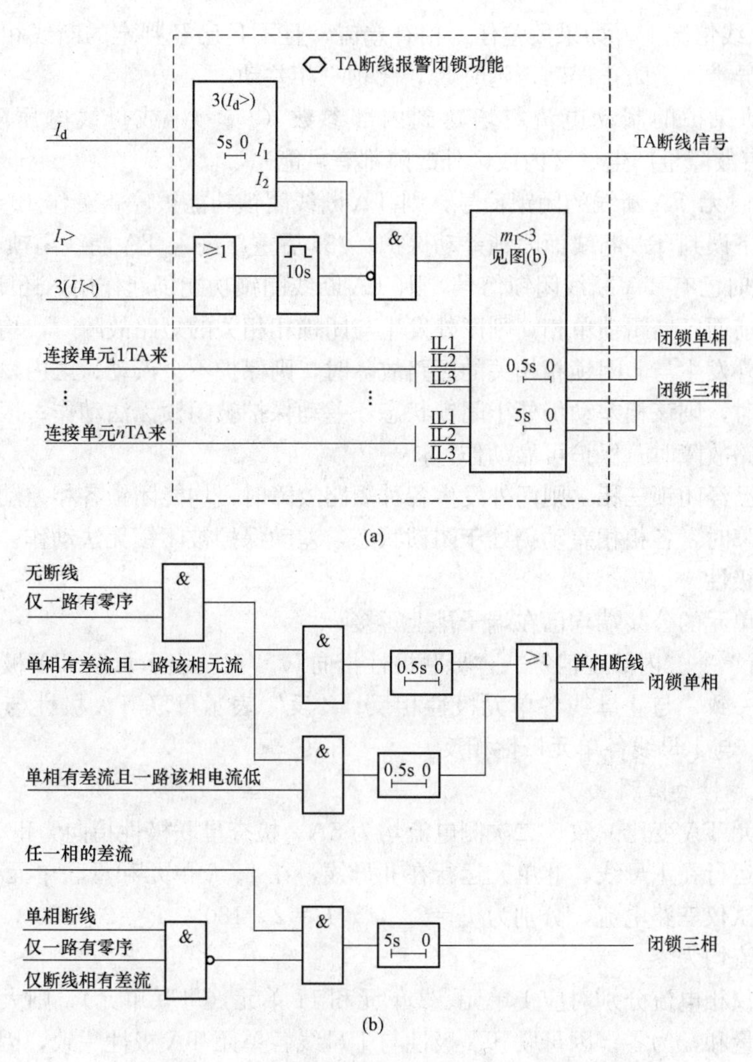

图 2-16 TA 断线闭锁报警功能和内部逻辑示意图
(a) TA 断线闭锁报警功能；(b) 内部逻辑示意图

动。（“六统一”后，将快速闭锁也加 0.5s 延时，即使发生重负荷情况下 TA 断线故障，可依靠复合电压闭锁差动保护，保护不会误动作）

3）在大差单相有差流（达到 TA 断线电流高定值，且小于 $1.5I_N$）情况下，如果仅一路连接单元的该相二次侧无电流，其他两相二次电流接近，且该路连接单元二次监测到零序电流，则判定该相断线，闭锁该相差动保护。

4）在大差单相有差流（达到 TA 断线电流高定值，且小于 $1.5I_N$）情况下，如果仅一路连接单元的该相二次电流较低，其他两相二次电流接近，且该路连接单元二次监测到零序电流，也可能是高阻接地，延时 0.5s，确认不是高阻接地后，闭锁该相差动保护。

5）单相断线情况下，继续监测断线连接单元和其他有零序电流的连接单元。如果断线连接单元异常，另外两相电流相差较大（可能是剩余两相中有一相又发生断线）；或其余有零序电流的连接单元异常，有一相电流为零（其他单元有断线），为防止误动，直接闭锁三相差动。

6）单相断线情况下，如果大差任一相有差流，且不是已经判定的断线相，为不明原因产生的差电流异常，为防止误动，延时5s，闭锁三相差动。

7）当差动保护的制动电流突增达到内部参数（$I_r>$），或母线电压降低至动作值（$U<$），表明有故障量产生（区内或区外故障都有可能）。

a. 如果此时无TA断线的闭锁信号，则TA断线闭锁功能被停止工作15s，以防母线有内部故障情况下误判TA断线而闭锁差动保护。15s后重新进入TA断线闭锁功能。

b. 如果此时已有TA断线闭锁信号，则TA断线闭锁功能仍起作用，还闭锁母线保护。

此时如果前面已经闭锁单相，则区外发生与闭锁相相关的短路故障时，均能闭锁断线相差动保护；区外发生与非闭锁相相关的短路故障时，则保护不会误动；区内发生与闭锁相相关的短路故障时，则该相差动仍处于闭锁状态，差动保护被闭锁无法动作；区内发生与非闭锁相相关的短路故障时，保护可靠动作。

如果前面已经闭锁三相，则区外发生各种短路故障时，均能闭锁各相差动保护；区内发生各种短路故障时，各相相差动仍处于闭锁状态，差动保护被闭锁无法动作。

五、母联极性

所有电流单元的公共端均已在端子排上短接。

“工厂设置”→“内部定值”→“母联极性指向”，“正”表示母联TA极性与Ⅰ母线各单元TA极性一致，与Ⅱ母线各单元极性相反；“反”表示母联TA极性与Ⅱ母线各单元TA极性一致，与Ⅰ母线各单元极性相反。

1. 区外穿越性故障测试

检查各单元TA变比一致，二次侧电流均为5A，检查母联极性指向为正。

取1单元运行在Ⅰ母线，Ⅱ单元运行在Ⅱ母线，在1、2单元和母联单元（11单元）的A相中输入测试仪三路电流，分别为$I_a=2\angle 0°$，$I_b=2\angle 180°$，$I_c=2\angle 180°$，检查大差及两组母线小差差流均为零。

由于测试仪相电流分别对应1单元、2单元和11单元（母联单元），则大差电流为1单元和2单元相量和，为零；因母联TA极性与Ⅰ母线各单元TA极性一致，因此Ⅰ母线小差差流为1单元和11单元相量和，为零；Ⅱ母线小差差流为2单元和11单元相量差，为零。母差保护不动作。

2. 区内故障测试

增加1单元电流I_a或2单元电流I_b，则Ⅰ母线或Ⅱ母线小差中差动电流增加，使Ⅰ母线或Ⅱ母线小差保护动作。

六、互联原理

1. 自动互联

在双母线倒闸操作过程中，当同一连接单元的Ⅰ母线及Ⅱ母线隔离开关同时接通时，双母线处于“并母”方式。此时，该单元的两组母线隔离开关辅助触点同时接通，Ⅰ母线、Ⅱ母线运行方式字对应位均为1，母线保护自动进入互联状态，称为“自动互联”。

在互联状态下，Ⅰ、Ⅱ母线两段母线被视为一段母线，单母线运行方式，母线保护仅有大差功能，两个小差功能不起作用，无论Ⅰ母线或Ⅱ母线上发生故障，大差将动作于切除两段母线上所有连接单元。

如图2-17所示，线路L1的母线侧隔离开关QS1和QS2在合闸位置，Ⅰ母线与Ⅱ母线

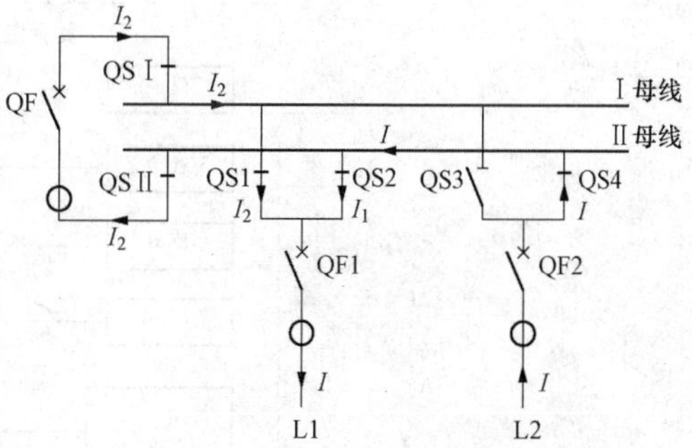

互联。线路L2输入电流为I，该电流经分流后形成I_1和I_2两个电流，I_1流过QS2，I_2流过母联回路及QS1，汇集成电流I后经L1流出。

此时，大差电流为零，Ⅰ母线与Ⅱ母线小差电流均为$I-I_2=I_1$。当在互联状态下发生Ⅰ母线或Ⅱ母线区内故障后，虽然两组母线的小差均有差流，但不能保证该差流能让两组小差均可靠动作，因此利用互联状态下，大差保护动作，同时跳两组母线上的所有连接单元。

图2-17 双母线互联状态电流分布示意图

2. 手动互联

采用自动互联时，如果某一母线隔离开关的辅助触点接触不良，将导致无法进入“自动互联”状态，一旦发生区内故障，两组母线的小差保护动作不可靠，可能引起保护拒动。因此在双母线倒母线操作时，需要将母线保护屏上的“互联投切”压板手动投入（早期现场在倒母线时需短接母线隔离开关的辅助触点，防止其接触不良），使母线运行方式强制转为互联状态，称为“手动互联”。当倒闸操作完毕后，需要将此压板退出。否则在双母线正常运行方式下（并列运行），任一组母线发生故障都会引起两组母线失压。

无论“自动互联”还是“手动互联”，装置均发出“互联”信号，提示运行人员。

3. 强制互联

在母线保护处于非互联状态下，如果大差无差流，而两个小差同时有差流，可能存在某些异常情况（如倒母线时某一母线隔离开关的辅助触点接触不良，无法进入“自动互联”状态，同时运行人员忘记“手动互联”）为防止保护误动或拒动，母线保护自动进入强制互联状态，同时发出差流告警信号及互联信号。

4. 测试方法

1单元运行在Ⅰ母线，2单元运行在Ⅱ母线，通过测试仪给两个单元同一相差动元件通入大小相等，方向相反的电流，则母线保护进入强制互联状态，发出互联信号。

七、TV断线原理

当母线自产零序电压大于8V或三相电压幅值之和（$|U_a|+|U_b|+|U_c|$）小于30V，延时10s报该母线TV断线，开放对应母线段的电压闭锁保护（母线差动及失灵保护）。

TV断线闭锁需要在失灵保护公共定值中对失灵低电压、失灵零序电压和失灵负序电压分别整定。满足任一条件即发出TV断线信号。

复合电压闭锁功能示意图如图2-18所示，图中的断相故障检测（$m_U<3$）功能，用于不间断地检测各段母线的三相电压。当交流电压回路断线时立即响应，有两路信号输出：一路瞬时作用于自动电压切换逻辑回路（见TV自动切换）；另一路延迟10s后，发“TV断线”信号。[注：（1）任一相电压小于失灵低电压定值，即发出TV断线信号。

（2）装置检测的负序电压是单相的负序，零序电压是$3U_0$。]

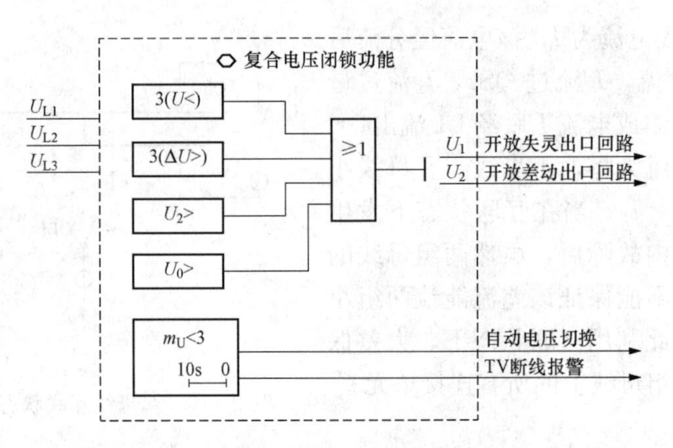

图 2-18 复合电压闭锁功能示意图

八. TV 自动切换

1. 原理

在母联断路器合闸，即双母线并列运行状态下，本装置对各段母线电压分别进行监测计算。若任一段母线的复合电压闭锁功能响应，则开放母线所有连接单元的出口回路。当其中一段母线监测到 TV 断线时，自动转为健全母线的电压监测计算判别结果作为两段母线的总复合电压闭锁功能，无须加装电压切换开关。在母联断路器分闸，即双母线分列运行状态下，保护的各段母线出口跳闸回路必须经相应段复合电压闭锁功能的控制。

2. 测试方法

模拟双母线并列运行，将母联开关及两侧隔离开关强制合。Ⅰ母线加正常电压，Ⅱ母线不加电压（即测试仪 A、B、C、N 分别接入 2X：1、2X：2、2X：3、2X：4，用 4 条短线分别将 4 个端子接至 2X：7、2X：8、2X：9、2X：10，拔掉 4 条短线中的任一相），满足Ⅱ母线差动保护动作条件，此时Ⅱ母线差动闭锁电压自动切换至Ⅰ母线 TV，Ⅱ母线差动不出口。

九、母联电流投退功能

母联电流投退逻辑功能图如图 2-19 所示。

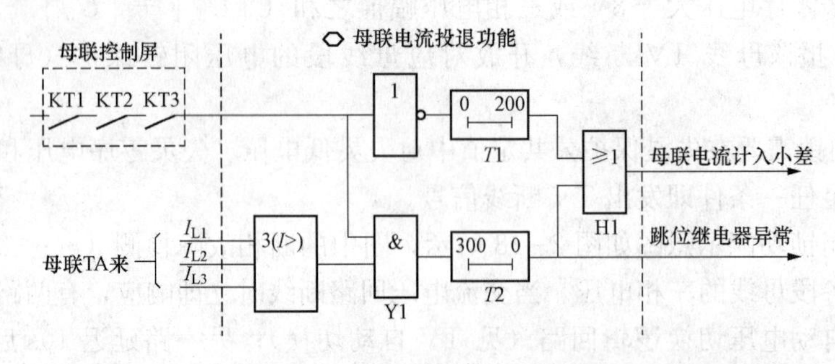

图 2-19 母联电流投退逻辑功能图

母联电流是否计入小差，影响到差动保护功能能否正确判别故障，原理如下：

1. 母联断路器在合闸位，母联电流计入小差差流

当母联断路器跳闸位置继电器动合触点 KT1～KT3 断开，表示母联断路器在合闸位，

将母联电流计入Ⅰ母线、Ⅱ母线小差，保证两组母线小差元件动作的选择性。

2. 母联断路器在分闸位，$T1$ 延时 200ms 后母联电流不计入小差差流（封母联 TA）

母联断路器跳闸后，KT1～KT3 闭合，为躲过断路器灭弧时间以及断路器主触头与辅助触点之间的先后时间差（主触头尚未断开时，KT1～KT3 已闭合），$T1$ 延时 200ms 后母联电流退出小差（封母联 TA）。双母线故障点示意图如图 2-20 所示。

如图 2-20 所示，双母线并列运行时 k1 点（Ⅰ母线）发生故障，则大差元件动作。由于此时母联电流计入小差差流，Ⅰ母线小差元件动作，跳开 QF 及 QF1，Ⅱ母线小差不动作。如没有 200ms 延时，即母联断路器 QF 刚跳开瞬间尚未灭弧时就解除母联电流计入小差差流，则与Ⅱ母线连接的单元仍持续为故障点提供短路电流，则Ⅱ母线小差将误动作而导致两组母线全部停电。当 k2 点（Ⅱ母线）发生故障后原理同上。

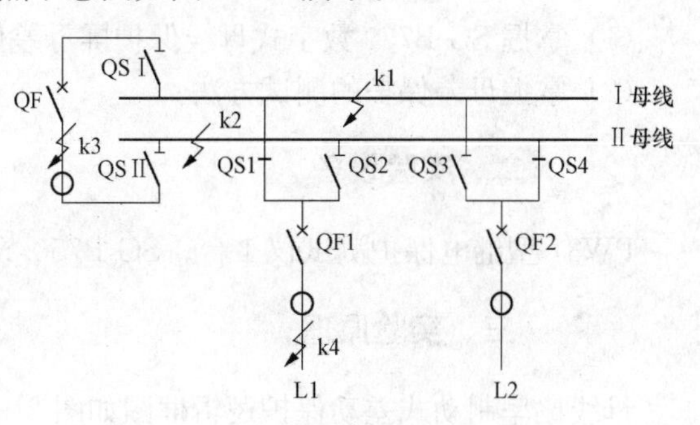

图 2-20 双母线故障点示意图

3. 母联断路器分闸且母联 TA 有流，在 $T2$ 300ms 延时时间以内，母联电流不计入小差差流

当通过Ⅱ母线对Ⅰ母线充电时（TA 装在Ⅱ母线），如母联断路器与母联 TA 之间（母线差动保护死区）有故障，当合 QSⅡ隔离开关后出现短路电流，因母联开关一直在分闸位，母联断路器死区保护（见图 2-24）不动作；而母联充电保护（见图 2-23）在合母联开关前应该在退出状态。此时，母联断路器各跳闸位置继电器 KT1～KT3 触点闭合，母联 TA 流过的短路电流超过整定值（取 $0.04I_N$），该电流并没有瞬时计入小差差流，因此Ⅱ母线小差动作，Ⅰ母线小差不动作，将母线各单元开关跳开，切除故障。如果没有 $T2$ 的 300ms 延时时间，将造成Ⅰ母线小差动作，而Ⅱ母线小差不动作，一方面使停电范围扩大；另一方面，故障只能由Ⅱ母线各单元的后备保护切除，延长了切除时间。

当母联回路处于热备用的过程中，如母联断路器与 TA 之间发生故障，情况同上。

4. 母联断路器跳位继电器触点闭合，母联 TA 有流，$T2$ 经 300ms 后母联电流计入小差差流

当两组母线并列运行期间（母联断路器在合位），如果母联断路器跳闸位置继电器误励磁，则 KT1～KT3 触点误闭合，经 $T1$ 延时 200ms 后母联电流退出小差差流。而此时母联 TA 仍有电流（两组母线的联络电流），正常情况下应超过定值，经 $T2$ 延时 300ms 后，母联电流重新计入小差差流，保证双母线并列运行期间母线差动保护有选择的动作，同时发出跳位继电器异常信号。

如果此时Ⅰ母线、Ⅱ母线小差不计入母联电流，则当任一组母线故障时，两组母线的小差元件将同时动作，使两组母线全部停电。

实验一 母线比率制动式差动保护

一、实验目的

(1) 掌握 SG B750 数字式母线保护屏母差保护工作原理。

(2) 掌握母差保护的测试方法。

二、实验设备

PW31 型继电保护测试仪 1 台；SG B750 数字式母线保护屏 1 台；导线若干。

三、实验原理

母线比率制动式差动保护逻辑框图如图 2-21 所示，保护动作特性如图 2-22 所示。

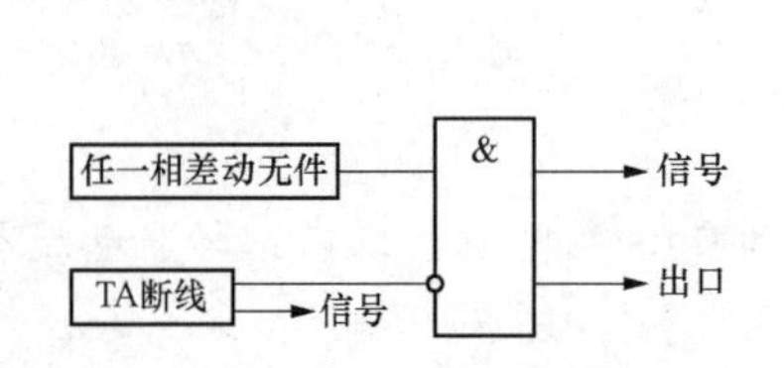

图2-21 母线比率制动式差动保护逻辑框图

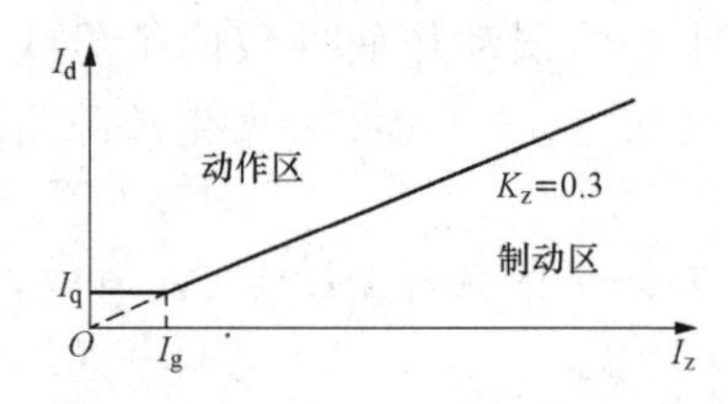

图 2-22 保护动作特性

1. 保护动作方程

$$I_d \geqslant I_q \qquad (I_z < I_g)$$

$$I_d \geqslant 0.3I_z \qquad (I_z \geqslant I_g)$$

I_d：动作电流（差流）$I_d = |\dot{I}_1 + \dot{I}_2 + \dot{I}_3 + \cdots|$（母线各单元同名相电流相量和）

I_z：制动电流 $I_Z = |\dot{I}_1| + |\dot{I}_2| + |\dot{I}_3| + \cdots$（母线各单元同名相电流绝对值和）

2. TA 变比折算

设 1 单元的 TA 变比为 n_{TA1}，2 单元的 TA 变比为 n_{TA2}，…，n 单元的 TA 变比为 n_{TAn}，计算出各单元 TA 的最大变比为 $n_{TAmax} = \max\{n_{TA1}, n_{TA2}, \cdots, n_{TAn}\}$。

然后，再计算出各条单元电流互感器二次电流的折算系数 K_{nr} 分别为

$$K_{1r} = \frac{n_{TA1}}{n_{TAmax}}, K_{2r} = \frac{n_{TA2}}{n_{TAmax}}, \cdots, K_{nr} = \frac{n_{TAn}}{n_{TAmax}}$$

将各单元电流互感器的二次电流分别乘以折算系数 K_{nr}，得到折算后的二次电流。按表 2 的整定值，由以上步骤可知，基准变比为 1200/5，$K_{1r}=1$，$K_{2r}=1$，$K_{3r}=0.5$。

四、实验方法与步骤

保护接线见表 2-7，保护整定值及测试见表 2-8。

表 2-7 保 护 接 线

TA 位置	名称	首端	末端	测试仪相别
1 单元 A 相	$\dot{I}_{1A}$	1X：1	1X：4	I_a
2 单元 A 相	$\dot{I}_{2A}$	1X：7	1X：10	I_b
3 单元 A 相	$\dot{I}_{3A}$	1X：13	1X：16	I_c

表 2-8 保护整定值及测试值

定值名称	定值符号	定值	测试/计算值
启动电流	I_q (A)	1.2	
拐点电流	I_g (A)	4	—
TA 断线闭锁电流			
比率制动系数	K_Z	0.3（固化）	
1 单元 TA 变比		1200/5	—
2 单元 TA 变比		1200/5	—
3 单元 TA 变比		600/5	—

（1）按表 2-7 接线（黄、绿、红分别接 1、7、13；黑、蓝连接并分别接至 4、10）。

（2）按表 2-8 进行整定（TA 变比改动后，需重启母线保护屏）。

（3）投入母差保护硬压板及母差保护控制字，退出 TA 断线闭锁控制字。

（4）测试启动电流 I_q。

1）测试仪 I_a 电流为 $\dot{I}_{1A}$，初始值为 1.1A，变量为 I_a，步长 0.01A。其他两相电流为 0，则 $I_d=I_z=I_q=K_{1r}I_a=I_a$。增加 I_a，动作特性沿斜率为 1 的直线移动，直至保护动作，将测试值填入表 2。

2）测试仪 I_c 电流为 $\dot{I}_{3A}$，初始值为 1.1A，变量为 I_c，步长 0.01A。其他两相电流为 0，则 $I_d=I_z=I_q=K_{3r}I_c=0.5I_c$。增加 I_c，直至保护动作。

体例测试比率制动系数 K_z（固定为 0.3）

（5）两个单元 TA 变比相同。

1）取 $I_d=1.8$A；$I_z=6$A。测试仪 I_a 电流为 $\dot{I}_{1A}$，相位角为 0°；测试仪 I_b 电流为 $\dot{I}_{2A}$，相位角为 180°。$I_d=K_{1r}I_a-K_{2r}I_b=I_a-I_b=1.8$ A，$I_z=K_{1r}I_a+K_{2r}I_b=I_a+I_b=6$A。

联立求得理论值 $I_a=3.9$A；$I_b=2.1$A。则测试仪 $\dot{I}_a=3.9\angle 0°$A，$\dot{I}_b=2.2\angle 180°$A，变量为 I_b，步长 0.01A。初始测量坐标为（6.1，1.7），位于理论坐标的右下方，逐渐增加 $\dot{I}_b$，向测试点左上方移动，直至保护动作，记录此时的测试值 I'_{b1}。则 $I_{d1}=3.9-I'_{b1}$；$I_{z1}=3.9+I'_{b1}$。

$$K_{z1}=\frac{I_{d1}}{I_{z1}}$$

2）取 $I_d=2.4$A，$I_z=8$A；则有

$$I_d=I_a-I_b=2.4\text{A},I_z=I_a+I_b=8\text{A}$$

联立求得理论值 $I_a=5.2$A；$I_b=2.8$A。则测试仪 $\dot{I}_a=5.2\angle 0°$A，$\dot{I}_b=2.9\angle 180°$A，

变量为 I_b，步长 0.01A。初始测量坐标为（8.1，2.3），逐渐增加 $\dot{I}_b$，直至保护动作，记录此时的测试值 I'_{b2}。则 $I_{d2}=5.2-I'_{b2}$；$I_{z2}=5.2+I'_{b2}$。

$$K_{z2}=\frac{I_{d2}}{I_{z2}},\text{则 } K_z=\frac{K_{z1}+K_{z2}}{2}$$

（6）两个单元 TA 变比不同。

1）取 $I_d=1.8$A；$I_z=6$A。测试仪 I_b 电流为 $\dot{I}_{2A}$，相位角为 0°；测试仪 I_c 电流为 $\dot{I}_{3A}$，相位角为 180°。则有

$$I_d=K_{2r}I_b-K_{3r}I_c=I_b-0.5I_c=1.8,I_z=K_{2r}I_b+K_{3r}I_c=I_b+0.5I_c=6$$

联立求得理论值 $I_b=3.9$A；$I_c=4.2$A。则测试仪 $\dot{I}_b=3.9\angle 0°$A，$\dot{I}_c=4.3\angle 180°$A，变量为 I_c，步长 0.01A。初始测量坐标为（6.05，1.75），位于理论坐标的右下方，逐渐增加 $\dot{I}_c$，直至保护动作，记录此时的测试值 I'_{c1}。则 $I_{d1}=3.9-0.5I'_{c1}$；$I_{z1}=3.9+0.5I'_{c1}$。

$$K_{z1}=\frac{I_{d1}}{I_{z1}}$$

2）$I_d=2.4$A，$I_z=8$A；则有

$$I_d=I_b-0.5I_c=2.4\text{A},I_z=I_b+0.5I_c=8\text{A}$$

联立求得理论值 $I_b=5.2$A；$I_c=5.6$A。则测试仪 $\dot{I}_b=5.2\angle 0°$A，$\dot{I}_c=5.7\angle 180°$A，变量为 I_c，步长 0.01A。初始测量坐标为（8.05，2.35），逐渐增加 $\dot{I}_c$，直至保护动作，记录此时的测试值 I'_{c2}。则 $I_{d2}=5.2-0.5I'_{c2}$；$I_{z2}=5.2+0.5I'_{c2}$。

$$K_{z2}=\frac{I_{d2}}{I_{z2}},\text{则 } K_z=\frac{K_{z1}+K_{z2}}{2}$$

实验二　母联充电保护

一、实验目的

（1）掌握 SG B750 数字式母线保护屏母联充电保护工作原理。

（2）掌握母联充电保护的测试方法。

二、实验设备

PW31 型继电保护测试仪 1 台；SG B750 数字式母线保护屏 1 台；导线若干。

三、保护原理

1. 保护作用

母联充电保护的作用是，当利用母联断路器对任一组母线充电而该母线存在故障时，快速切除故障。

母联充电保护的逻辑功能图如图 2－23 所示。

图 2－23 为母联充电保护的逻辑功能图。母联充电保护平时不投入，当母线充电时，连接“充电保护”压板 Y，并设置充电保护控制字于“投入”位置，将其投入。母联充电保护

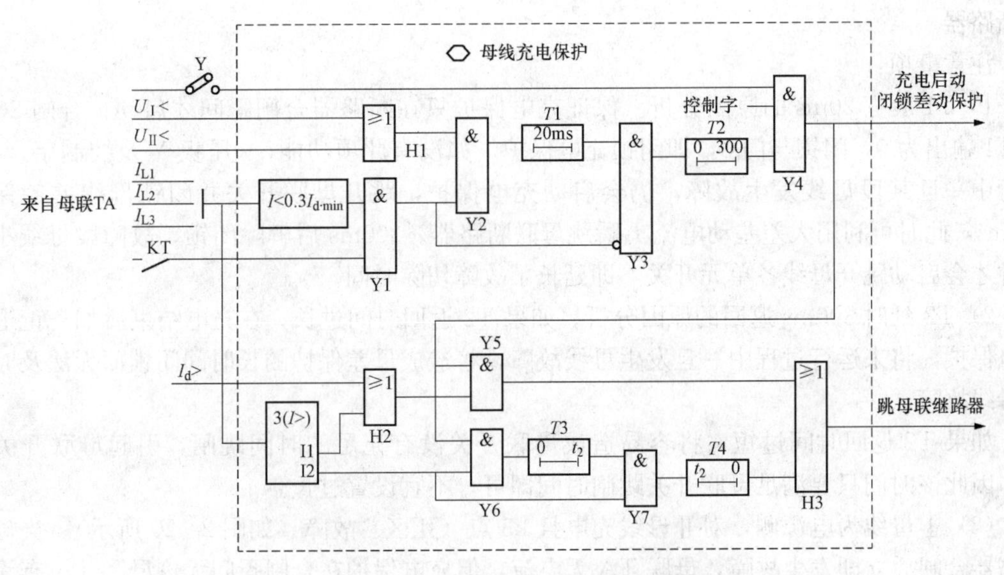

图 2-23 母联充电保护的逻辑功能图

的基本原理是，当母联断路器的跳闸位置继电器 KT 的动合触点由闭合变为断开时，通过追溯一个周波（20ms）前的两段母线电压、母联 TA 电流，判定是否进入充电状态。

当检测到至少有一条母线无电压、母联 TA 有电流或母联开关在合闸位置、“充电保护”压板 Y 投入时，表示母联断路器对空母线充电，则开放充电保护 300ms。在此开放期间，若大差元件的差流超过整定值或母联电流大于充电Ⅰ段电流定值 I_1，则充电保护Ⅰ段无延时快速跳闸。

当母线带线路或变压器充电时，一旦线路或变压器发生故障（母差保护区外），因流过母联回路的短路电流受线路或变压器阻抗影响而降低，导致充电保护电流Ⅰ段可能无法动作，因此应设置充电Ⅱ段保护。若母联电流大于充电Ⅱ段定值 I_2，则充电保护带延时 t_2 跳闸。

充电Ⅰ段电流定值按对空母线充电有灵敏度整定，该电流定值可能躲不过对变压器充电时对励磁涌流。如果确需对带变压器对母线充电，充电Ⅰ段电流定值按躲过变压器对励磁涌流整定，此情况下，如充电保护Ⅰ段对母线故障对灵敏度不够，可由充电保护Ⅱ段在保证对母线故障有灵敏度对前提下，用延时躲过变压器励磁涌流，即 t_2 应长于变压器励磁涌流的持续时间。

下面分 4 种情况分析充电保护的原理。

（1）Ⅰ母线为电源侧，对Ⅱ母线充电且Ⅱ母线有故障。充电前，保护压板 Y 及控制字为投入状态，母联断路器在分闸位置，KT 触点通；母联 TA 无流，Y1=1，经非门后闭锁 Y3；Ⅱ母线无压，H1=1，Y2=1，经 T1 门输出为 1。

母联开关合闸后，母联 TA 电流超过 $0.3I_d$，KT 触点断，Y1=0，Y2=0，但 T1 展宽 20ms，输出仍为 1，Y3=1，T2=1，Y4=1，闭锁差动保护的同时，Y5 和 Y6 的第一路输入均为 1；因故障在母差保护区内，大差回路有差流，而母联 TA 有流并计入小差，因此Ⅰ母线小差回路无差流，不动作。因故障属于充电保护Ⅰ段区，母联 TA 电流超过Ⅰ段定值，H2=1，Y5 和 Y6 的第二路输入均为 1，Y5=1，Y6=1，Y3=1，通过充电保护Ⅰ段跳开母联断路器。

注意事项：

1）T1 展宽 20ms 的原因分析。保证充电保护只在断路器合闸瞬间才启动，合闸 20ms 后 T1 输出为 0，闭锁与门 3，即闭锁充电保护。如没有此项功能，（压板 Y 及控制字），则运行中一旦某段母线发生故障，仍会启动充电保护，跳开母联开关并闭锁母线差动保护 300ms，此时可利用大差差动电流 I_d瞬跳母联断路器。300ms 后解除闭锁，故障段母线小差元件才会启动跳开母线各单元开关，即延长了故障切除时间。

2）T2 延时 300ms 返回的原因分析。如果 T2 返回时间过长，在充电结束后如忘记退出充电保护，将来运行过程中一旦发生母线故障，将造成母差保护的长时间闭锁而无法及时切除母线故障。

如果 T2 返回时间过短，将容易造成母联开关没有充足的时间跳闸，引起母联开关拒动。因此该时间只要满足母联开关跳闸时间即可，不宜设置过长。

（2）Ⅰ母线为电源侧，对Ⅱ母线充电且 k3 点（死区）故障（如图 2－20 所示）。当母联断路器合闸后立即发生故障，母联 TA 无电流，但充电保护在合闸瞬间无论母联 TA 有无电流仍会起动，并保持 300ms，在闭锁差动保护的同时，利用差动电流 I_d（大差）瞬跳母联断路器将故障切除。

注意事项：

T2 闭锁差动保护的原因分析。

如没有闭锁差动保护，当Ⅰ母线对死区内故障点充电时，其小差保护动作将Ⅰ母线停电。

对比前两种故障，发现充电保护在起动的同时均闭锁母线差动保护。实际上，对于第一种故障，还是希望保留母线差动保护，一旦充电保护失灵，仍可依靠Ⅱ母线差动保护动作将母联断路器跳开，提高了保护的可靠性。在继电保护“六统一”标准化设计原则中，已将母线充电保护逻辑进行了改进，当充电保护起动后，只有当母联 TA 回路无电流时，才闭锁母差保护；而母联 TA 回路有电流时，解除对母差保护的闭锁。

（3）Ⅰ母线为电源侧，对Ⅱ母线所带线路或变压器充电且母差保护区外有故障。当故障位于母差保护区外时，大差元件无差流，即 $I_d=0$。充电保护启动后，如母联 TA 电流超过充电Ⅰ段保护定值，则充电保护无延时跳闸；如母联 TA 电流介于充电Ⅰ段和充电Ⅱ段保护定值之间，则充电保护经 t_2延时后跳闸。

注意事项：

T3 的作用分析。

充电保护动作后只开放 300ms，而 T4 的延时 t_2需躲过变压器励磁涌流的持续时间，可能接近或刚超过 300ms，如充电Ⅱ段起动，在没有 T3 的情况下，母联断路器可能尚未跳闸的情况下保护就返回，或者因母联断路器跳闸尚未结束保护就返回，导致母联断路器拒动。利用 T3 延时 t_2返回，保证了母联断路器的跳闸时间不会受到 t_2延时的影响，使其始终有 300ms 的跳闸时间可靠跳闸。

（4）Ⅱ母线为电源侧，对Ⅰ母线充电且 k3 点故障（死区内故障）。Ⅱ母线为电源侧，在对母线充电时先合 QSⅡ隔离开关，此时母联开关 QF 在分闸位置，母联 TA 流过短路电流，如果充电保护没有投入，则该保护不启动。根据图 8－14 可知，母联电流将滞后 300ms 计入小差，Ⅰ母线小差不动作，Ⅱ母线小差动作，跳开Ⅱ母线各单元开关。

如果充电保护误投入，如图 2-23，当母联 TA 流过短路电流后，Y1=0，Y3=1，充电保护将误动作，同时闭锁两组母线的差动保护。300ms 后，解除闭锁母差保护，但母联电流此时计入小差，Ⅱ母线小差也不会动作，只能依靠Ⅱ母线各单元的后备保护把故障切除；而Ⅰ母线小差则满足动作条件，但此时Ⅰ母线各单元开关均在分闸位置，因此动作后没有影响。

2. 整定原则

(1) 充电保护Ⅰ段电流定值 I_1。

1) 按对空母线充电有灵敏度整定（灵敏系数≥1.5）。

2) 如果确需对带变压器的母线充电，还应按躲过变压器的励磁涌流整定。

(2) 充电保护Ⅱ段电流定值 I_2。

按对空母线充电有灵敏度整定（灵敏系数≥1.5）。

(3) 充电保护Ⅱ段延时定值 t_2。

1) 若母线充电带变压器，则按躲过变压器励磁涌流衰减时间整定。

2) 若母线充电不带变压器，则不带延时。

四、测试方法

退出母联差动保护、失灵保护，投充电压板（4LP），投“母联充电跳出口”压板，投“充电保护”控制字，投“充电闭锁差动控制字”，调整充电保护Ⅰ段电流定值大于Ⅱ段电流定值，强制开入“MTWJ”=0，两组母线 TV 均不加电压，开放电压闭锁。

充电前状态：母联开关在分位，母联无流，两段母线中，一段有压，另一段无压。则 H1=1，Y1=1，Y2=1，T1=1；Y3 另一路输入=0，因此 Y3=0。

注意：以下 6 种测试，只有第 4 种需要解除 MTWJ 的强制开入，其余情况均强制开入“MTWJ”=0。

(1) Ⅱ母线有故障，充电后母联 TA 及大差回路均有故障电流，充电保护Ⅰ段动作。

在Ⅰ母线上某一线路单元 A 相及母联单元 A 相突加幅值相同、相位相反的电流（如逐渐调节，则 T2 开放时间只有 300ms，无法启动充电保护），使电流幅值超过充电保护Ⅰ段电流定值和母差电流启动定值 I_{dmin} 中的最大值，则大差元件和充电保护Ⅰ段同时启动，闭锁母差保护 300ms，H2=1，Y5=1，H3=1，充电保护Ⅰ段动作跳开母联开关，300ms 后Ⅰ母线差动保护动作。如果用状态序列法做实验，在 300ms 以内使电流为零，则Ⅰ母线差动保护不动作。

(2) 某线路或变压器单元有故障（母差区外），充电后母联 TA 有故障电流，大差回路无电流，充电保护Ⅰ段动作。

在Ⅰ母线上某一线路单元 A 相及母联单元 A 相突加幅值相同、相位相反的电流；在Ⅱ母线上某一线路单元 A 相突加与母联单元幅值、相位均相同的电流，使上述电流幅值超过 $0.3I_{d\cdot min}$ 和充电保护Ⅰ段电流定值中的最大值，则大差元件不动作，充电保护启动并闭锁母差保护，H2=1，Y5=1，H3=1，充电保护Ⅰ段动作跳开母联开关。

(3) 某线路或变压器单元有故障（母差区外），充电后母联 TA 有故障电流，大差回路无电流，充电保护Ⅱ段动作。

在Ⅰ母线上某一线路单元A相及母联单元A相突加幅值相同、相位相反的电流；在Ⅱ母线上某一线路单元A相突加与母联单元幅值、相位均相同的电流，使上述电流幅值超过$0.3I_{d.min}$和充电保护Ⅱ段电流定值中的最大值，但不超过充电保护Ⅰ段电流定值，则大差元件不动作，充电保护启动并闭锁母差保护，Y6=1，T3=1，Y7=1，经延时后T4=1，充电保护Ⅱ段动作跳开母联开关。

（4）故障点位于母联开关与母联TA之间（死区故障），合母联开关充电后母联TA无故障电流，充电保护Ⅰ段动作。

解除MTWJ强制开入，用状态序列做实验。第一个状态无流，测试仪输出KT触点在闭合位置，保持20ms以上；第二个状态有流，将测试仪A相接入Ⅰ母线上某一线路单元任一相，使其超过$I_{d.min}$，但小于充电保护Ⅰ段电流定值，测试仪输出KT触点在断开位置，保持10ms。则与门1=0，与门3=1，经T2保持300ms，闭锁母差保护的同时，大差保护启动，H2=1，Y5=1，H3=1，充电保护Ⅰ段动作，无延时跳开母联开关，因第二个状态持续时间不超过300ms，Ⅰ母线差动保护不动作。如果使第二个状态持续的时间超过300ms，则Ⅰ母线差动保护动作。

（5）母联开关靠近有源侧母线（Ⅰ母线），故障点位于母联开关与有源侧母线隔离开关之间，合上有源侧母线隔离开关后母联TA无电流流过，则充电保护不动作，Ⅰ母线小差动作，切除Ⅰ母线各单元开关。

在Ⅰ母线上某一线路单元A相突加一个电流，使其超过I_{dmin}和充电保护Ⅰ段电流定值中的最大值，则由于充电保护不启动（母联TA无电流、母联开关在分闸位置），即使大差保护动作，充电保护也不会动作。最后由Ⅰ母线小差动作，切除Ⅰ母线各单元开关。

（6）母联开关靠近无源侧母线（Ⅰ母线），故障点位于母联开关与母联TA之间，合上有源侧母线（Ⅱ母线）隔离开关后母联TA有电流流过。

1）投入充电保护压板。在Ⅱ母线上某一线路单元A相及母联单元A相突加幅值相同、相位相同的电流，使电流幅值超过充电保护Ⅰ段电流定值和I_{dmin}中的最大值，则充电保护启动，闭锁母差保护300ms，同时给母联开关发跳令（母联开关一直在分闸位置）。由前面的分析可知，母联开关在分位时，母联TA电流不计入小差，当母联开关在分位，同时母联TA有流时，经300ms后母联TA电流才计入小差，因此300ms后虽然母差保护解除闭锁，但Ⅱ母线小差仍不动作，而Ⅰ母线小差动作。

2）退出充电保护压板。

重复上述操作，则由于充电保护不动作，不会闭锁两组母线的差动保护，此时母联TA电流不计入小差，因此Ⅱ母线小差动作，跳开Ⅱ母线各单元开关。

实验三　母联断路器死区保护

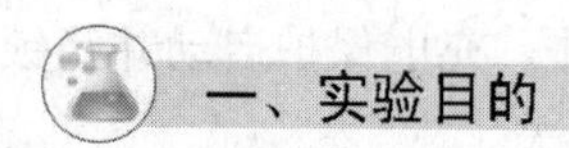

一、实验目的

（1）掌握SG B750数字式母线保护屏母联断路器死区保护工作原理。

（2）掌握母联断路器死区保护的测试方法。

二、实验设备

PW31 型继电保护测试仪 1 台；SG B750 数字式母线保护屏 1 台；导线若干。

三、保护原理

1. 保护应用

对于有专用母线保护的双母线或单母线分段接线，在母联单元只安装一组 TA 情况下，母联 TA 与母联断路器之间故障（死区故障）需通过母联断路器死区保护切除。

2. 死区产生原因

如图 2 - 20 所示，两组母线并列运行。当死区 k3 点故障后，因故障在母线差动保护区内，大差元件动作。Ⅱ母线小差元件判断为区外故障而不动作，Ⅰ母线小差元件判断为区内故障，动作后跳开母联断路器Ⅰ母线各单元开关（包括母联开关）。因Ⅱ母线差动保护拒动，只能依靠Ⅱ母线各单元的后备保护切除故障，延长了故障切除时间。

3. 保护原理 1

如图 2 - 19 所示。

（1）双母线并列运行，k3 点故障。Ⅰ母线小差动作，跳开Ⅰ母线各单元开关及母联开关，此时 T1 延时 200ms 未到，母联 TA 流过故障电流且计入小差，因此Ⅱ母线小差元件不动作；200ms 后，母联电流停止计入小差元件，Ⅱ母线小差元件动作，将死区故障切除。

（2）双母线并列运行，某段母线故障，母联开关跳开后，因故障导致无法灭弧。当 k1 点（k2 点）故障后，Ⅰ母线（Ⅱ母线）差动元件动作，跳开Ⅰ母线（Ⅱ母线）各单元断路器，包括母联断路器。如果母联断路器因故障无法灭弧，则虽然母联开关 KT1～KT3 动合触点接通，但母联 TA 仍有电流，经 T1 延时 200ms 后，母联电流停止计入小差元件，Ⅱ母线（Ⅰ母线）小差元件动作，将死区故障切除。

4. 保护原理 2

母联死区保护功能框图如图 2 - 24 所示。

（1）双母线并列运行，k3 点故障。故障前，KT1～KT3 动合触点断开，经非门及 T1 延时 20ms 后，T1＝1；当 k3 点发生故障后，通过前面分析可知，Ⅰ母线小差元件动作，跳开母联断路器，其 KT 常开触点闭合，母联 TA 仍有流，Y1＝1；Ⅰ母线小差元件动作且Ⅱ母线电压元件动作（复合电压闭锁），Y4＝1，H1＝1，经 T2 延时 100ms 后保护动作，跳开两段母线的断路器。

（2）双母线并列运行，某段母线故障，母联开关跳开后，因故障导致无法灭弧，原理与前面类似。

5. 注意事项

（1）T2 延时 100ms 的原因。任一组母线故障，当该段母线小差动作后，母联开关虽已跳开，但灭弧过程尚未结束，母联 TA 仍有流，如没有延时，将导致死区保护误动而扩大停电范围。如果母联开关跳闸后，在 100ms 内母联 TA 仍有电流，则可能有以下两种情况：①某一段母线故障，母联开关跳闸后因故障无法灭弧；②母联回路死区故障，其中一组母线差动保护动作跳开母联开关，但母联 TA 仍有电流。这两种情况均起动母联死区保护，跳开两组母线。

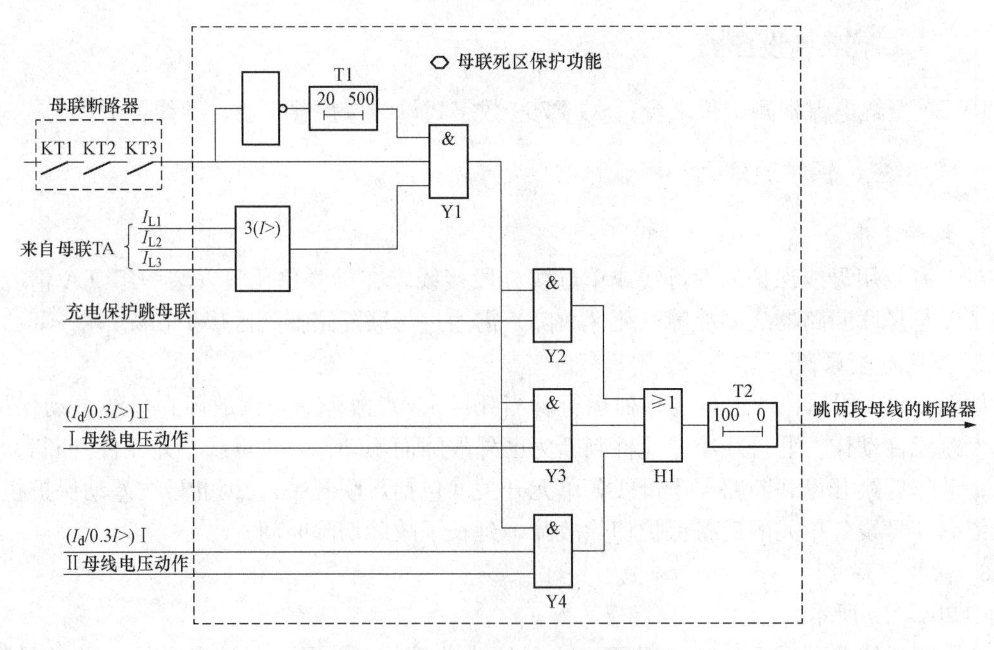

图 2-24 母联死区保护功能框图

（2）非门和 T1 延时 500ms 返回的作用。保证该保护仅在母联断路器由合闸位置变为分闸位置后 500ms 以内才可能开放。

当两组母线分列运行且母联回路在热备用状态时，如死区内发生故障，如图 2-20 所示，在 300ms 以内母联 TA 电流不计入小差，由Ⅱ母线小差动作将故障切除（100ms 以内），正常情况下不会启动母联死区保护。但如果Ⅱ母线小差动作后，因某一单元开关拒动，使母联 TA 一直流过短路电流，100ms 后将造成母联死区保护误动使Ⅰ母线也同时停电，因此母联断路器在分闸位置时不能长时间开放母联死区保护，该状态下母联死区故障只能依靠Ⅱ母线小差保护动作来切除。

设置 500m 的开放时间，主要考虑使接在两段上的断路器有足够长的跳闸时间。实际留给断路器的跳闸时间为 400ms（500ms 减去 100ms）。如该延时时间过短，将造成死区保护动作后两组母线各单元开关因跳闸时间过短导致跳闸不可靠。

（3）T1 设置 20ms 延时的分析。设置 20ms 主要用来确认母联开关由合位变为分位。

母联断路器在合闸位置上保持 20ms 以上再跳开时才可能启动保护，而母联断路器刚进行合闸操作后立即跳开时，本保护不启动。

Ⅰ母线为电源侧，对Ⅱ母线充电且Ⅱ母线有故障（满足开关合闸后再次跳开的条件）。当母联开关合闸后，充电保护Ⅰ段或Ⅱ段动作将母联开关跳开，但因故障导致无法灭弧，母联 TA 仍有流并超过 100ms，同时闭锁差动保护 300ms。

1）如充电保护Ⅰ段动作，则无延时跳开母联开关，图 2-24 中 T1 在母联开关刚合闸时开始计时，当未到 20ms 就因母联开关跳闸而返回，因此母联死区保护不动作。300ms 后，充电保护返回，解除闭锁差动，此时图 2-19 中，母联 TA 电流已计入小差，Ⅰ母线小差不动作，Ⅱ母线小差动作，但无法切除故障，只能靠Ⅰ母线各单元后备保护切除故障。

2）如充电保护Ⅱ段动作，如图 2-23 所示，母联开关从合闸后到跳闸所经历的时间为

t_2与断路器跳闸时间之和，远超过图 2 - 24 中 T1 的 20ms，因此图 2 - 24 中在断路器跳闸后 Y1＝1；图 2 - 23 中，断路器跳闸后，母联 TA 仍有流，Y7 从断路器跳开后开放的时间为 300ms 减去断路器跳闸时间，在 8 - 17 中，该时间（即充电保护跳母联的时间）通常会超过 100ms 与断路器跳闸时间之和，则通过 Y2、或门、T2，母联死区保护动作于跳开两段母线断路器。

由上述分析可知，在图 2 - 24 中，Y2 仅在第 2 种情况下（充电保护Ⅱ段动作且母联断路器无法灭弧）才起作用。如取消 T1 的延时 20ms（0s 启动），在第一种情况下（充电保护Ⅰ段动作且母联断路器无法灭弧），图 2 - 24 中的 Y2 也会启动，图 2 - 23 中，Y5 从断路器跳开后开放的时间为 300ms 减去断路器跳闸时间，能可靠使母联死区保护动作。

由此可见，取消 T1 的延时 20ms 有利于弥补当充电保护跳开母联断路器后，断路器无法灭弧而带来的缺陷。

四、测试方法

取消母联开关 TWJ 非强制，母联开关在合闸位置，KT1～KT3 动合触点断开，经 20ms 后，T1＝1；两组母线 TV 不加电压，即电压元件开放。

模拟双母线并列运行，k3 点故障：

（1）将测试仪 A 相电流端子接入Ⅰ母线上某一线路单元 A 相端子；将测试仪的 B、C 相电流端子分布接入Ⅱ母线上某一线路单元 A 相端子及母联单元 A 相端子，满足以下 3 个条件：①测试仪 B、C 相电流幅值相等且超过 $0.7I_{d\cdot min}$；②测试仪 A、B、C 相电流相位一致；③测试仪 A、C 相电流之和大于 $I_{d\cdot min}$。则Ⅱ母线差动保护不动作；Ⅰ母线差动保护动作，跳开母联开关及Ⅰ母线各线路单元开关，KT1～KT3 动合触点闭合，但 T1 在 500ms 内仍开放；此时 Y1＝1，Y4＝1，H1＝1，母联死区保护动作。

（2）双母线并列运行，某段母线故障（Ⅱ母线），母联开关跳开后，因故障导致无法灭弧。将测试仪 A 相电流端子接入Ⅰ母线上某一线路单元 A 相端子；将测试仪的 B、C 相电流端子分布接入Ⅱ母线上某一线路单元 A 相端子及母联单元 A 相端子，满足以下 3 个条件：①测试仪 A、C 相电流幅值相等且超过 $0.7I_{d\cdot min}$，电流相位相反；②测试仪 A、B 相电流相位一致；③测试仪 B、C 相电流之和大于 $I_{d\cdot min}$。则Ⅰ母线差动保护不动作；Ⅱ母线差动保护动作，跳开母联开关及Ⅱ母线各线路单元开关，KT1～KT3 动合触点闭合，但 T1 在 500ms 内仍开放；此时 Y1＝1，Y3＝1，H1＝1，母联死区保护动作。

实验四　母联断路器失灵保护

一、实验目的

（1）掌握 SG B750 数字式母线保护屏母联断路器失灵保护工作原理。

（2）掌握母联断路器失灵保护的测试方法。

二、实验设备

PW31 型继电保护测试仪 1 台；SG B750 数字式母线保护屏 1 台；导线若干。

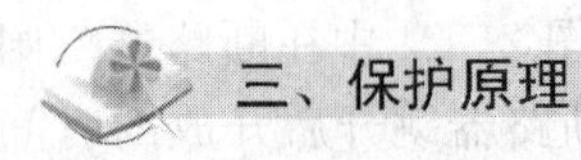

三、保护原理

在双母线或单母线分段接线中，当某一段母线发生故障或充电于故障情况下，保护动作而母联断路器拒动时，作为后备保护向两段母线上的所有断路器发送跳闸命令，切除故障。

母联断路器失灵保护功能框图如图 2-25 所示。当某段母线故障引起母差保护动作，或充电于某段故障母线使充电保护动作，向母联断路器发出跳闸命令并经整定延时 t（确保母联断路器可靠跳闸）之后，若母联单元中故障电流仍存在，且两段母线电压均动作（或一段母线 TV 断线时，另一段母线 TV 电压动作），则本保护向两段母线上所有连接单元的断路器发出跳闸命令。母联单元的电流监测，采用相电流 $I>$ 判据。

在母联断路器分闸情况下，母联断路器失灵保护应退出运行。否则，在发生死区故障且故障母线段上的线路断路器又失灵时，将误跳无故障母线段上的所有断路器。

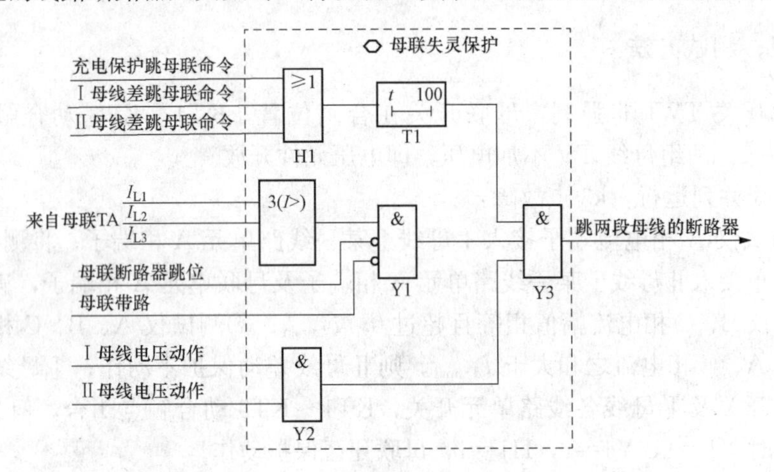

图 2-25 母联断路器失灵保护功能框图

1. 母联断路器跳位闭锁功能

图 2-25 中，如果母联断路器在分闸位置，则闭锁母联断路器失灵保护。

如图 2-20 所示，设两组母线分列运行（母联回路热备用），且Ⅰ母线 TV 断线，在没有母联断路器跳位闭锁功能时，如 k3 点（死区）发生故障，则Ⅱ母线小差保护动作，跳开与Ⅱ母线连接的所有断路器。而当某线路断路器（如 L2 线路的 QF2）拒动时，母联 TA 持续过流，超过整定时间 t 后，母联断路器失灵保护误动，跳开两段母线上所有的断路器。

2. 两组母线 TV 电压动作“相与”闭锁

图 2-25 中，在 TV 未出现断线故障时，任一组母线 TV 电压条件未开放，闭锁母联断路器失灵保护。

如果将两组母线 TV 电压动作改为“相或”闭锁，在图 2-20 中，仍然假设两组母线分列运行（母联回路热备用），且母联断路器位置状态错误（实际已跳开，但 TWJ 触点仍反映在合闸位置），如 k3 点（死区）发生故障，则Ⅱ母线小差保护动作，跳开与Ⅱ母线连接的所有断路器。而当某线路断路器（如 L2 线路的 QF2）拒动时，母联 TA 持续过流，超过整定时间 t 后，母联断路器失灵保护误动，跳开两段母线上所有的断路器。如果电压动作为

“相与”闭锁，则因Ⅰ母线电压正常，母联断路器失灵保护不会误动作。

3. 母联带路闭锁功能

当采用母联断路器兼做旁路断路器接线方式时，如母联断路器作为旁路断路器运行，则两段母线分列运行。当母联断路器所带线路发生故障时，为防止母联断路器失灵保护误动，应将母联失灵保护闭锁。

4. 整定原则

（1）母联断路器的失灵保护过流定值，一般为差动动作电流定值的0.7倍。

（2）母联断路器的失灵保护延时定值t整定原则：大于母联断路器跳闸和灭弧时间。若断路器跳闸时间为20～60ms，可靠灭弧时间为140ms，则整定值可取160～200ms。

（3）保护展开时间100ms，防止因保护触点抖动造成保护动作不可靠。

四、测试方法

工厂设置→强制开入→将母联开关MTWJ强制合；测试仪A相电流端子接入运行在Ⅰ母线的某单元A相端子，测试仪B相电流端子接入母联单元A相端子，测试仪公共端接入任一单元公共端电流端子。取测试仪A、B相电流大小相等，均大于$0.7I_{d.min}$，电流相位相反，取A相或B相电流为变量，步长0.1A，当A、B相电流相量和超过$I_{d.min}$时，Ⅰ母线差动保护，而后母联断路器失灵保护动作。

将测试仪电压端子接入其中Ⅱ母线电压端子，初始值取三相正常电压，则测试仪上电后，重复上述步骤，则Ⅰ母线差动保护动作，因Ⅱ母线电压不满足开放条件，母联断路器失灵保护不动作。如降低三相输出电压，母联断路器失灵保护也不动作，原因是保护的展宽只有100ms。注：母联断路器死区保护的动作条件是母联开关在分闸位置，而母联断路器失灵保护的动作条件是母联开关在合闸位置。

实验五 断路器失灵保护

一、实验目的

（1）掌握SG B750数字式母线保护屏断路器失灵保护工作原理。

（2）掌握断路器失灵保护的测试方法。

二、实验设备

PW31型继电保护测试仪1台；SG B750数字式母线保护屏1台；导线若干。

三、保护原理

1. 保护作用

断路器失灵保护的作用是，当母线所连接的线路单元或变压器单元上发生故障，保护动作而该连接单元断路器拒动时，作为近后备保护向母联（或分段）断路器及同一母线上所有断路器发送跳闸命令，切除故障。

2. 保护原理

断路器失灵保护的逻辑功能图如图 2-26 所示。由连接单元的保护装置提供的保护动作触点 KT 与过电流判别组件触点 KA 串联作为失灵启动条件。保护动作触点 KT 闭合表示该连接单元保护已动作，过电流判别组件触点 KA 闭合表示断路器尚未跳闸。若经本装置中设置的整定延时后故障相电流仍不消失，保护动作触点不返回，如复合电压闭锁功能也判别发生故障且开放出口回路，则判定该连接单元断路器失灵拒动。当某连接单元失灵启动时，本功能根据保护装置内部提供的“运行方式字”确定该故障单元所在的母线段及接在此母线上的所有断路器，失灵保护的出口回路向这些断路器发出跳闸命令，有选择地切除故障。

对于双母线或单母线分段接线，断路器失灵保护设三段延时：以最短的时限 t_1 向失灵单元断路器再发三相跳闸命令（简称为“限跟跳”），以防止该断路器能跳闸而未跳闸，导致失灵保护误启动；以较短时限 t_2 跳母联断路器；以较长时限 t_3 跳失灵单元所接母线上的其他断路器。

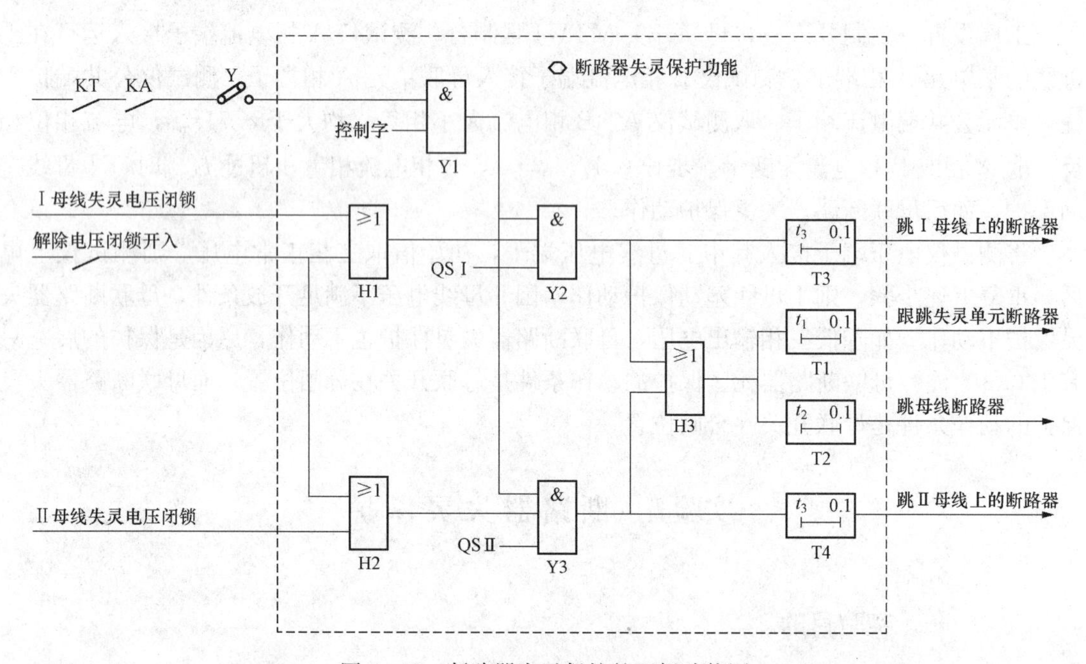

图 2-26 断路器失灵保护的逻辑功能图

本母线的保护屏中配置的断路器失灵保护与母线差动保护共用出口跳闸回路，用户无须为断路器失灵保护单独组屏，确有需要时，断路器失灵保护也可单独组屏。

3. 启动接线方式

断路器失灵保护启动接线方式 1 如图 2-27 所示。

测量连接单元的相电流，既可由连接单元的过电流判别组件 KA 实现，也可由本装置中的过电流功能软件实现。据此，本装置的断路器失灵保护有两种起动方式可供选择。

(1) 方式 1。图 2-27 为断路器失灵保护起动接线方式 1。其特点是：对于线路单元，3 个分相保护动作触点 KT1、KT2、KT3 与 3 个相电流判别组件触点 KA1、KA2、KA3 按相串联，三跳触点 KT 与并联的 3 个相电流判别组件触点组（KA1、KA2、KA3）串联，再并联后共同构成线路单元。

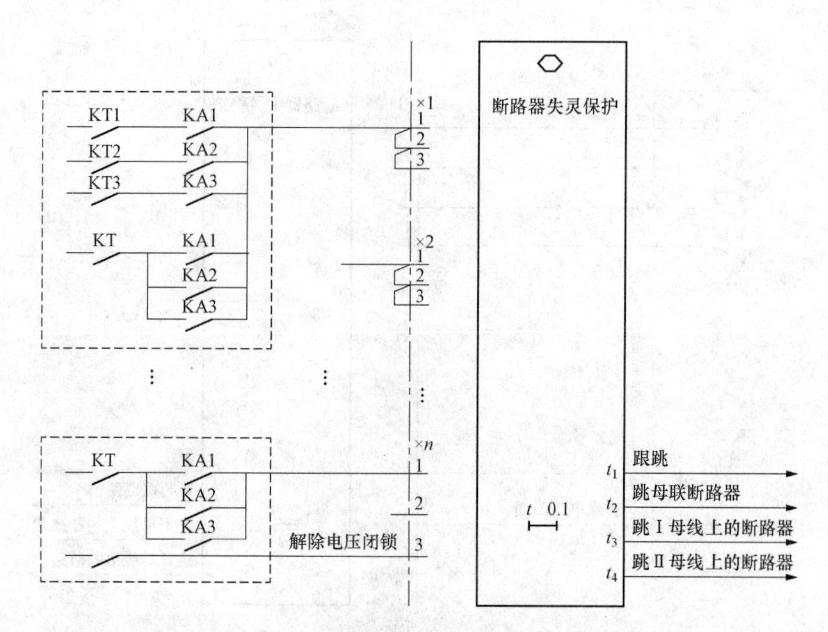

图 2-27 断路器失灵保护启动接线方式 1

失灵启动回路接入本装置上的对应线路连接单元失灵输入端，要求 1、2、3 号端子并联。对于元件单元，三跳触点 KT 与并联的 3 个相电流判别组件触点组（KA1、KA2、KA3）串联，构成元件单元失灵启动回路，接入本装置上对应的元件单元失灵输入 1 号端子（或者 4 号端子），解除电压闭锁接点接入第 3 号端子。

（2）方式 2。图 2-28 为断路器失灵保护启动接线方式 2。其特点是：母线各连接单元保护装置只提供保护动作触点 KT，分别直接接至本装置上的各单元失灵启动输入端，另由本装置母线保护内部软件对各连接单元时限有无相电流判别。每一线路或元件单元失灵启动输入均设置为 4 个端子。用户可以灵活使用。对于线路单元，A、B、C 单相动作触点分别接入 1、2、3 号端子，需要接入三跳时，接入 4 号端子；对于元件单元，保护动作触点接入第 1 号端子（或者 4 号端子），解除电压闭锁接点接入第 3 号端子。

为防止在元件单元内部解除电压闭锁的方式下，失灵启动接点误开入，要求元件保护提供两个独立的开入量（其一为失灵启动接点，另一为失灵解电压接点），同时，不论外部是否有电流判别，在保护装置内部均设置电流有无判别，在一般情况下，可以防止元件连接单元退出运行时误启动失灵保护，但是，为可靠起见，仍然应该断开元件连接单元失灵启动回路的压板来防止失灵保护误动作。

断路器失灵保护启动接线方式 2 如图 2-28 所示。

若某连接单元输入的保护动作触点长期闭合，则母线保护装置将闭锁断路器失灵保护并发出“外部触点长期闭合”的告警信号，提示运行人员检查动作继电器触点及整个回路。报警消失后，断路器失灵保护自动复归。

在连接断路器失灵保护的外部起动接线时，还应满足继电保护反措和有关规程规定的如下要求：

（1）若连接单元为变压器和发电机变压器组单元，为了避免在某些故障情况下（如在变压器低压侧发生内部故障或者发电机变压器组高压开关出现缺相运行时），由于电压闭锁元

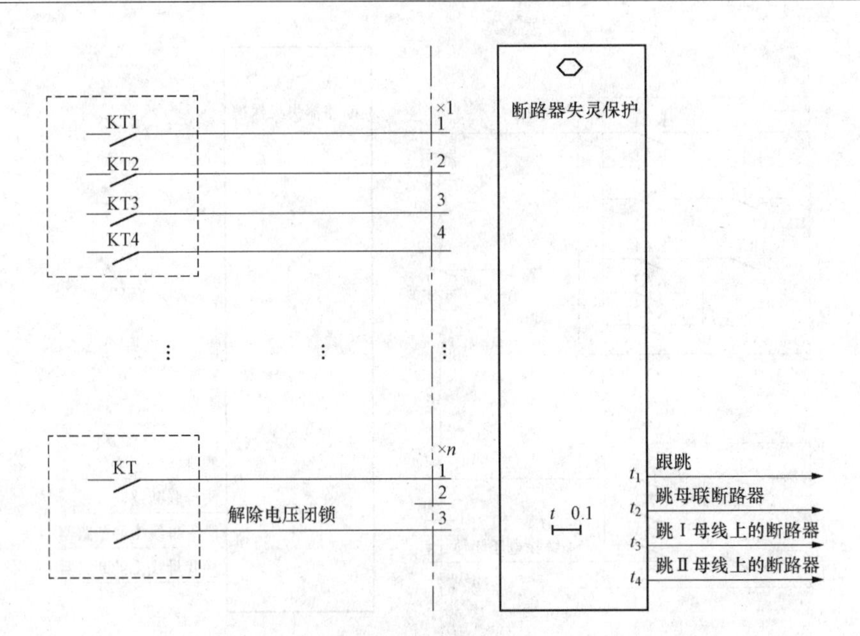

图 2-28 断路器失灵保护启动接线方式 2

件灵敏度不够而导致断路器失灵保护拒动，断路器失灵保护因根据条件将复合电压闭锁功能解除，即失灵保护动作不经复合电压闭锁直接出口，如图 2-26 所示。

（2）为安全起见，变压器和发电机变压器组单元应在第 3 号端子接入由变压器或发电机变压器组保护提供的解除电压闭锁触点，特殊情况需要解除电压闭锁而又无法提供解除电压闭锁接点的，可以在第 1 号和第 3 号端子接入两副独立的跳闸接点。

（3）为防止部分地区长距离输电线路发生远端故障时电压灵敏度不够的情况，装置单独提供各线路支路共用的“线路解除失灵电压闭锁”开入。

目前，图 2-28 是断路器失灵保护经常采用启动接线方式。

4. 整定原则

（1）跟跳时间 t_1。断路器失灵启动后以最快时限动作于本断路器三相跟跳，一般取 0.15～0.2s。

（2）一段延时 t_2。断路器失灵启动后以较短时限动作于跳开母联断路器，一般取 0.25～0.3s。

（3）二段延时 t_3。断路器失灵启动后以较长时限动作于跳开与故障失灵单元所在母线上的所有断路器，一般取 0.5～0.6s。

（4）启动电流。当失灵启动的电流判别由母线保护装置实现（即失灵启动采用“方式 2”）时，母线保护装置中设置“失灵电流启动定值”，国网版 SGB 750（V1.03 版）中，各连接单元使用独立定值；国网版 SGB 750 技术说明书（V1.07 版）中，各连接单元使用同一定值，同时还增加了负序电流、零序电流及电流突变量启动条件。失灵启动电流定值按确保故障电流最小的连接单元有灵敏度整定，一般不小于 $0.08I_N$（保护装置内部固定设有故障相有无电流判别的最低值，为 $0.08I_N$，如各单元 TA 二次侧电流为 5A，则电流起动值为 0.4A）。

5．线路单元和主变压器单元断路器失灵保护逻辑功能图

针对断路器失灵保护第2种起动方式（图2-28），国网版SGB 750技术说明书（V1.07版）中，增加了线路单元和主变压器单元断路器失灵保护逻辑功能图，如图2-29、图2-30所示。

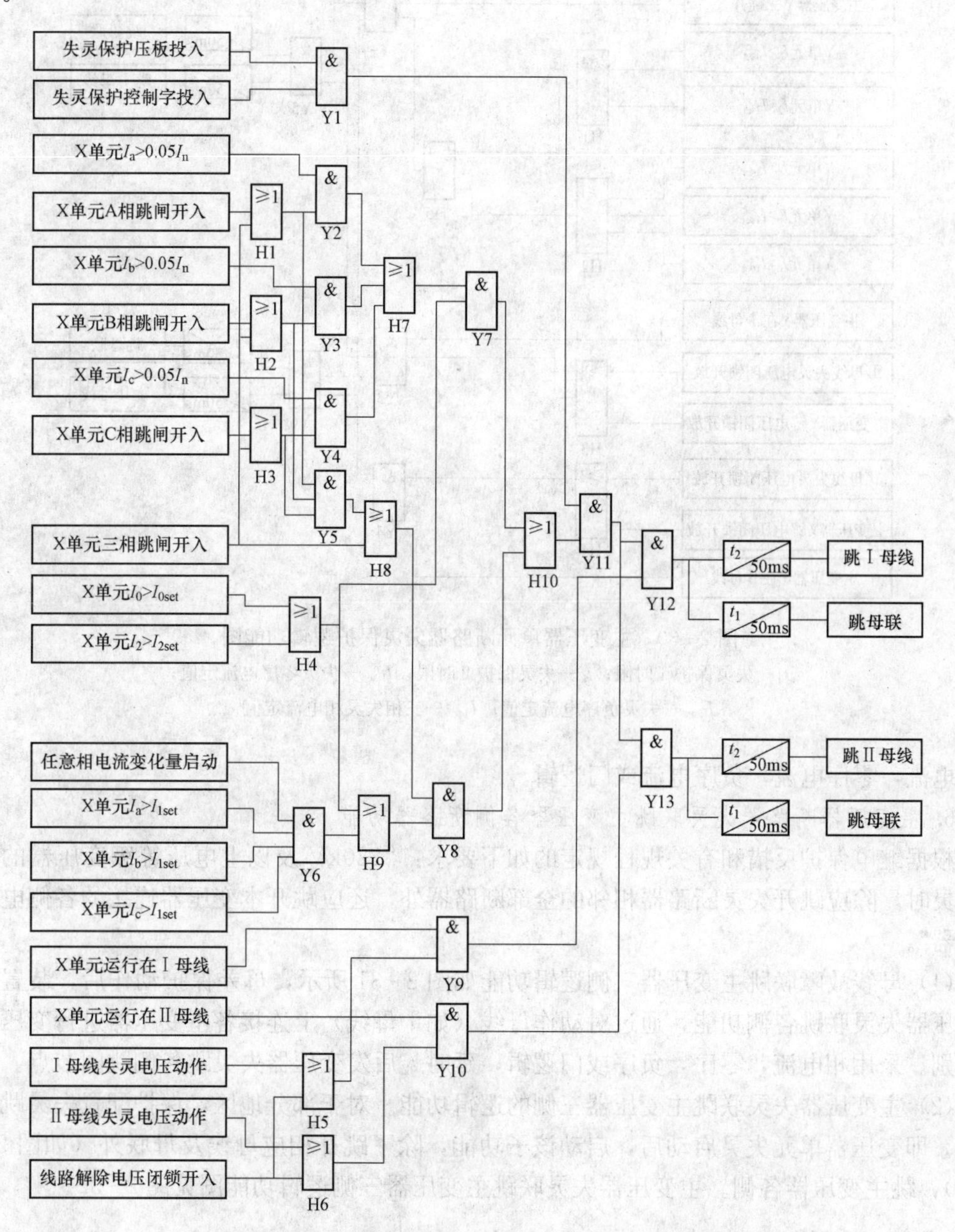

图2-29 线路单元断路器失灵保护逻辑功能图

t_1—失灵保护1时限；t_2—失灵保护2时限；I_{0set}—失灵零序电流定值；
I_{2set}—失灵负序电流定值；I_{1set}—三相失灵相电流定值

装置根据配置，对于线路单元，分相启动采用共用内部电流定值，用于有流判别，采用相电流，零序电流（或负序电流）与门逻辑，三相启动采用或门。逻辑对于变压器支路，采

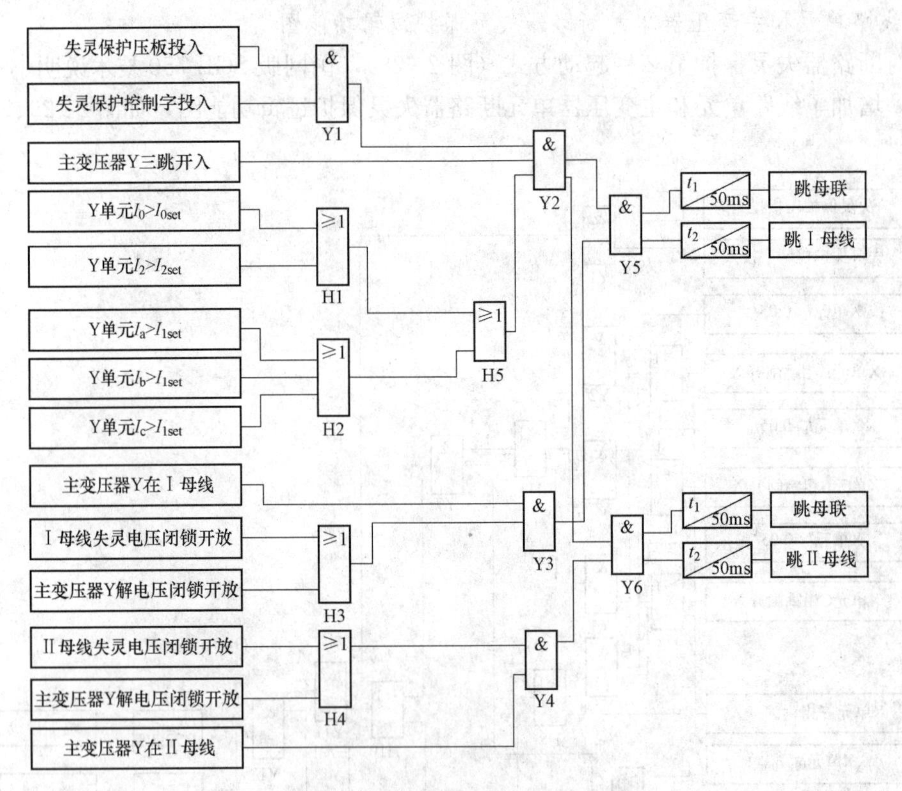

图 2-30　主变压器单元断路器失灵保护逻辑功能图

t_1—失灵保护 1 时限；t_2—失灵保护 2 时限；I_{0set}—失灵零序电流定值；
I_{2set}—失灵负序电流定值；I_{1set}—三相失灵相电流定值

用相电流，零序电流，负序电流或门逻辑。

6. 主变压器断路器失灵联跳主变压器各侧断路器功能

根据继电保护反措和有关规程规定的如下要求：“220kV 及以上电压等级变压器的断路器失灵时，除应跳开失灵断路器相邻的全部断路器外，还应跳开本变压器连接的各侧电源的断路器”。

(1) 母线故障联跳主变压器三侧逻辑功能如图 2-31 所示，母差保护动作后，装置启动主变压器失灵联跳各侧功能，通过对动作母线（如Ⅰ母线）上连接各主变压器进行变压器失灵判别。采用相电流，零序，负序或门逻辑，延时 t_2后发变压器失灵跳各侧跳闸节点。

(2) 主变压器失灵联跳主变压器三侧的逻辑功能。对于部分地区，保护配置失灵跳各侧功能。即变压器单元失灵启动后，启动该子功能，除了跳开相应母线及母联外（如图 2-30 所示)，跳主变压器各侧。主变压器失灵联跳主变压器三侧逻辑功能图见图 2-32。

四、测试方法

设置主变压器单元的方法（例如 1 号单元设置为主变压器单元)：工厂设置→内部定值→密码：5118→失灵线路或设备单元选择。“1”代表线路单元，“0”代表变压器单元；如“3FF”代表 10 个“1”，即“1111111111”，拆开后为“11，1111，1111”，用 16 进制表示即为“3FF”，说明 10 个单元均为线路单元。如果要把 1 号单元和 3 号单元设置为变压器单

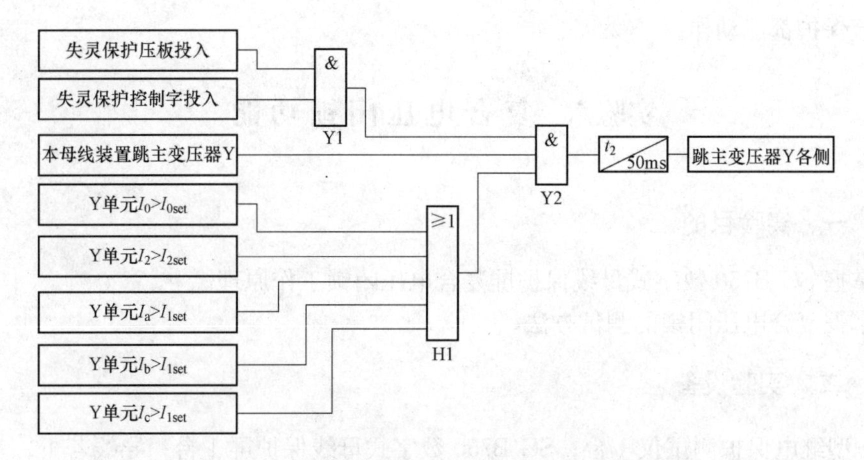

图 2-31　母线故障联跳主变压器三侧逻辑功能图

t_2—失灵保护 2 时限；I_{0set}—失灵零序电流定值；

I_{2set}—失灵负序电流定值；I_{1set}—三相失灵相电流定值

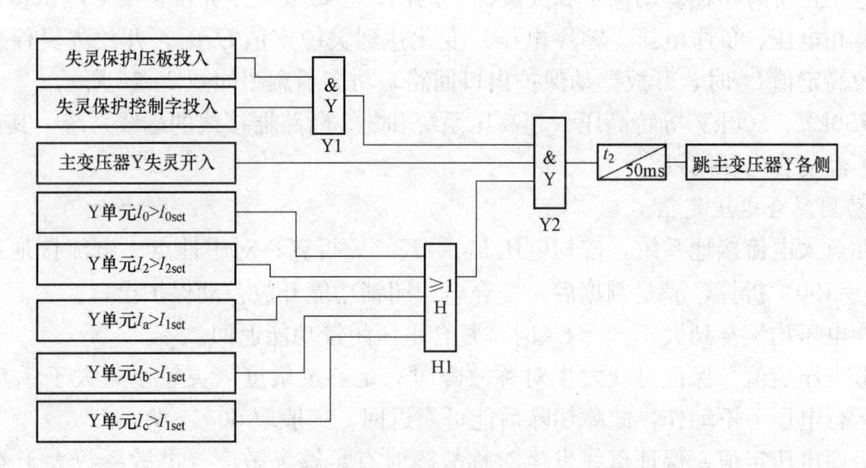

图 2-32　主变压器失灵联跳主变压器三侧逻辑功能图

t_2—失灵保护 2 时限；I_{0set}—失灵零序电流定值；

I_{2set}—失灵负序电流定值；I_{1set}—三相失灵相电流定值

元，其余不变，则输入“17F”，即“0101111111”；如果要把 4 号单元和 10 号单元设置为变压器单元，其余不变，则输入“3BE”，即“1110111110”。

定值管理→失灵保护公共定值→投失灵保护控制字（该控制字控制所有单元失灵保护投退），投×单元失灵保护硬压板（每个单元可独立控制）。

使 1 号单元与 10 号单元运行在同一组母线，将测试仪 A 相电流输入 1 单元 A 相，幅值大于失灵保护启动电流定值（0.4A），短接屏后 1 单元失灵保护输入端子 1，即 7X：1 与 7X21，则 10 单元开关（1 号仿真屏）及 11 单元母联开关（2 号仿真屏）跳闸。

注意事项：

（1）如果先短接某单元失灵开入触点，则 5s 以内必须加入电流，否则保护不动作。

（2）如果短接的端子为某单元的单相失灵开入端子（1、2、3 号端子任一个），则输入电流必须与该相相对应；如果短接端子为某单元的三相失灵开入端子（4 端子），则输入任何一相电流保护都能动作。

实验六 复合电压闭锁功能

一、实验目的

（1）掌握 SG B750 数字式母线保护屏复合电压闭锁工作原理。

（2）掌握复合电压闭锁的测试方法。

二、实验设备

PW31 型继电保护测试仪 1 台；SG B750 数字式母线保护屏 1 台；导线若干。

三、保护原理

母线电压正常时闭锁差动保护和失灵保护的出口。母线电压异常且某一电压特性量（相电压突变、相电压、负序电压、零序电压）变化达到灵敏定值U_1时，开放失灵保护出口回路；达到较高定值U_2时，开放差动保护出口回路，功能示意图如图 2-18 所示。

对于 750kV、500kV 等特高压、超高压系统和 3/2 断路器接线的母线系统，其母线保护出口一般不经复合电压闭锁。

1. 差动用复合电压定值

对中性点大电流接地系统，按相电压 $U_N=57.7V$ 折算；对中性点小电流接地系统，按线电压 $U_N=100V$ 折算，满足判据后，复合电压闭锁功能开放差动保护出口。

当三相电压均恢复到大于 $85\%U_N$时，复合电压闭锁功能返回。

（1）低电压定值。保证母线发生对称故障时有足够灵敏度（灵敏系数大于 1.5），并在母线最低运行电压下不动作，故障切除后能可靠返回，一般取 $60\%\sim70\%U_N$。

（2）负序电压定值。保证母线发生对称故障时有足够灵敏度（灵敏系数大于 4），并应躲过母线正常运行时最大不平衡电压的负序分量，一般取 4～12V（相电压）。

（3）零序电压定值。保证母线发生对称故障时有足够灵敏度（灵敏系数大于 4），并应躲过母线正常运行时最大不平衡电压的零序分量，一般取 4～12V（$3U_0$）。

对中性点小电流接地系统，无零序电压动作判据（无此定值）。

2. 失灵保护用复合电压定值

（1）低电压定值。保证母线上最长连接单元末端发生对称故障时，母线各相电压有足够灵敏度（灵敏系数≥1.5），一般取 $70\%\sim80\%U_N$。

（2）负序电压定值。保证母线上最长连接单元末端发生不对称故障时，母线电压的负序分量有足够灵敏度（灵敏系数≥1.5），一般取 4～6V（相电压）。

（3）零序电压定值。保证母线上最长连接单元末端发生不对称故障时，母线电压的零序分量有足够灵敏度（灵敏系数≥1.5），一般取 4～6V（$3U_0$）。

四、测试方法

以母差保护复合电压闭锁为例。定值管理→母差保护定值，差动低电压定值为 40V（相电压)，差动零序电压定值为4V，差动负序电压定值为4V，差动动作电流定值为2A，退出TA断线闭锁控制字。

测试仪A相电流端子接入1单元A相差动元件，电压端子接入Ⅰ母TV电压端子，1单元运行在Ⅰ母线。测试仪A相电流为1.9A，三相电压对称，为正常电压，以I_a为变量，步长0.1A。

按下“开始”键，增加电流至2.1A，以V_{abc}为变量，步长为1V，逐渐降低三相电压，当电压低于40V以下，保护动作，按下“停止”键。该电压为低电压定值，升高电压至正常值，将电流重新调整为1.9A，以I_a为变量。

按下“开始”键，增加电流至2.1A，以V_a为变量，步长为1V，逐渐降低A相电压，当电压降幅超过6V，保护动作，此电压为零序电压$3U_0$。按下“停止”键，重新升高电压至正常值，将电流重新调整为1.9A，以I_a为变量。

将差动零序电压定值调整为15V，按下“开始”键，增加电流至2.1A，以V_a为变量，步长为1V，逐渐降低A相电压，当电压降幅超过12V，保护动作，电压降幅的1/3即为负序电压U_2，按下“停止”键。

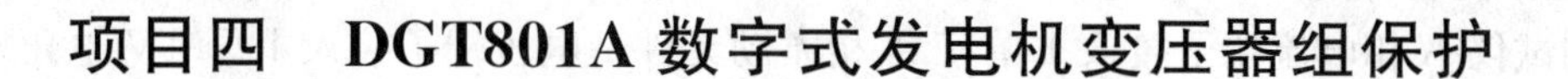

项目四　DGT801A 数字式发电机变压器组保护

DGT801A 数字式发电机变压器组保护装置，适用于容量 1000MW 及以下、电压等级 750kV 及以下的各种容量、各种接线方式的火电及水电发电机变压器组保护，也可单独作为发电机、主变压器、厂用变压器、高压启动备用变压器、励磁变压器（励磁机）、大型同步调相机、厂用电抗器等保护，并满足电厂自动化系统的要求。每层 DGT801A 可完成若干主保护、若干异常运行保护及后备保护。各层 DGT801A 装置的保护功能可按要求灵活选择。

实验一　高压厂用变压器比率制动原理纵差保护

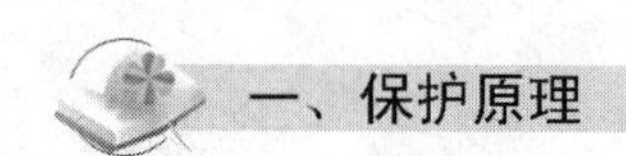

一、保护原理

保护采用比率制动原理，变压器纵差保护逻辑框图如图 2 - 33 所示。为防止变压器空投及其他异常情况时变压器励磁涌流导致差动误动，比较各相差流中二次谐波分量比（即 I_{2W}/I_{1W}）的大小，当其大于整定值时，闭锁差动元件。当差流很大，达到差动速断定值时，直接出口跳闸。同时设置专门的 TA 断线判别环节，若判别差流是 TA 断线所致，发 TA 断线信号，并可选择是否闭锁差动保护出口。

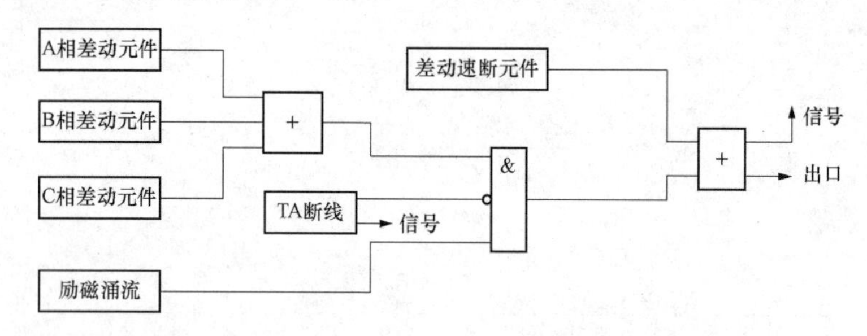

图 2 - 33　变压器纵差保护逻辑框图

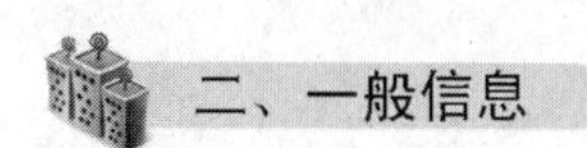

二、一般信息

1. 输入 TA 定义

TA 定义见表 2 - 9。

表 2 - 9　　TA　定　义

TA 位置	名称	首端	末端
高压厂用变压器低压侧 a 分支电流 I_{L1a}	I_{L1a}	1X：25	1X：40
	I_{L1b}	1X：26	1X：41
	I_{L1c}	1X：27	1X：42

续表

TA位置	名称	首端	末端
高压厂用变压器低压侧b分支电流 I_{L11a}	I_{L11a}	1X：28	1X：43
	I_{L11b}	1X：29	1X：44
	I_{L11c}	1X：30	1X：45
高压厂用变压器高压侧电流 I_H	I_{Ha}	1X：22	1X：55
	I_{Hb}	1X：23	1X：56
	I_{Hc}	1X：24	1X：57

2. 出口跳闸连接片

出口跳闸连接片见表2-10。

表2-10　出口跳闸连接片

高压厂用变压器差动	XP12
高压厂用变压器差动速断	XP13

注　对应的保护连接片插入，保护动作时发信并出口跳闸；对应的保护连接片拔掉，保护动作时只发信，不出口跳闸。

3. 差动参数定义

差动参数定义见表2-11。

表2-11　差动参数定义

差动各侧	变压器参数		TA参数	
	电压等级（kV）	接线方式	TA变比	接线方式
厂用变压器高压侧	22	角接	2500/5	角接
厂用变压器A分支侧	6.3	星接	4000/1	星接
厂用变压器B分支侧	6.3	星接	4000/1	星接

4. 定值整定（折算到基准侧）

定值整定见表2-12。

表2-12　定值整定

定值名称	定值符号	定值	单位
启动电流	I_q	1	A
比率制动系数	K_z	0.5	*
二次谐波制动系数	η	0.2	*
拐点电流	I_g	4	A
速断倍数	I_s	4	倍数
解除TA断线判别倍数	I_{ct}	1.2	倍数
额定电流	I_N	5	A
TA断线闭锁差动控制符	TA（1或0）	0	*

5. 投入保护

开启液晶屏的背光电源，在人机界面的主画面中观察此保护是否已投入（该保护投入时其运行指示灯是亮的）。如果该保护的运行指示灯是暗的，在“投退保护”的子画面点击投入该保护。

6. 参数监视

单击进入高压厂用变压器差动保护监视界面，可监视差动保护的整定值，差流和制动电流计算值，以及二次谐波计算值等信息。

7. 通道平衡测试

本保护将高压厂用变压器低压侧 A 分支作为基准侧，设定基准侧电流 5A，根据变压器各侧 TA 变比参数计算出其他各侧平衡电流，并加入平衡电流进行调试（一般出厂前厂家已完成此项）。通道平衡测试见表 2-13。

表 2-13 通道平衡测试 A

基准侧：高压厂用变压器低压侧 A 分支低压侧	高压厂用变压器低压侧 B 分支	高压厂用变压器高压侧
5	5	6.62

三、启动电流定值测试

在高压厂用变压器低压侧 A 分支作为基准侧、高压厂用变压器低压侧 B 分支任一侧任一相中加入电流，外加电流达出口灯亮，记录数据。启动电流定值测试见表 2-14。

表 2-14 启动电流定值测试 A

整定值	I_q=1A								
相别	A			B			C		
高压厂用变压器高压侧									
高压厂用变压器低压侧 A 分支									
高压厂用变压器低压侧 B 分支									

四、差流越限警告信号定值测试

当差流超过启动电流的 1/3 时，一般预示差动回路存在某种异常状态，需发信告警，提示运行人员加以监测。在高压厂用变压器低压侧 A 分支、高压厂用变压器高压侧、高压厂用变压器低压侧 B 分支任一相中加入电流，外加电流超出定值，差流越限警告信号灯亮，记录数据见表 2-15。

表 2-15 差流超限警告信号定值测试

整定值	I_q=1A								
相别	A			B			C		
高压厂用变压器高压侧（A）									
高压厂用变压器低压侧 a 分支（A）									

续表

整定值	$I_q=1A$							
高压厂用变压器低压侧 b 分支（A）								

五、比率制动特性

变压器纵差比率制动特性曲线如图 2 - 34 所示。

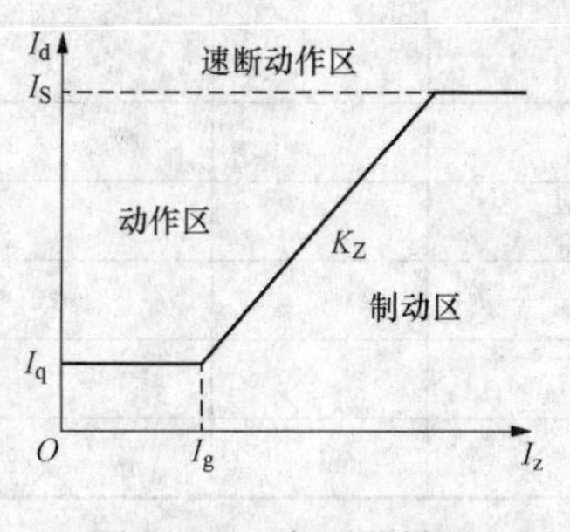

图 2 - 34 变压器纵差比率制动特性曲线

1. 比率动作方程测试

$$\begin{cases} I_d > I_q; \ I_z < I_q \\ I_d > k_z(I_z - I_q) + I_q; \ I_z > I_q \end{cases}$$

式中 I_d——动作电流（即差流），$I_d = |\dot{I}_H + \dot{I}_{L1} + \dot{I}_{L11}|$；

I_z——制动电流，$I_z = \max(I_H, I_{L1}, I_{L11})$。

点击进入差动保护监视界面，监视差流和制动电流。在高压厂用变压器低压侧 A 分支的 A 相（或 B 相、C 相）加电流（0°），在高压厂用变压器高压侧（或在高压厂用变压器低压侧 B 分支侧）A 相（或 B 相、C 相）加反向电流（180°），差流为两侧折算电流的差值（数值差），制动电流为最大侧电流。固定基准侧电流，缓慢改变高压厂用变压器高压侧（或高压厂用变压器低压侧 B 分支侧）A 相（或 B 相或 C 相）的电流幅值，直至高压厂用变压器差动出口灯亮，按表 2 - 16 记录各电流。连续做 6 组数据即可（即各侧电流的折算系数）。

如果变压器绕组的接线方式为 Y/△来校相位，也可由保护软件校相位。软件校相位时差流算法为

$$\dot{I}_{dA} = \dot{I}_{YA} - \dot{I}_{YB} + \dot{I}_{\Delta B}, \dot{I}_{dB} = \dot{I}_{YB} - \dot{I}_{YC} + \dot{I}_{\Delta B}, \dot{I}_{dC} = \dot{I}_{YC} - \dot{I}_{YA} + \dot{I}_{\Delta C}$$

以 A 相差动比率制动特性测试为例，在低压侧 a 相和高压侧 A 相加入电流，除了 A 相有差流，则需要在△侧的 C 相加入相应的平衡电流来消除 C 相对 A 相差动比率制动特性测试的影响。比率制动特性见表 2 - 16。

表 2 - 16 比 率 制 动 特 性

A 相比率特性制动特性 $I_q=1A$ $I_g=4A$ $K_z=0.5$						
高压厂用变压器高压侧（A）						
高压厂用变压器低压侧 a 分支（A）						
高压厂用变压器低压侧 b 分支（A）						
制动电流 I_z（A）						
差动电流 I_d（A）						
K_z 计算值	—	—				
B 相比率特性制动特性 $I_q=1A$ $I_g=4A$ $K_z=0.5$						
高压厂用变压器高压侧（A）						
高压厂用变压器低压侧 a 分支（A）						

续表

B相比率特性制动特性 $I_q=1A$　$I_g=4A$　$K_z=0.5$						
高压厂用变压器低压侧B分支（A）						
制动电流 I_z（A）						
差动电流 I_d（A）						
K_z 计算值	—	—				
C相比率特性制动特性 $I_q=1A$　$I_g=4A$　$K_z=0.5$						
高压厂用变压器高压侧（A）						
高压厂用变压器低压侧a分支（A）						
高压厂用变压器低压侧b分支（A）						
制动电流 I_z（A）						
差动电流 I_d（A）						
K_z 计算值	—	—				

2. 二次谐波制动特性测试

动作方程
$$\begin{cases} I_{2\omega} \geqslant \eta \times 0.1 I_N; I_{1\omega} < 0.1 I_N \\ I_{2\omega} \geqslant \eta I_{1\omega}; I_{1\omega} > 0.1 I_N \end{cases}$$

式中　$I_{2\omega}$、$I_{1\omega}$——某相差流中的二次谐波电流和基波电流；

η——整定的二次谐波制动比；

I_N——二次TA额定电流。

模拟空投变压器状态，在高压厂用变压器低压侧a相（或b相、c相）同时叠加基波和二次谐波电流；亦可在高压厂用变压器高压侧A分支加基波。在高压厂用变压器低压侧加二次谐波，此时要注意平衡系数和变压器的接线方式。二次谐波制动有“闭锁三相”制动方式和“闭锁单相”制动方式，如果二次谐波制动方式选择为“闭锁三相”制动方式，还需要在高压厂用变压器高压侧A分支相应相加平衡作用的基波电流。这是因为软件校Y/△相位时，在异相差流中会派生相当的二次谐波，所以先将测试相闭锁。以A相二次谐波制动为例，在高压厂用变压器高压侧A相加基波，在高压厂用变压器低压侧a分支a相加二次谐波，那么我们还需要在高压厂用变压器高压侧C相加一个平衡作用的基波，且 $I_{2\omega A} < \eta I_{1\omega C}$，保证C相不会抢先A相被制动。

外加基波电流3A（必须大于启动电流），差动出口灯亮；增加二次谐波电流使差动出口灯可靠熄灭，记录数据见表2-17。

表2-17　　数　据　记　录

整定值	$\eta=0.2$								
相别	A			B			C		
$I_{1\omega}$测量值（A）									
$I_{2\omega}$测量值（A）									
η计算值									

3. 比率动作时间定值测试

在高压厂用变压器低压侧 A 分支、高压厂用变压器高压侧或高压厂用变压器低压侧 b 分支任一相突然加 $1.5I_q$ 电流，测试值见表 2-18。

表 2-18　　测　试　值

测试值（ms）						

六、速断特性

1. 速断特性测试

将比率制动系数 K_z 整定值暂时整定为 1.5（一个大于 1 的数值），减小拐点电流，增大启动电流，即增大当前的制动区，在任一侧任一相加电流，差流一直处于制动情况，继续加大电流。当差流大于速断定值时，高压厂用变压器差动保护出口灯亮。速断特性见表 2-19。

表 2-19　　速　断　特　性　　A

整定值	$I_N=5A$　$I_S=4A$								
相别	A			B			C		
高压厂用变压器高压侧									
高压厂用变压器低压侧 a 分支									
高压厂用变压器低压侧 b 分支									

2. 速断动作时间定值测试

在高压厂用变压器低压侧 a 分支电流某一相端子突然外加 $1.5I_S$ 电流，测量值见表 2-20。

表 2-20　　测　量　值

测量值（ms）						

七、TA 断线

（1）高压厂用变压器低压侧 a 分支、高压厂用变压器高压侧、高压厂用变压器低压侧 b 分支中加入电流，模拟变压器正常运行（即各侧各相均有电流，且各相无差流）。

（2）在任一相将 TA 短接（模拟 TA 开路），速度要快、短接要可靠（检查短接相电流是否约为 0，否则短接不可靠）。TA 断线灯亮。

（3）在同一侧任两相 TA 同时短接（模拟 TA 开路），速度要快、短接要可靠（检查短接相电流是否约为 0，否则短接不可靠）。TA 断线灯亮

实验二　断路器闪络保护

一、保护原理

当只有断路器触头在断开位，且有负序电流时，保护动作，作用于跳闸、启动失灵

保护。

保护由三相断路器位置辅助接点与负序电流组成的与门构成，其动作后经延时作用于出口。保护的输入电流为断路器侧 TA 二次三相电流。

高压侧断路器闪络保护出口逻辑框图如图 2-35 所示。

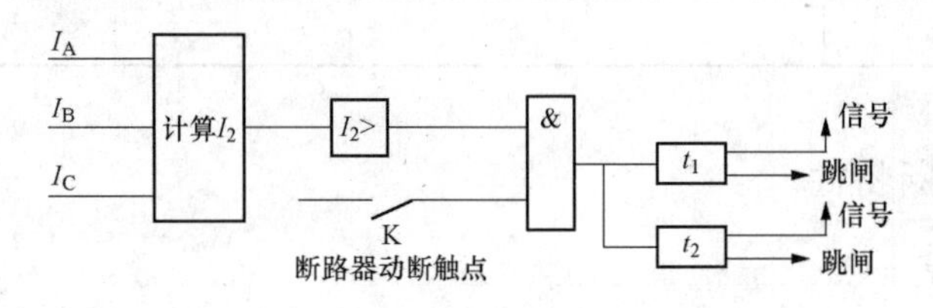

图 2-35　高压侧断路器闪络保护出口逻辑框图

二、定义与参数

(1) 输入 TA/TV 定义见表 2-21。

表 2-21　　**输入 TA/TV 定义**

TA 或 TV 位置	名称	首端	末端
断路器电流	I_a	1X：13	1X：31
	I_b	1X：15	1X：32
	I_c	1X：17	1X：33

(2) 保护出口连接片定义见表 2-22。

表 2-22　　**保护出口连接片定义**

断路器闪络 t_1	XP11

注　对应的保护连接片插入，保护动作时发信并出口跳闸；对应的保护连接片拔掉，保护动作时只发信，不出口跳闸。

(3) 定值整定见表 2-23。

表 2-23　　**定 值 整 定**

定值名称	定值符号	定值
电流定值（A）	I_{2g1}	3
延时（s）	t_1	0.5

(4) 投入保护。开启液晶屏的背光电源，在人机界面的主画面中观察此保护是否已投入（该保护投入时其运行指示灯是亮的）。如果该保护的运行指示灯是暗的，在“投退保护”的子画面点击投入该保护。

(5) 参数监视。点击进入断路器闪络保护监视界面，可监视保护的整定值，负序电流计算值等信息。

三、保护动作整定值测试

（1）负序电流定值测试。断开断路器辅助触点，输入负序电流，缓慢增加负序电流幅值，直到闪络 t_1 出口动作，记录数据填入表 2 - 24 中。

表 2 - 24　　　　记　录　数　据　　　　A

保护整定值	3			3		
保护动作值						

（2）动作时间定值测试。断开断路器辅助接点，突加 1.5 倍定值负序电流，闪络 t_1 动作，记录动作时间见表 2 - 25。

表 2 - 25　　　　动　作　时　间　　　　s

保护整定值	0.5		0.8	
动作时间 t_1				

实验三　发电机比率制动原理纵差保护（循环闭锁差动保护）

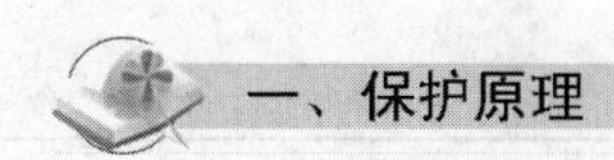

一、保护原理

保护采用比率制动原理，出口设置为循环闭锁方式，发电机纵差保护逻辑框图如图 2 - 36 所示。因为发电机中性点一般不直接接地，当发电机差动区内发生相间短路故障时，有两相或三相差动同时动作出口跳闸；而当发电机发生一相在区内接地另一相在区外同时接地故障，只有一相差动动作，但同时有负序电压，保护也出口跳闸。如果只有一相差动动作无负序电压，判断为 TA 断线。

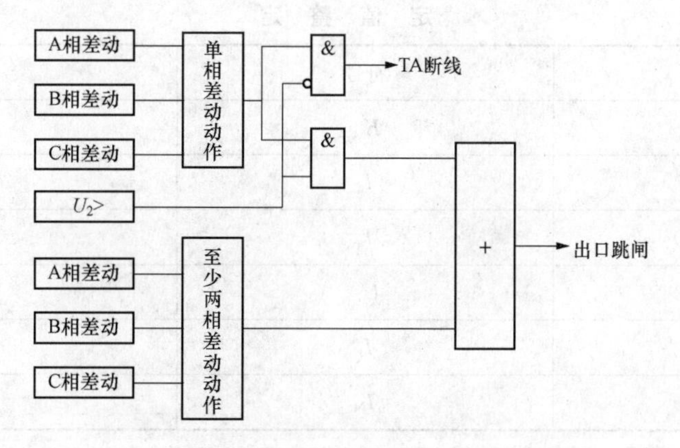

图 2 - 36　发电机纵差保护逻辑框图（循环闭锁出口方式）

二、一般信息

（1）输入 TA/TV 定义见表 2-26。

表 2-26　输入 TA/TV 定义

TA/TV 位置	名称	首端	末端
发电机机端电流 I_t	I_{ta}	1X：1	1X：7
	I_{tb}	1X：2	1X：8
	I_{tc}	1X：3	1X：9
发电机中性点电流 I_t	I_{na}	1X：4	1X：10
	I_{nb}	1X：5	1X：11
	I_{nc}	1X：6	1X：12
发电机机端电压	U_{ab}	2X：1	2X：3
	U_{bc}	2X：3	2X：5
	U_{ca}	2X：5	2X：1

（2）保护出口连接片定义见表 2-27。

表 2-27　保护出口连接片定义

发电机差动	XP02
发电机差动速断	XP02

注　对应的保护连接片插入，保护动作时发信并出口跳闸；对应的保护连接片拔掉，保护动作时只发信，不出口跳闸。

（3）定值整定见表 2-28。

表 2-28　定　值　整　定

定值名称	符号	定值
制动系数	K_z	0.5
启动电流（A）	I_q	1
拐点电流（A）	I_g	4
负序电流（A）	U_2	10
速断倍数	I_s	4
额定电流（A）	I_N	5

（4）投入保护。开启液晶屏的背光电源，在人机界面的主画面中观察此保护是否已投入（该保护投入时其运行指示灯是亮的）。如果该保护的运行指示灯是暗的，在“投入保护”的子画面点击投入该保护。

(5) 参数监视。点击进入发电机差动保护监视界面，可监视差动保护的整定值、差流和制动电流计算值，以及发电机负序电压计算值等信息。

三、启动电流定值测试

(1) 在发电机机端侧和中性点侧电流端子侧中任选一侧加入电流。

(2) 单相差动保护，只发 TA 断线信号。单相差流，由负序电压解闭锁，差动保护动作。

(3) 外加电流至 TA 断线信号灯亮，或单相差流由负序电压解闭锁使差动动作出口灯亮。记录各输入电流值见表 2-29。

表 2-29　　各 输 入 电 流 值　　A

整定值	$I_q=1A$								
相别	A			B			C		
机端侧									
中性点									

四、差流越限告警信号定值测试

当差流超过启动电流的 1/3 时，一般预示差动回路存在某种异常状态，需发信告警，提示运行人员加以检测。

在发电机中性点、发电机机端侧任一侧任一相中加入电流，外加电流，差流超过启动电流的 1/3，差流越限告警信号灯亮，记录数据见表 2-30。

表 2-30　　记 录 数 据　　A

整定值	$I_q=1A$								
相别	A			B			C		
极端侧									
中性点									

五、比率制动特性测试

1. 比率制动方程测试

$$I_d > I_q; \qquad I_z < I_g$$

$$I_d > K_z(I_z - I_g) + I_q; \qquad I_z > I_g$$

$$I_d > I_s; \qquad I_d > I_s$$

式中 I_d——动作电流（即差流），$I_d=|i_N+i_T|$；

I_z——制动电流，$I_z=|i_N-i_T|/2$。

发电机纵差比率制动特性曲线如图 2-37 所示。

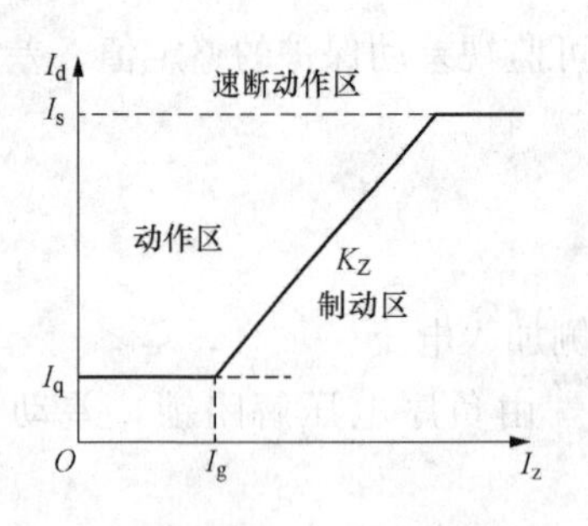

图 2-37 发电机纵差比率制动特性曲线

点击进入发电机差动保护监视界面，在发电机机端侧加 AB 相电压，使负序电压远大于负序电压整定值，在发电机机端侧 A 相（或 B 相、C 相）加电流（0°），在发电机中性点 A 相（或 B 相、C 相）加反向电流（180°），差流为两侧电流的差值（数值差），制动电流为两侧电流的和值的一半。固定某侧电流，缓慢改变另一侧电流的幅值，直至发电机差动出口灯亮，按表 2-31 记录电流输入值，差流和制动电流的计算值。连续做 6 组数据即可。

表 2-31　　　　制 动 特 性

A 相制动特性 $I_q=1A$；$I_g=4A$；$K_z=0.5$						
机端侧电流（A）						
中性点电流（A）						
制动电流 I_z（A）						
差动电流 I_d（A）						
K_z 计算值	—	—				
B 相制动特性 $I_q=1A$；$I_g=4A$；$K_z=0.5$						
机端侧电流（A）						
中性点电流（A）						
制动电流 I_z（A）						
差动电流 I_d（A）						
K_z 计算值	—	—				
C 相制动特性 $I_q=1A$；$I_g=4A$；$K_z=0.5$						
机端侧电流（A）						
中性点电流（A）						
制动电流 I_z（A）						
差动电流 I_d（A）						
K_z 计算值	—	—				

2. 比率制动时间定值测试

加单相电流和负序电压，负序电压远大于负序电压定值，或加两相差流，是差动保护动作。突加 $1.5I_q$ 电流，记录测试值见表 2-32。

表 2-32　　　　测 试 值

测试值（ms）						

六、速断特性测试

1. 速断电流定值测试

在发电机机端侧或中性点加入单相电流，不加负序电压，当差流小于速断定值时，保护发 TA 断线，继续加大电流直到大于速断定值，发电机差动速断动作，出口信号灯亮。或者将 K_z 整定值暂时整定为 1.5（一个大于 1 的数值），减小拐点电流，即增大当前的制动区，在发电机机端侧或中性点加入单相电流同时有负序电压的情况下，保证差流一直处于制动情况，继续加大电流，使差流大于速断定值时，发电机差动速断动作，出口信号灯亮，速断电流定值测试见表 2-33。

表 2-33　速断电流定值测试　A

整定值	$I_N=5A$；$I_S=4A$								
相别	A			B			C		
机端侧电流									
中性点电流									

2. 动作时间测试

不加负序电压，只在发电机机端侧 A 相突加 $1.5I_S$ 电流，记录测试值见表 2-34。

表 2-34　测　试　值　ms

测试值						

七、TA 断线及负序电压的作用

（1）在机端 A、B、C 相电流输入端子中任一相加电流，电流达启动电流，TA 断线灯亮。

（2）1 操作后，在机端电压输入端子：AB 相加电压；BC 相短接，负序电压等于 $U_{AB}/3$，负序电压超过整定值时，差动由 TA 断线转为差动出口。

（3）1 操作后，在机端电压 AB、BC、CA 输入端子加正序电压 100V，差动不出口。

实验四　发电机程跳逆功率保护

一、保护原理

目前，对于大型汽轮发电机，发电机的逆功率保护，除了作为汽轮机的保护之外，还作为发电机组的程控跳闸启动元件，成为程跳逆功率保护。发电机程跳逆功率保护逻辑框图如图 2-38 所示。

二、一般信息

（1）输入 TA/TV 定义见表 2-35。

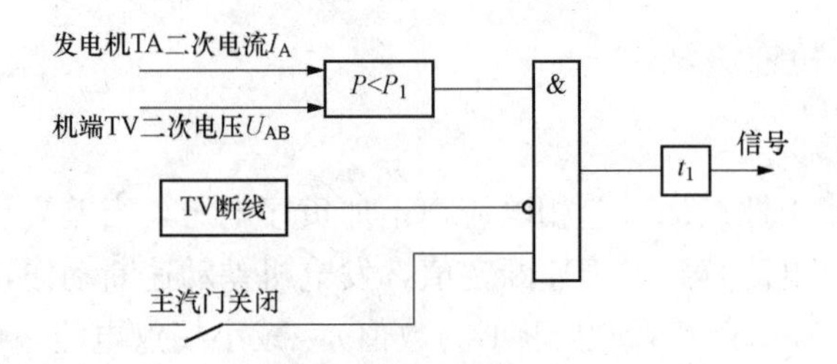

图 2-38 发电机程跳逆功率保护逻辑框图

表 2-35 输入 TA/TV 定义

TA 位置	名称	首段	末端
发电机电流（I_a 采用逆功率专用通道）	I_a	1X：1	1X：7
	I_b	1X：2	1X：8
	I_c	1X：3	1X：9
发电机机端电压	U_{ab}	2X：1	2X：3
	U_{bc}	2X：3	2X：5
	U_{ca}	2X：5	2X：1

（2）保护出口连接片定义见表 2-36。

表 2-36 保护出口连接片定义

发电机程跳逆功率	XP05

注 对应的保护连接片插入，保护动作时发信并出口跳闸；对应的保护连接片拔掉，保护动作时只发信，不出口跳闸。

（3）定值整定见表 2-37。

表 2-37 定 值 整 定

定值名称	定值符号	定值	单位
功率定值	P1. dz	−5	W
延时	t_1	0.5	s

（4）投入保护。开启液晶屏的背光电源，在人机界面的主画面中观察此保护是否投入（该保护投入时其运行指示灯是亮的）。如果该保护的运行指示灯是暗的，在“投退保护”的子画面点击投入该保护。

（5）参数监视。点击进入发电机程跳逆功率保护监视界面，可监视程跳逆功率保护的整定值，功率计算值等信息。

三、保护动作整定值测试

1. 逆功率定值测试

闭合主汽门触点；外加三相对称额定电压和三相对称电流，缓慢改变三相电压的相位直至程跳逆功率出口动作，记录数据见表 2-38。

表 2-38　　记　录　数　据

计算功率	$P=\sqrt{3}U_{ab}I_a\cos\varphi$					
整定值（W）	−10			−5		
电压测量值 U_{ab}（V）						
电流测量值 I_{ab}（A）						
功角 Φ（°）						
有功计算值（W）						

注　φ 为相电压和相电流之间的夹角，而 U_{ab} 与 I_a 之间有 30°关系。

如果机端二次 TA 额定电流为 5A，测试电流应设置为 0.2A；如果机端二次 TA 额定电流为 1A，考虑到测试仪的性能，测试电流设置为 0.1A。

2. 动作时间定值测试

将关主汽门触点闭合，突加外加电流电压，满足定值，保护出口动作，记录动作时间见表 2-39。

表 2-39　　记 录 动 作 时 间　　s

整定值	0.5			0.8		
t_1						

实验五　发电机 $3U_0$ 定子接地保护（$3U_{0N}$ 原理）

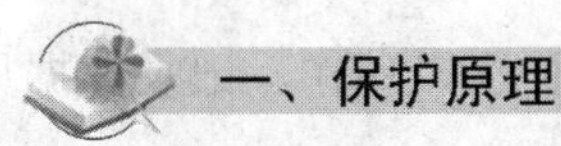

一、保护原理

保护采用基波零序电压式，范围为由机端至机内 90%左右的定子绕组单相接地故障。可作小机组的定子接地保护，也可与三次谐波合用，组成大中型发电机的 100%定子接地保护。保护接入 $3U_0$ 电压，取自发电机机端 TV 开口三角绕组两端，或取自发电机中性点单相 TV（或配电变压器或消弧线圈）的二次。为了提高保护动作的可靠性，建议取发电机中性点零序电压。

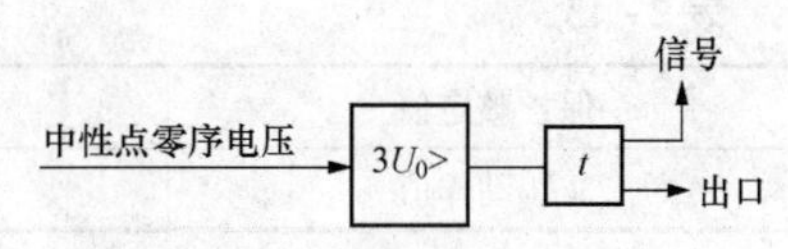

图 2-39　发电机 $3U_0$ 定子接地保护逻辑框图

发电机 $3U_0$ 定子接地保护逻辑框图如图 2-39 所示。

二、一般信息

（1）输入 TA/TV 定义见表 2-40。

表 2-40 输入 TA/TV 定义

TA/TV 位置	相别	首端	末端
发电机零序电压	$3U_0$	2X：11	2X：13

（2）保护出口连接片定义见表 2-41。

表 2-41 保护出口连接片定义

发电机$3U_0$定子接地	XP03

注 对应的保护连接片插入，保护动作时发信并出口跳闸；对应的保护连接片拔掉，保护动作时只发信，不出口跳闸。

（3）定值整定见表 2-42。

表 2-42 定 值 整 定

定值整定	定值符号	定值	单位
零序电压	$3U_{0gln}$	10	V
延时	t_{11}	0.5	s

（4）投入保护。开启液晶屏的背光电源，在人机界面的主画面中观察此保护是否已投入（该保护投入时其运行指示灯是亮的）。如果该保护的运行指示灯是暗的，在“投退保护”的子画面点击投入该保护。

（5）参数监视。点击进入发电机$3U_0$定子接地保护监视界面，可监视保护的整定值，零序电压等信息。

三、保护动作整定值测试

1. 电压定值测试

在发电机$3U_0$端子侧加入基波电压，缓慢升高电压，直至保护出口动作，记录数据见表 2-43。

表 2-43 记 录 数 据 V

保护整定值	10			5		
$3U_{0g}$动作值						

2. 动作时间定值测试

在发电机$3U_0$端子侧突加 1.5 倍 $3U_{0g}$定值电压，记录动作时间见表 2-44。

表 2-44 记 录 动 作 时 间 s

保护整定值	0.5			0.8		
动作时间 t						

实验六 发电机 3ω 定子接地保护

一、保护原理

保护反应发电机机端和中性点侧三次谐波电压大小和相位，反应发电机中性点向机内 20%或 100%左右的定子绕组单相接地故障，与发电机 $3U_0$ 定子接地保护联合构成 100%的定子接地保护。发电机定子接地 3ω 保护逻辑框图如图 2-40 所示。

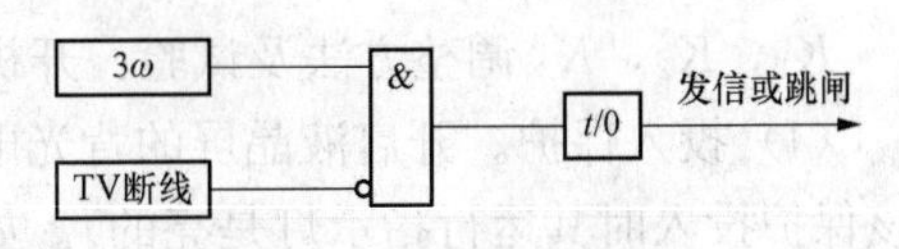

图 2-40 发电机定子接地 3ω 保护逻辑框图

二、一般信息

(1) 输入 TA/TV 定义见表 2-45。

表 2-45 输入 TA/TV 定义

TA/TV 位置	相别	首端	末端
发电机机端电压	U_{ab}	2X：1	2X：3
	U_{bc}	2X：3	2X：5
	U_{ca}	2X：5	2X：1
	$3U_{0\cdot 3w\cdot t}$	2X：7	2X：9
发电机中性点电压	$3U_{0\cdot 3w\cdot n}$	2X：11	2X：13

(2) 保护原理定义见表 2-46。

表 2-46 保 护 原 理 定 义

方式	机组接线方式	保护原理选择		需要断路器辅助接地闭锁
		矢量比较方式	绝对值比较方式	
发电机变压器组单元接线方式（机端无断路器）	√	√		
单机方式（机端带断路器）				
扩大单元接线方式				
其他				

注 选中即打“√”。

(3) 定值整定见表 2-47。

表 2-47 定 值 整 定

定值名称	符号	定值	单位
调整系数	K_1	1	
调整系数	K_2	0	

续表

定值名称	符号	定值	单位
调整系数	K_3	1	
延时（s）	t_1	10	

K_1，K_2，K_3 调整方法及试验：开机带负荷整定。

（4）投入保护。开启液晶屏的背光电源，在人机界面的主画面中观察此保护是否已投入（该保护投入时其运行指示灯是亮的）。如果该保护的运行指示灯是暗的，在“投退保护”的子画面点击投入该保护。

（5）参数监视。点击进入发电机 3ω 定子接地保护监视界面，可监视保护的整定值、动作量和制动量；待整定动作量和待整定制动量，以及 3ω 保护的自动整定界面。

三、通道精度校核

校核通道测量精度，要求外加三次谐波电压时，相应的三次谐波电压通道显示的电压值应等于外加电压，最大误差小于 5%；外加基波电压时，相应的三次谐波电压通道显示的电压值应很小，三次谐波电压计算值应等于零，与外加基波电压的比值应小于 0.1%。通道测量值见表 2-48。

表 2-48　通道测量值

输入电气量		三次谐波电压			100V 的基波电压
		1V	5V	10V	
通道测量值（V）	机端侧				
	中性点侧				—

四、保护动作特性测试

模拟发电机运行工况，在机端三次谐波电压通道和中性点谐波电压通道分别加入三次谐波电压，机端的三次谐波电压（1V）小于中性点的三次谐波电压（1.2V），整定 K_1、K_2，并写入到装置中，此时保护动作值应接近为零。然后模拟接地故障工况，在机端和中性点分别加入三次谐波电压，中性点的三次谐波电压（1V）小于机端的三次谐波电压（1.2V），整定 K_3，使保护动作值略大于制动值，把 K_3 写入装置，记录定值见表 2-49。

表 2-49　记录定值

定值名称	定值符号	定值		单位
		CPUO	CPUE	
整定系数	K_1			*
整定系数	K_2			*
整定系数	K_3			*

注　正常情况下，双 CPU 的 K_1、K_2 和 K_3 应该大致相等；如果采用绝对值比较原理，只需整定 K_3。

五、动作时间定值测试

在发电机机端 TV 开口三角电压侧突加 1.5 倍三次谐波定值电压，记录动作时间见表 2-50。

表 2-50 动 作 时 间 s

保护整定值	0.5			0.8		
动作时间 t						

六、断线闭锁逻辑测试

在发电机机端 TV 开口三角电压端子侧加入三次谐波电压，并超过整定值，定子接地 3ω 信号灯（一般只发信不跳闸）；在发电机机端 TV 加三相不平衡电压，使发 TV 断线信号，定子接地 3ω 信号可复归，TV 断线信号灯亮。

七、现场保护整定步骤

发电机三次谐波电势、中性点及机端三次谐波电压的大小和相位关系，与发电机类型、结构、运行方式均有关，因此，应在发电机运行工况下（最好在空载额定电压下或小负荷时）对 3ω 定子接地保护进行调整及整定。

以带负荷整定为例，保护采用矢量比较式原理，保护监视界面如图 2-41 所示。

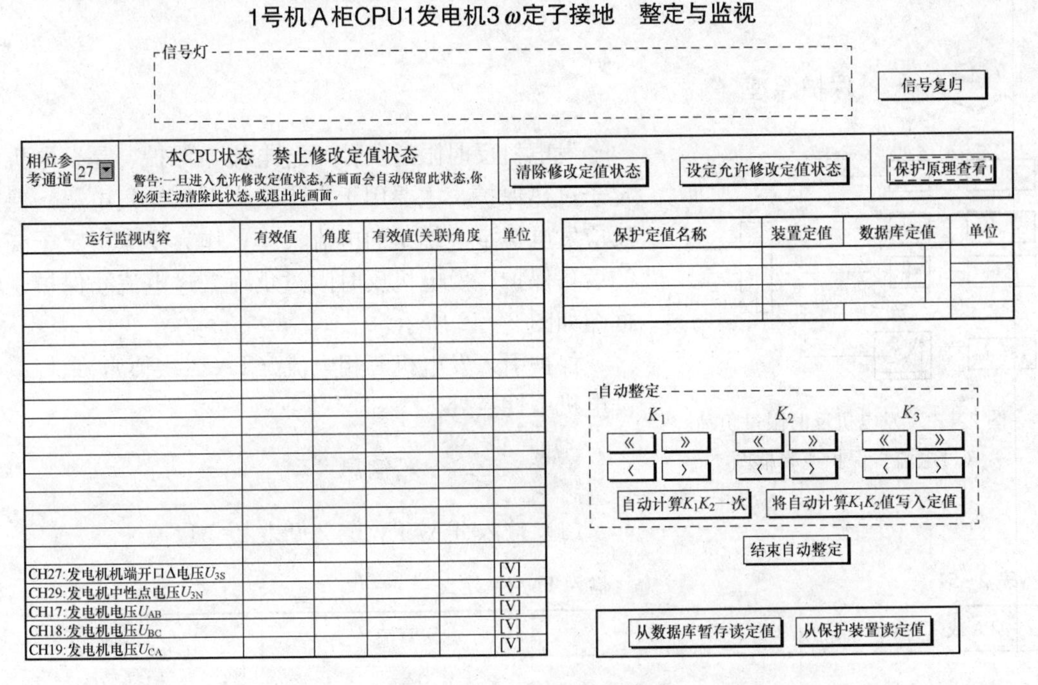

图 2-41 保护监视界面

（1）待发电机并网后，最好带 20%～30%的负荷，拔掉 3ω 保护的投退连接片。

（2）中性点先不挂电阻，带 20%～30%的负荷，单击"自动计算 K_1/K_2 一次"按钮，此时待整定三次谐波动作量接近于 0，点击"设定允许修改定值状态"按钮，改变"禁止修改定值状态"为"允许"，单击"将自动计算 K_1K_2 值写入保护装置"按钮，将 K_1、K_2 定值写入保护装置。

（3）带 20%～30%的负荷时，在中性点挂上电阻（建议：水电机组 1～3k，火电机组 3～5k），单击 K_3 调整按钮（K_3 下方的 4 个按钮分别表示增大、减小、粗调、细调），将"待整定三次谐波动作量"调整略大于"待整定三次谐波制动量"，单击"将自动计算 K_1K_2 值写入保护装置"按钮，将 K_3 定值写入保护装置。

（4）注意：此时千万不要按"自动计算 K_1/K_2 一次"按钮及调整 K_1，K_2 的值。

（5）撤除电阻，调试完毕。

注：1）现场整定 K_1 和 K_2，亦可在空载额定电压下整定（北重 100MW 汽轮发电机除外，因为它在空载额定电压时，其三次谐波电动势接近于零），具体整定方法类似于步骤（1）和（2）。

2）现场整定 K_3，亦可参考经验值。对于汽轮发电机，K_3 一般在 0.6～0.8；而对于水轮发电机，K_3 一般在 0.2 左右。在正常运行工况下，整定 K_3 采用经验值，此时待整定制动量大概为待定动作量的 8～10 倍。

3）采用经验值整定，以上参考值与机端和中性点 TV 的变比是密切相关的，只适用于机端 TV：$\frac{U_N}{\sqrt{3}}$：$\frac{0.1}{\sqrt{3}}$：$\frac{0.1}{3}$，中性点 TV：$\frac{U_N}{\sqrt{3}}$：0.1。

实验七　发电机反时限过负荷（过电流）保护

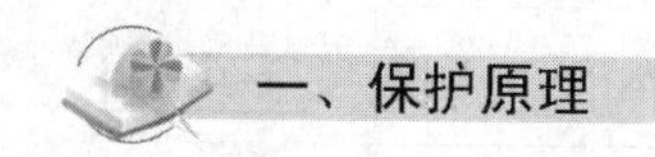

一、保护原理

发电机反时限过负荷（过电流）保护，是发电机的定子过热保护，主要用于内冷式大型汽轮发电机。保护反应发电机定子绕组的电流大小，作为发电机定子绕组的后备保护。发电机反时限过负荷（过电流）保护逻辑框图如图 2-42 所示。

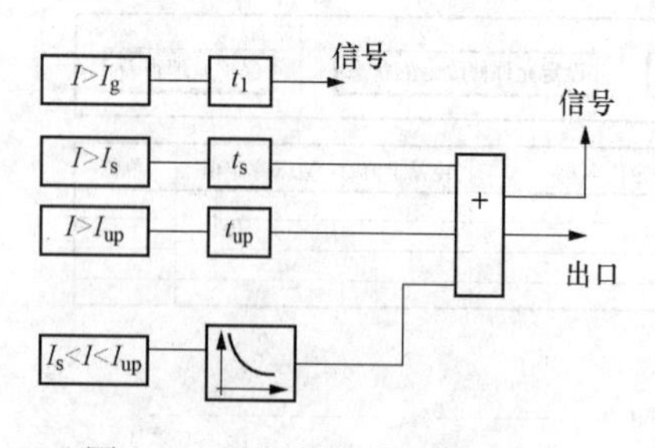

图 2-42　发电机反时限过负荷（过电流）保护逻辑框图

保护引入发电机三相电流（TA 二次值），最好取自发电机中性点处。

二、一般信息

（1）输入 TA/TV 定义见表 2-51。

表 2-51　输入 TA/TV 定义

TA 或 TV 位置	名称	首端	末端
发电机定子电流	I_a	1X：4	1X：10
	I_b	1X：5	1X：11
	I_c	1X：6	1X：12

（2）保护出口连接片定义见表 2-52。

表 2-52　保护出口连接片定义

发电机定时限过流	—
发电机反时限过流	XP14

注　对应的保护连接片插入，保护动作时发信并出口跳闸，对应的保护连接片拔掉，保护动作时只发信，不出口跳闸。

（3）定值整定见表 2-53。

表 2-53　定　值　整　定

定值名称	定值符号	定值
定时限过负荷电流定值（A）	I_{g1}	5.5
定时限过负荷动作时间（s）	T_{11}	1
反时限过电流启动定值（A）	I_s	6
反时限过流速断定值（A）	I_{up}	30
热值系数	K_1	40
散热系数	K_2	1
长延时动作时间（s）	t_s	30
速断动作时间（s）	t_{up}	0.5
额定电流（A）	I_N	5

（4）投入保护。开启液晶屏的保护电源，在人机界面的主画面中观察此保护是否已投入（该保护投入时其运行指示灯是亮的）。如果该保护的运行指示灯是暗的，在“投退保护”的子画面点击投入该保护。

（5）参数监视。点击进入发电机反时限过流监视界面，可监视界面保护的整定值，电流计算值等参数。

三、保护动作整定值测试

1. 定时限过负荷定值测试

分别输入三相电流，并缓慢升高，直到定时限出口动作，并记录数据填入表 2-54。

表 2-54　记　录　数　据　A

保护整定值	5.5			8		
A 相动作值						
B 相动作值						
C 相动作值						

2. 定时限动作时间定值测试

突然外加 1.5 倍 I_s 定值电流，记录保护动作时间见表 2-55。

表 2-55　　保护动作时间　　s

保护整定值	0.5			0.8		
动作时间						

3. 反时限曲线测试

突然外加电流达反时限出口，记录动作时间见表 2-56：测试反时限特性时，注意电流的热积累效应。请拉合保护 CPUA 和 CPUB 电源的空气开关或在插件面板处按一下保护 CPUA 和 CPUB 的复位按钮，清除热积累效应，避免它对特性测试的影响。

表 2-56　　记录动作时间

动作方程	$t=\dfrac{K_1}{(I/I_N)-K_2}$					
整定值	$K_1=40$　$K=1$　$I_N=5A$					
A 相电流（A）	8	10	12	16	20	24
动作时间（s）						
B 相电流（A）	8	10	12	16	20	24
动作时间（s）						
C 相电流（A）	8	10	12	16	20	24
动作时间（s）						

实验八　发电机反时限负序过流保护

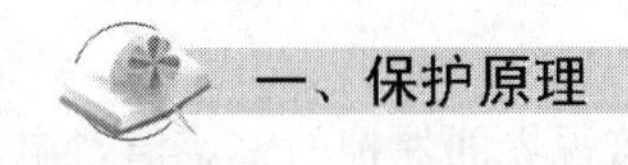

一、保护原理

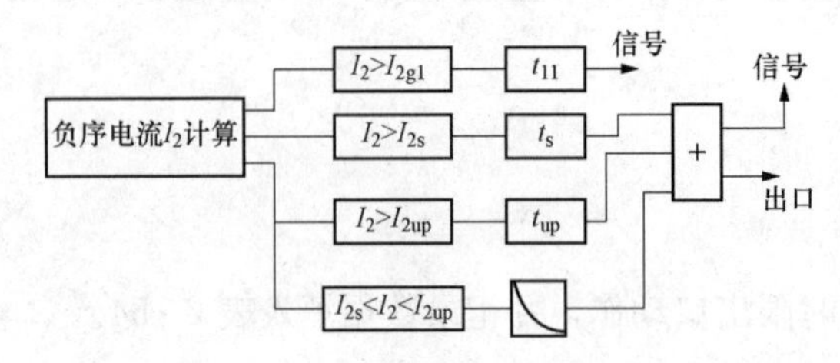

图 2-43　发电机反时限负序过流保护逻辑框图

保护反应发电机定子的负序电流大小，是发电机的转子过热保护，也叫转子表层过热保护。保护最好取自发电机中性点侧。

发电机反时限负序过流保护逻辑框图如图 2-43 所示。

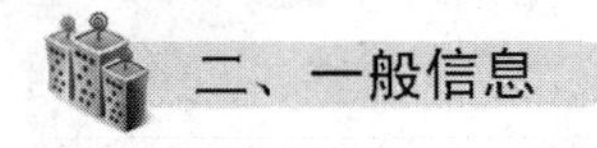

二、一般信息

（1）输入 TA/TV 定义见表 2-57。

表 2-57　　输入 TA/TV 定义

TA 或 TV 位置	名称	首端	末端
发电机定子电流	I_a	1X：4	1X：10
	I_b	1X：5	1X：11
	I_c	1X：6	1X：12

（2）保护出口连接片定义见表 2 - 58。

表 2 - 58　　保护出口连接片定义

发电机负序过流（定时限）	—
发电机负序过流（反时限）	XP15

注　对应的保护连接片插入，保护动作时发信并出口跳闸；对应的保护连接片拔掉，保护动作时只发信，出口不跳闸。

（3）定值整定见表 2 - 59。

表 2 - 59　　定 值 整 定

定值名称	定制符号	定值
定时限过负荷电流定值（A）	I_{2g}	0.5
定时限过负荷动作时间（s）	t_{11}	1
反时限过电流启动定值（A）	I_{2s}	1
反时限过流速断定值（A）	I_{2up}	10
散热系数	K_2	0.1
热值系数	K_1	10
长延时动作时间（s）	t_s	30
速断动作时间（s）	t_{up}	0.5
额定电流（A）	I_N	5

（4）投入保护。开启液晶屏的背光电源，在人机界面的主画面中观察此时保护是否已投入（该保护投入时其运行指示灯是亮的）。如果该保护的运行指示灯是暗的，在“投退保护”的子画面点击投入该保护。

（5）参数监视。点击进入发电机反时限负序过负荷（过电流）监视界面，可监视保护的整定值，负序电流计算值等信息。

 三、保护动作整定值测试

1. 定实现负序过负荷定值测试

输入负序电流量，缓慢增加，直到定时限出口动作，记录数据见表 2 - 60。

表 2 - 60　　记 录 数 据　　s

保护整定值	0.5			0.8		
保护动作值						

2. 定时限动作时间定值测试

突然外加 1.5 倍定值电流，记录保护动作时间见表 2 - 61。

表 2 - 61　　记 录 保 护 动 作 时 间　　s

保护整定值	0.5			0.8		
动作时间 t_s						

3. 反时限曲线测试

突然外加负序电流达反时限出口，记录动作时间，测试反时限特性时，注意电流的热积累效应。请拉合保护 CPUA 和 CPUB 电源的空气开关或在插件面板处按一下保护 CPUA 和 CPUB 的复位按钮，清除热积累效应，避免它对特性测试的影响。测试数据见表 2-62。

表 2-62　　测试数据

动作方程	$t=\frac{K_1}{(I_2/I_N)^2-K_2}$					
整定值	$K_{1=10}$　$K_2=0.1$　$I_N=5$					
电流 I_2（A）	2.5	5	6	7	8	10
动作时间 t（s）						

实验九　发电机高频保护

一、保护原理

汽轮机叶片有自己的自振频率。并网运行的发电机，当系统频率异常时，汽轮机叶片可能产生共振，从而使叶片发生疲劳，长久下去可能损坏汽轮机的叶片。发电机频率异常保护，是保护汽轮机安全的。

发电机高频保护逻辑框图如图 2-44 所示。

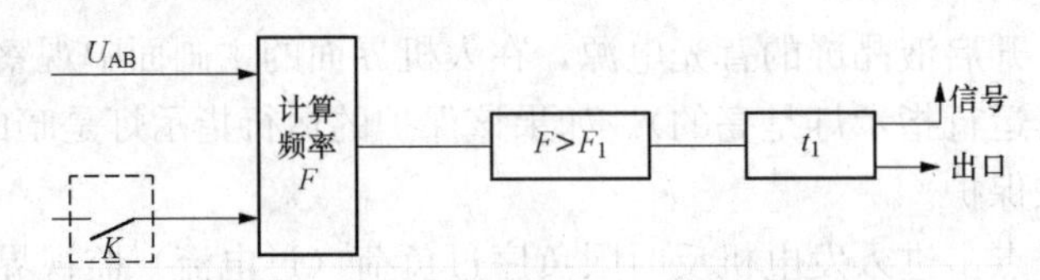

图 2-44　发电机高频保护逻辑框图

注：断路器接点为动断触点，逻辑图相应修改。

二、一般信息

（1）输入 TA/TV 定义见表 2-63。

表 2-63　　输入 TA/TV 定义

TA 或 TV 位置	名称	首端	末端
发电机机端电压	U_{ab}	2X：1	2X：3

（2）定值整定见表 2-64。

表 2-64　　定值整定

定值名称	定值符号	定值
Ⅰ段频率定值（Hz）	F_1	51
Ⅰ段延时（s）	T_1	0.8

(3) 投入保护。开启液晶的背光电源，在人机界面的主画面中观察此保护是否已投入(该保护投入时其运行指示灯是亮的)。如果该保护的运行指示灯是暗的，在“投退保护”的子画面点击投入保护。

(4) 参数监视。点击进入发电机高频保护监视界面，可监视保护的整定值，以及频率计算值等信息。

三、保护动作整定值测试

1. 频率定值测试

闭合断路器辅助触点，逐步改变发电机机端 的频率，直至保护出口，记录数据见表 2-65。

表 2-65 记 录 数 据 Hz

Ⅰ段频率定值	51			52		
动作值						

2. 动作时间定值测试

闭合断路器辅助触点，突加发电机机端，其频率落于定值范围，保护出口，记录动作时间见表 2-66。

表 2-66 记 录 动 作 时 间 s

整定值	0.5			0.8		
T_1						

实验十 发电机过电压保护

一、保护原理

保护反映发电机定子电压。其输入电压为机端 TV 二次相间电压（如U_{ca}），动作后经延时切除发电机。发电机过电压保护逻辑框图如图 2-45 所示。

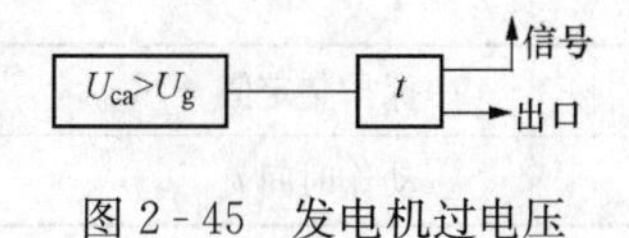

图 2-45 发电机过电压保护逻辑框图

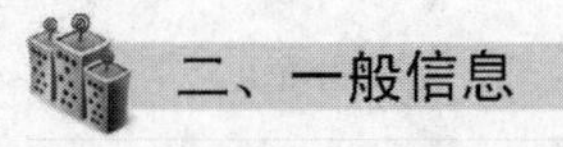

二、一般信息

(1) 输入 TA/TV 定义见表 2-67。

表 2-67 **输入 TA/TV 定义**

TA 或 TV 位置	名称	首端	末端
发电机机端电压	U_{ca}	2X：5	2X：21

(2) 保护出口连接片定义见表 2-68。

表 2-68 保护出口连接片定义

发电机过电压	XP04

注 对应的保护连接片插入，保护动作时发信并出口跳闸；对应的保护连接片拔掉，保护动作时只发信，不出口跳闸。

(3) 定值整定见表 2-69。

表 2-69 定 值 整 定

定值名称	定值符号	定值
动作电压（V）	U_g	130
延时（s）	t_{11}	0.5

(4) 投入保护。开启液晶屏的背光电源，在人机界面的主画面中观察此保护是否已投入(该保护投入时其运行指示灯是亮的)。如果该保护的运行指示灯是暗的，在“投退保护”的子画面点击投入该保护。

(5) 参数监视。点击进入发电机过电压保护监视界面，可监视保护的整定值，电压计算值等有关信息。

三、保护动作整定值测试

1. 保护定值测试

输入电压量，缓慢增加电压幅值，知道过电压出口动作，记录数据填入表 2-70。

表 2-70 记 录 数 据 V

过电压整定值	130			120		
保护动作值 U_{ca}						

2. 动作时间定值测试

突然加 1.5 倍定值电压，记录动作时间见表 2-71。

表 2-71 记 录 动 作 时 间 s

保护整定值	0.5			0.8		
动作时间 t_1						

实验十一 发电机反时限过励磁保护

一、保护原理

过励磁保护反映的是过励磁倍数，而过励磁倍数等于电压与频率之比。发电机或变压器的电压升高或频率降低，可能产生过励磁。即

$$U_f = U/f = \frac{B}{B_e} = \frac{U_*}{f_*}$$

式中　　U_f——过激磁倍数；

B、B_e——分别为铁芯工作磁密及额定磁密；

U、f、U_*、f_*——电压、频率及其以额定电压及额定频率为基准的标幺值。

发电机的过励磁能力比变压器的能力要低一些，因此发电机变压器组保护的过励磁特性一般按照发电机的特性整定。发电机反时限过励磁保护逻辑框图如图 2-46 所示。

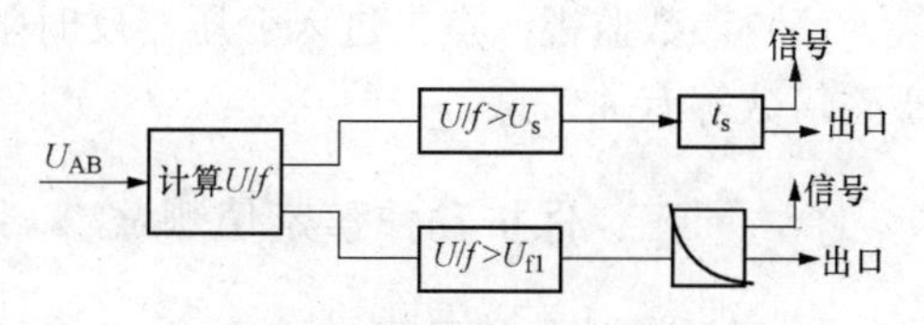

图 2-46　发电机反时限过励磁保护逻辑框图

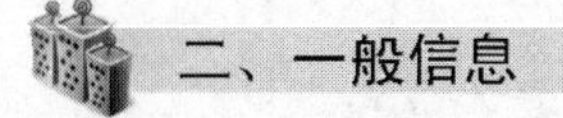

二、一般信息

(1) 输入 TA/TV 定义见表 2-72。

表 2-72　**输入 TA/TV 定义**

TA 或 TV 位置	相别	首端	末端
发电机机端 TV	U_{ab}	2X：1	2X：3

(2) 保护出口连接片定义见表 2-73。

表 2-73　**保护出口连接片定义**

发电机过励磁（定时限）	XP10
发电机过励磁（反时限）	XP11

注　对应的保护连接片插入，保护动作时发信并出口跳闸；对应的保护连接片拔掉，保护动作时只发信，不出口跳闸。

(3) 定值整定见表 2-74。

表 2-74　**定　值　整　定**

定值名称	定值符号	定值
定时限过励磁倍数	U_s	1.1
延时（s）	t_s	5
反时限过励磁倍数	U_{f_1}	1.1
延时（s）	t_{f_1}	1.80
反时限过励磁倍数	U_{f_2}	1.15
延时（s）	t_{f_2}	60
反时限过励磁倍数	U_{f3}	1.12
延时（s）	$t_{f_{13}}$	20
…	…	…
反时限过励磁倍数	$U_{f_{10}}$	16
延时（s）	$t_{f_{10}}$	0

注　反时限过激磁曲线最后一段时间定值必须整定为 0s。

(4) 投入保护。开启液晶屏的背光电源，在人机界面的主画面中观察此保护是否已投入(该保护投入时其运行指示灯是亮的)。如果该保护的运行指示灯是暗的，在“投退保护”的子画面点击投入该保护。

(5) 参数监视。点击进入变压器反时限过激磁保护监视界面，可监视保护的整定值，过激磁倍数等有关信息。

三、保护动作整定值测试

1. 定时限过激磁定值测试

外加电压或改变频率达到定值，保护出口发信，记录数据见表 2-75。

表 2-75　　记 录 数 据

整定值（倍）	1.1			1.2		
测量值 U/f（倍）						

2. 定时限动作时间定值测试

突然外加电压，满足过激磁倍数，保护出口，记录动作时间见表 2-76。

表 2-76　　记 录 动 作 时 间

整定值	5			3		
测量值 t_s						

3. 反时限定值测试

突然外加电压，满足反时限过激磁倍数，保护出口，记录动作时间见表 2-77。

表 2-77　　动 作 时 间

反时限过激磁倍数定值 U/f	1.1	1.15	1.2	1.3
反时限过激磁时间定值 t	30	20	10	8
过激磁倍数 U/f（倍）	1.101	1.152	1.202	1.301
动作 t（s）				

实验十二　发电机阻抗原理失磁保护

一、保护原理

正常运行时，若用阻抗复平面表示机端测量阻抗，则阻抗的轨迹在第一象限（滞相运行）或第四象限（进相运行）内，发电机失磁后，机端测量阻抗的轨迹将沿着等有功阻抗圆进入异步边界圆内。失磁还可能进一步导致机端电压下降或系统电压下降。

阻抗型失磁保护，通常由阻抗判据（$Z_g<$）、机端低电压（$U_g<$）、系统低电压判据（$U_n<$）构成。

保护输入量有机端三相电压、发电机三相电流、主变压器高压侧三相电压（某一相间电压）。

发电机失磁保护阻抗圆原理逻辑框图如图 2-47 所示。

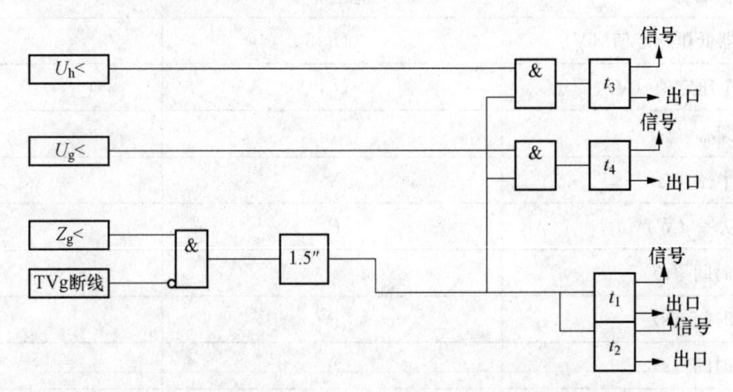

图 2-47　发电机失磁保护阻抗圆原理逻辑框图

二、一般信息

（1）输入 TA/TV 定义见表 2-78。

表 2-78　　输入 TA/TV 定义

TA/TV 位置	名称	首端	末端
发电机机端电压	U_{ab}	2X：1	2X：3
	U_{bc}	2X：3	2X：5
	U_{ca}	2X：5	2X：1
主变压器高压侧电压	U_{abc}	2X：47	2X：49
发电机中性点（或机端）电流	I_a	1X：1	1X：7
	I_b	1X：2	1X：8
	I_c	1X：3	1X：9

（2）保护出口连接片定义见表 2-79。

表 2-79　　保护出口连接片定义

发电机失磁 t_1	XP07
发电机失磁 t_2	XP08
发电机失磁 t_3	XP19
发电机失磁 t_4	XP20

注　对应的保护连接片插入，保护动作时发信并出口跳闸；对应的保护连接片拔掉，保护动作时只发信，不出口跳闸。

（3）定值整定见表 2-80。

表 2-80 定 值 整 定

定值名称	整定符号	定值
高压厂用变压器低压侧定值（V）	U_{h1}	80
机端侧低电压定值（V）	U_{g1}	70
阻抗圆心（Ω）	X_C	−5
阻抗半径（Ω）	X_r	8
反应功率（W）	P_t	0
动作时间（s）	t_1	0.5
动作时间（s）	t_2	0.5
动作时间（s）	t_3	0.5
动作时间（s）	t_4	0.5

（4）投入保护。开启液晶屏的背光电源，在人机界面的主画面中观察此保护是否已投入（该保护投入时其运行指示灯是亮的）。如果该保护的运行指示灯是暗的，在“投退保护”的子画面点击投入该保护。

（5）参数监视。点击进入发电机阻抗原理式失磁监视界面，可监视保护定值，发电机计算阻抗值、有功功率、无功功率、发电机机端电压、系统低电压等有关信息。

三、保护动作整定值测试

1. 阻抗边界定值测试

阻抗边界定值测试见表 2-81。同时输入三相对称电流和三相对称电压，保持电流（电压）幅值不变，两者之间的相位角不变，改变电压（电流）幅值，使 t_1 出口灯亮。（注：ϕ 为 U_a、I_a 夹角）

表 2-81 阻抗边界定值测试

整定	圆心 $X_c=-5\Omega$ 半径 $X_r=8\Omega$					
ϕ 阻抗角度	0°	30°	60°	90°	120°	150°
U_a/I_a	/6	/6	/6	/6	/6	/6
$R+jX$						
ϕ 阻抗角度	180°	210°	240°	270°	300°	330°
U_a/I_a	/6	/6	/6	/6	/6	/6
$R+jX$						

注 失磁保护中，其计算阻抗为三相综合阻抗。

2. 高压侧低电压定值测试

在满足阻抗条件的同时，在高压侧电压输入端子 CA 相加电压，改变电压幅值，使 t_3 出口灯亮。记录数据见表 2-82。

表 2-82 记 录 数 据 V

保护整定值	80			60		
保护动作值 U_{ca}						

3. 机端低电压定值测试

在满足阻抗条件的同时，改变机端三相电压幅值，式 t_4 出口灯亮。记录数据见表 2-83。

表 2-83 记 录 数 据 V

保护整定值	60			50		
保护动作值						

4. TA 断线逻辑测试

失磁保护 TV 断线闭锁判据逻辑框图如图 2-48 所示。利用负序电压判据和低电压判据判三相电压不正常，利用负序电流判据和相电流判据判三相电流正常。如果电压不正常而电流正常，判为 TV 断线，瞬时闭锁保护，并经内部 t_1（9s）延时发信告警：为了防止 TV 回路异常引起的电压波动。TV 断线经内部 t_{FH}（4s）延时解除闭锁。如果电压不正常且电流不正常，判为系统故障或异常运行状态。

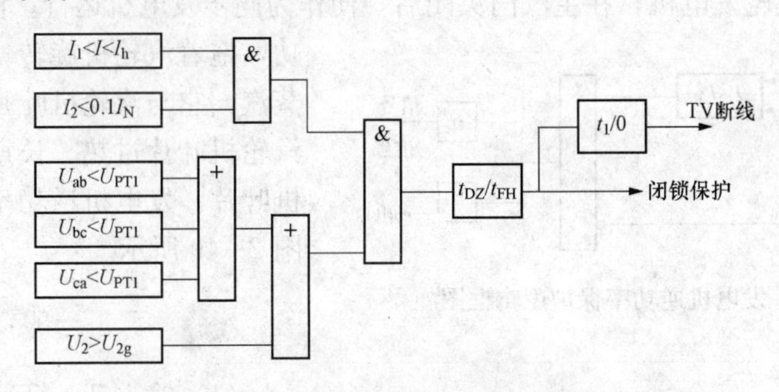

图 2-48 失磁保护 TV 断线闭锁判据逻辑框图

（1）保护运行在正常态，阻抗在阻抗圆外，突然拔去一相输入，失磁保护不动作，TV 断线信号灯亮。

（2）保护运行在正常态，阻抗在阻抗圆外，突然同时拔去两相输入，失磁保护不动作，TV 断线信号灯亮。

（3）保护运行在正常态，阻抗在阻抗圆外，突然同时拔去三相输入，失磁保护不动作，TV 断线信号灯亮。

5. 动作时间测试

记录数据见表 2-84。

（1）突然满足阻抗圆测延时 t_1，记录数据。

（2）突然满足阻抗圆测延时 t_2，记录数据。

（3）突然满足阻抗圆及系统低电压测延时 t_3，记录数据。

（4）突然满足阻抗圆及系统低电压测延时 t_4，记录数据。

表 2-84 **记录数据**

t_1 整定值	0.5			1.0		
t_1（s）						
t_2 整定值	0.5			1.0		
t_2（s）						
t_3 整定值	0.5			1.0		
t_3（s）						
t_4 整定值	0.5			1.0		
t_4（s）						

实验十三 发电机逆功率保护

一、保护原理

并网运行的汽轮发电机，在主汽门关闭后，便作为同步发电机运行。但从电网中吸收有功，拖着汽轮机旋转。由于汽缸中充满蒸汽，它与汽轮机叶片摩擦产生热，使汽轮机叶片过热。长期运行，损坏汽轮机叶片。发电机逆功率保护逻辑框图如图 2-49 所示。

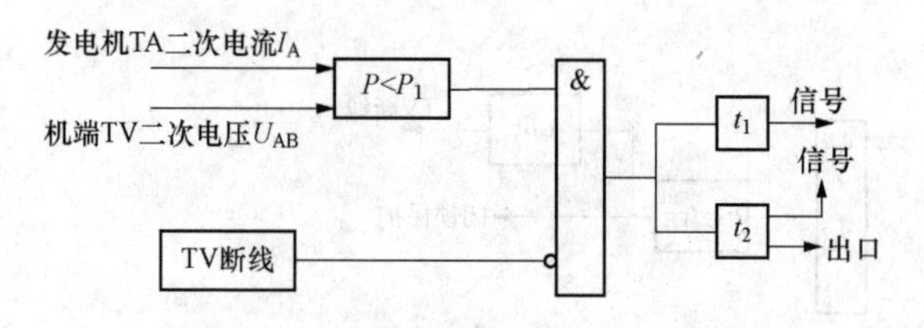

图 2-49 发电机逆功率保护逻辑框图

二、一般信息

(1) 输入 TA/TV 定义见表 2-85。

表 2-85 **输入 TA/TV 定义**

TV 位置	名称	首端	末端
发电机电流（I_a 采用逆功率专用通道）	I_a	1X：1	1X：7
	I_b	1X：2	1X：8
	I_c	1X：3	1X：9
发电机机端电压	U_{ab}	2X：1	2X：3
	U_{bc}	2X：3	2X：5
	U_{ca}	2X：5	2X：1

(2) 保护出口连接片定义见表 2-86。

表 2-86 保护出口连接片定义

发电机逆功率 t_1	XP06
发电机逆功率 t_2	XP06

注 对应的保护连接片插入，保护动作时发信并出口跳闸；对应的保护连接片拔掉，保护动作时只发信，不出口跳闸。

（3）定值整定见表 2-87。

表 2-87 定 值 整 定

定值名称	定值符号	定值
功率元件定值（W）	$-P_1$	−5
延时 t_1（s）	t_{11}	0.5
延时 t_2（s）	t_{12}	1

（4）投入保护。开启液晶屏的背光电源，在人机界面的主画面中观察此保护是否已投入（该保护投入时其运行指示灯是亮的）。如果该保护的运行指示灯是暗的，在“投退保护”的子画面点击投入该保护。

（5）参数监视。点击进入发电机逆功率保护监视界面，可监视逆功率保护的整定值，功率计算值等信息。

三、保护动作整定值测试

1. 逆功率定值测试

外加三相对称电压和三相对称电流，缓慢改变三电压的相位直至发电机逆功率出口动作，记录数据如表 2-88。

表 2-88 记 录 数 据

计算功率	$P=\sqrt{3}U_{ab}\cdot I_a\cos\phi$					
整定值（W）	−10			−5		
电压测量值（V）	100	100	100	100	100	100
电流测量值（A）	0.2	0.2	0.2	0.2	0.2	0.2
功角 Φ（°）						
有功计算值（W）						

注 ϕ 为相电压和相电流之间的夹角，而 U_{ab} 与 I_a 之间有 30°关系。

如果机端二次 TA 额定电流为 5A，测试电流应设置为 0.2A；如果机端二次 TA 额定电流为 1A，考虑到测试仪的性能，测试电流设置为 0.1A。

2. 动作时间定值测试

突然外加电流电压，满足定值，保护动作出口，记录动作时间见表 2-89。

表 2-89 记录动作时间

整定值	0.5			0.8		
t_{11}（s）						
t_{12}（s）						

实验十四 发电机频率积累保护

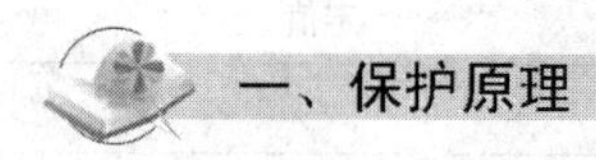

一、保护原理

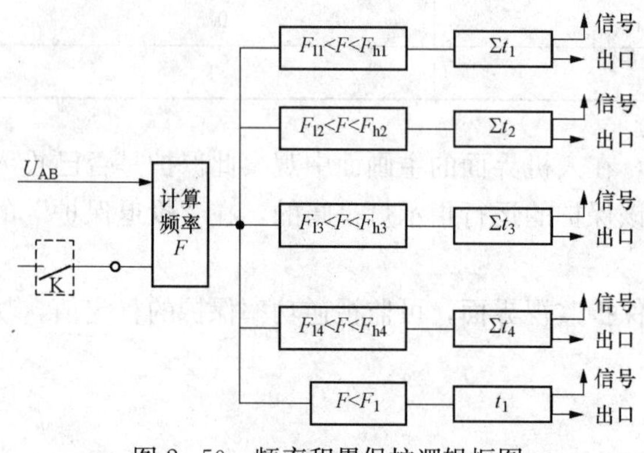

图 2-50 频率积累保护逻辑框图

汽轮机叶片有自己的自振频率。并网运行的发电机，当系统频率异常时，汽轮机叶片可能产生共振，从而使叶片发生疲劳，长久下去可能是能损坏汽轮机的叶片。发电机频率异常保护，是保护汽轮机安全的。

频率积累保护，反映汽轮机叶片疲劳的累积效应，可作为低频累积保护，或高频累积保护。频率积累保护逻辑框图如图 2-50 所示。

二、一般信息

（1）输入 TA/TV 定义见表 2-90。

表 2-90 输入 TA/TV 定义

TA 或 TV 位置	名称	首端	末端
发电机机端电压	U_{ab}	2X：2	2X：4

（2）保护出口连接片定义见表 2-91。

表 2-91 保护出口连接片定义

频率累积 t_1	—
频率累积 t_2	—
频率累积 t_3	—
频率累积 t_4	—
低频 t	XP24

注 对应的保护连接片插入，保护动作时发信并出口跳闸；对应的保护连接片拔掉，保护动作时只发信，不出口跳闸。

（3）定值整定见表 2-92。

表 2-92　　**定　值　整　定**

定值名称	定值符号	定值
低频（Hz）	F_1	45
延时（s）	t_{11}	1
Ⅰ段频率累积上限定值（Hz）	F_{h1}	48.5
Ⅰ段频率累积下限定值（Hz）	F_{l1}	47
Ⅰ段累计时间（s）	$\sum t_1$	100
Ⅱ段频率累积上限定值（Hz）	F_{h2}	—
Ⅱ段频率累积下限定值（Hz）	F_{l2}	—
Ⅱ段累计时间	$\sum t_2$	—
Ⅲ段频率累积上限定值	F_{h3}	—
Ⅲ段频率累积下限定值	F_{l3}	—
Ⅲ段累计时间	$\sum t_3$	—
Ⅳ段频率累积上限定值	F_{h4}	—
Ⅳ段频率累积下限定值	F_{l4}	—
Ⅳ段累计时间	$\sum t_4$	—

（4）投入保护。开启液晶屏的背光电源，在人机界面的主画面中观察此保护是否已投入（注：该保护投入时其运行指示灯是亮的）。如果该保护的运行指示灯是暗的，在“投退保护”的子画面点击投入该保护。

（5）参数监视。点击进入发电机频率累积保护监视界面，可监视保护的整定值、以及频率累积各段的剩余时间等有关信息。

三、保护动作测试

1. 频率定值测试

闭合断路器辅助触点，逐步改变发电机机端 U_{ab} 的频率，直至保护出口，记录数据见表 2-93。

表 2-93　　**记　录　数　据**　　Hz

Ⅰ段频率累积上限定值	48.5			49		
动作值						
Ⅰ段频率累积下限定值	47			48.5		
动作值						
Ⅱ段频率累积下限定值	—			—		
动作值	—	—	—	—	—	—
Ⅲ段频率累积下限定值	—			—		
动作值	—	—	—	—	—	—

续表

Ⅳ段频率累积下限定值	—			—		
动作值	—	—	—	—	—	—

注 考虑到各段定值是连续的，一般只测试Ⅰ段频率累积的上限定值，因为Ⅱ段频率累积的上限定值与Ⅰ段频率累积的下限定值相同，依次类推。

2. 低频段定值测试

闭合断路器辅助触点，逐步改变发电机机端 U_{ab} 的频率，直至保护出口，记录数据见表 2-94。

表 2-94 **记 录 数 据** Hz

低频段定值	45			46		
动作值						

3. 动作时间测试

动作时间见表 2-95。

表 2-95 **动 作 时 间** s

Ⅰ段频率累积时间定值	100			30		
t_1 动作值						
Ⅱ段频率累积时间定值	—			—		
t_2 动作值	—	—	—	—	—	—
Ⅲ段频率累积时间定值	—			—		
t_3 动作值	—	—	—	—	—	—
Ⅳ段频率累积时间定值	—			—		
t_4 动作值	—	—	—	—	—	—
低频段时间定值	0.5			0.8		
t_{11} 动作值						

实验十五 启停机保护

一、保护原理

保护由零序电压与开关辅助接点与门构成，具有发电机无励磁状态下检测定子绝缘降低功能，测量原理与频率无关。发电机启停机保护逻辑框图如图 2-51 所示。

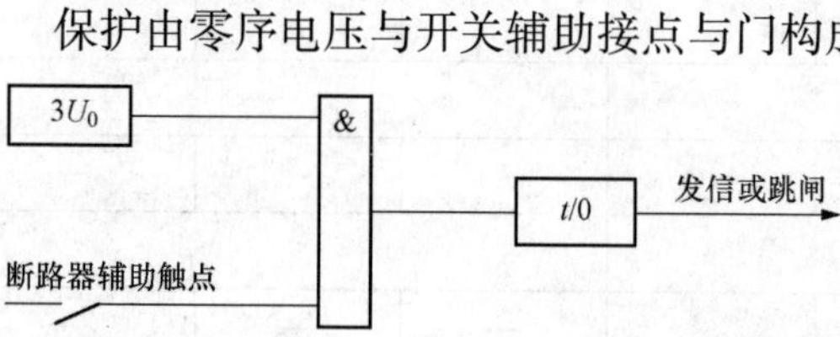

图 2-51 发电机启停机保护逻辑框图

二、一般信息

(1) 输入 TA/TV 定义见表 2-96。

表 2-96　**输入 TA/TV 定义**

TA 或 TV 位置	名称	首端	末端
中性点开口电压	$3U_0$	2X：12	2X：14

（2）保护出口连接片定义见表 2-97。

表 2-97　**保护出口连接片定义出口**

启停机	XP16

注　对应的保护连接片插入，保护动作时发信并出口跳闸；对应的保护连接片拔掉，保护动作时只发信，不出口跳闸。

（3）定值整定见表 2-98。

表 2-98　**定　值　整　定**

定值名称	定值符号	定值
零序电压（V）	$3U_{0g1}$	5
延时 t（s）	t_{11}	0.5

（4）投入保护。开启液晶屏的背光电源，在人机界面的主画面中观察此保护是否已投入（注：该保护投入时其运行指示灯是亮的）。如果该保护的运行指示灯是暗的，在“投退保护”的子画面点击投入该保护。

（5）参数监视。点击进入发电机启停机保护监视界面，可监视启停机保护的整定值和开口电压的计算值等信息。

三、保护动作整定值测试

1. 零序电压定值测试

打开断路器辅助触点，输入开口电压，缓慢增加电压幅值，直到保护出口动作，记录数据填入表 2-99。

表 2-99　**记　录　数　据**　V

保护整定值	5			8		
$3U_{0g1}$						

注　可在 10Hz 和 50Hz 频率范围内分别测试。

2. 动作时间定值测试

打开断路器辅助触点，突然加电压 1.5 倍定值，保护出口，记录动作时间见表 2-100。

表 2-100　**记　录　动　作　时　间**　s

保护整定值	0.5			0.8		
动作时间						

实验十六　发电机失步保护

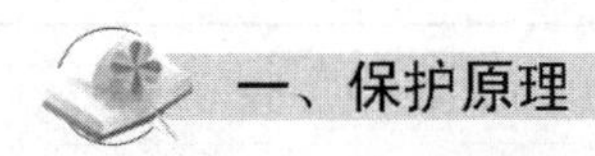

一、保护原理

失步保护反映发电机机端测量阻抗的变化轨迹，动作特性为双遮挡器。失步保护能可靠躲过系统短路和稳定振荡，并能在失步开始的摇摆过程中区分加速失步和减速失步。发电机失步保护动作特性及过程图如图 2-52 所示，发电机失步保护逻辑框图如图 2-53 所示。

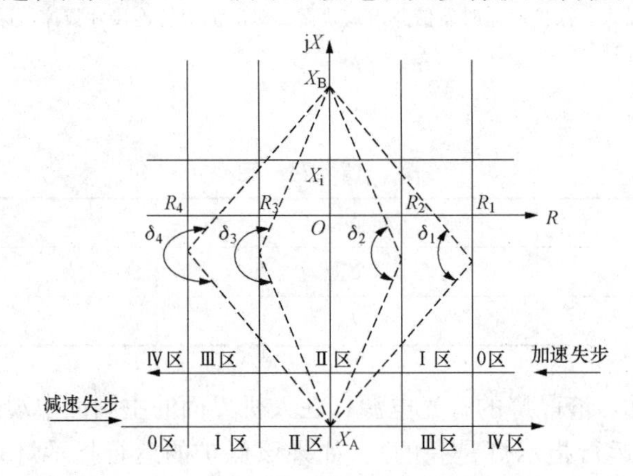

图 2-52　发电机失步保护动作特性及过程图

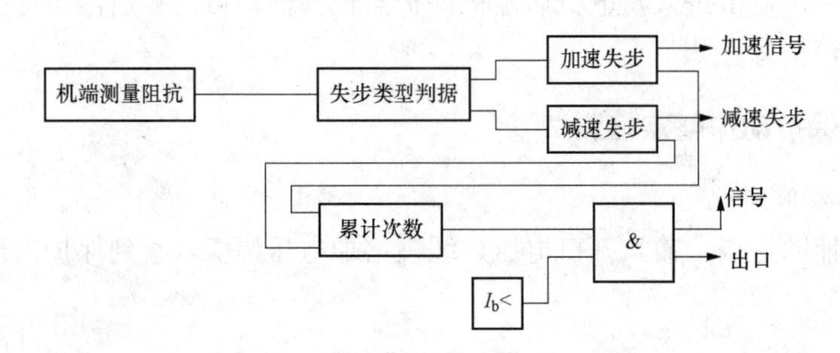

图 2-53　发电机失步保护逻辑框图

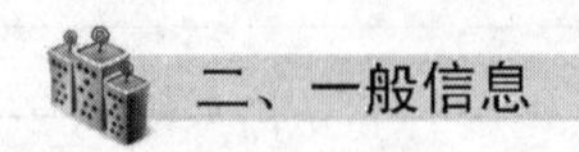

二、一般信息

(1) 输入 TA/TV 定义见表 2-101。

表 2-101　　**输入 TA/TV 定义**

TA 或 TV 位置	名称	首端	末端
发电机机端 TV	U_{ab}	2X：1	2X：3
	U_{bc}	2X：3	2X：5
	U_{ca}	2X：5	2X：1

续表

TA或TV位置	名称	首端	末端
发电机TA	I_a	1X：1	1X：7
	I_b	1X：2	1X：8
	I_c	1X：3	1X：9

(2) 保护出口连接片定义见表2-102。

表1-102 保护出口连接片定义

发电机失步跳闸	XP02

注 对应的保护连接片插入，保护动作时发信并出口跳闸；对应的保护连接片拔掉，保护动作时只发信，不出口跳闸。

(3) 定值整定见表2-103。

表2-103 定 值 整 定

定值名称	定值符号	定值
电抗定值（Ω）	X_t	2
阻抗区边界（Ω）	R_1	4
阻抗区边界（Ω）	R_2	2
阻抗区边界（Ω）	R_3	−2
阻抗区边界（Ω）	R_4	−4
1区停留时间（s）	T_1	0.1
2区停留时间（s）	T_2	0.2
3区停留时间（s）	T_3	0.1
4区停留时间（s）	T_4	0.2
滑极次数	N	2

(4) 投入保护。开启液晶屏的背光电源，在人机界面的主画面中观察此保护是否已投入(注：该保护投入时其运行指示灯是亮的)。如果该保护的运行指示灯是暗的，在“投退保护”的子画面点击投入该保护。

(5) 参数监视。点击进入发电机阻抗原理式失步保护监视界面，可监视保护定值，机端阻抗计算值等有关信息。

三、加速失步、减速失步测试

(1) 外加三相对称电压和三相对称电流，装置显示阻抗计算值。

(2) 失步特性测试。

一般保护定义失磁保护动作，即刻闭锁失步保护；那么在测试失步特性前，请暂时修改失磁保护阻抗特性圆定值，确保测试失步特性时不会进入失磁阻抗圆。

模拟发电机由正常运行转为失步工况：外加三相对称电压和三相对称电流，初始电抗应大于X_t，初始阻抗在第一象限，改变电压和电流的夹角，由第一象限滑落于第四象限，依次通过0区—Ⅰ区—Ⅱ区—Ⅲ区—Ⅳ区，发加速失步信号，如果滑极次数为1，发失步跳闸信号且出口跳闸；如果滑极次数大于1，则需快速返回0区，再由0区—Ⅰ区—Ⅱ区—Ⅲ区—Ⅳ区。改变角度的速度不宜过快，也不宜过慢，整个过程需在5s内完成。减速失步则从Ⅳ区开始，试验方法类前。

失步特性测试完毕，请恢复定值。

四、短路故障测试

当阻抗突然变化模拟短路故障，保护应不动作。

实验十七　发电机注入式转子一点接地保护

一、保护原理

保护采用注入直流电源原理，直流电源由装置自产。因此，在发电机运行及不运行时，均可监视发电机励磁回路的对地绝缘。该保护动作灵敏、无死区。

考虑到双套化配置方案中，转子接地保护由于保护原理的要求不能双套化，否则会相互影响导致测量失误。如采用一套运行一套备用方式，需要时应可靠安全地带点切换。

要说明的是：对于励磁系统是可控硅整流系统时，由于励磁电压中有较高的谐波分量(例如ABB公司生产的励磁装置，运行时产生的6次谐波、12次谐波电压远大于直流分量电压)，可能影响转子一点接地保护的测量精度。

保护的输入端与转子负极及大轴连接。保护有两段出口供选用。

转子一点接地保护逻辑框图如图2-54所示。

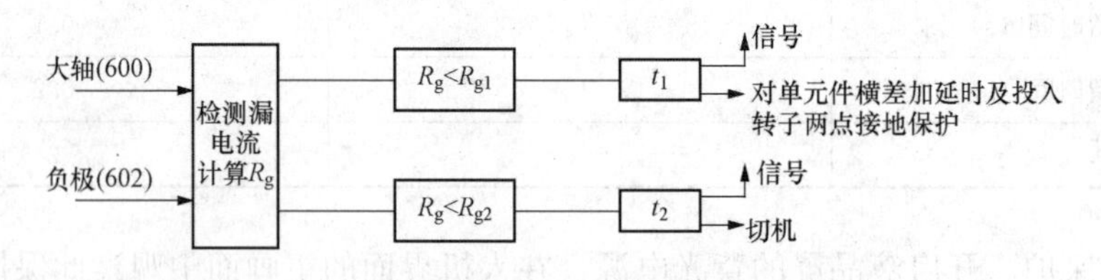

图2-54　转子一点接地保护逻辑框图

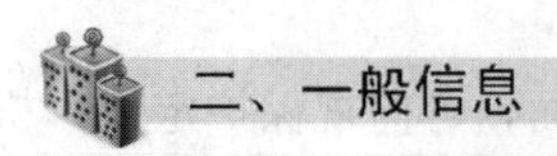

二、一般信息

(1) 输入TV/TA定义见表2-104。

表2-104　输入TV/TA定义

TA或TV位置	名称	首端	末端
转子直流电压负极、大轴	I_0（漏电流）	4X：30	4X：35

(2) 保护出口连接片定义见表2-105。

表 2-105 保护出口连接片定义

转子一点接地Ⅰt_1	—
转子一点接地Ⅱt_2	—

注 对应的保护连接片插入，保护动作时发信并出口跳闸；对应的保护连接片拔掉，保护动作时只发信，不出口跳闸。

(3) 定值整定见表 2-106。

表 2-106 定 值 整 定

定值名称	定值符号	定值
接地电阻定值（Ω）	R_{g1}	10
接地电阻定值（Ω）	R_{g2}	5
延时（s）	t_1	0.5
延时（s）	t_2	0.5

(4) 投入保护。开启液晶屏的背光电源，在人机界面的主画面中观察此保护是否已投入(注：该保护投入时其运行指示灯是亮的)。如果该保护的运行指示灯是暗的，在“投退保护”的子画面点击投入该保护。

(5) 参数监视。点击进入发电机转子接地保护监视界面，可监视保护整定值，开/合电流，接地电阻计算值等信息。

三、保护动作整定值测试

1. 动作值校正曲线的测定

在保护装置端子排接转子电压负极端子与接大轴的端子之间接一电阻箱，使电阻箱的电阻分别为 5、10kΩ，观察并记录界面上显示的测量电阻值。要求：显示电阻值清晰稳定，显示电阻与外加电阻之差应小于 10%。

电阻小于整定值时，保护动作，记录动作电阻见表 2-107。

表 2-107 记 录 动 作 电 阻 kΩ

保护整定值	5			10		
保护动作值						

注 该保护在现场接入后需重新测试。在整定值那点，利用漏电流补偿，可以调整测量电阻的精度。

2. 动作时间定值测试

突加短接端子排转子负极和大轴，记录动作时间见表 2-108。

表 2-108 记 录 动 作 时 间 s

保护整定值	3			9		
动作时间 t_1						
动作时间 t_2						

注 一点接地保护时间整定误差为±1s。

实验十八　发电机纵向零序电压式匝间保护

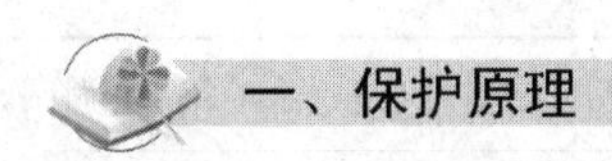

一、保护原理

发电机纵向零序电压式匝间保护，是发电机同相同分支匝间短路及同相不同分支之间匝间短路的主保护。该保护反映的是发电机纵向零序电压的基波分量，并用其3次谐波增量作为制动量。为防止专用TV一次断线时保护误动，引入TV断线闭锁；另外，为防止区外故障或其他原因（例如，专用TV回路有问题）产生的纵向零序电压使保护误动，引入负序功率方向闭锁。负序功率方向判据采用开放式（即允许式）闭锁，其三相电流必须取自发电机机端侧。

纵向零序电压式匝间保护逻辑框图如图2-55所示。

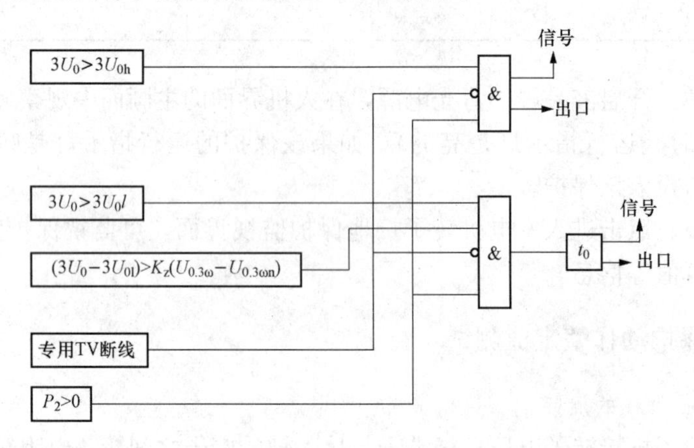

图2-55　纵向零序电压式匝间保护逻辑框图

P_2—负序功率方向判据；t_0—短延时

专用TV断线判别采用电压平衡式原理。电压平衡式TV断线逻辑框图如图2-56所示。

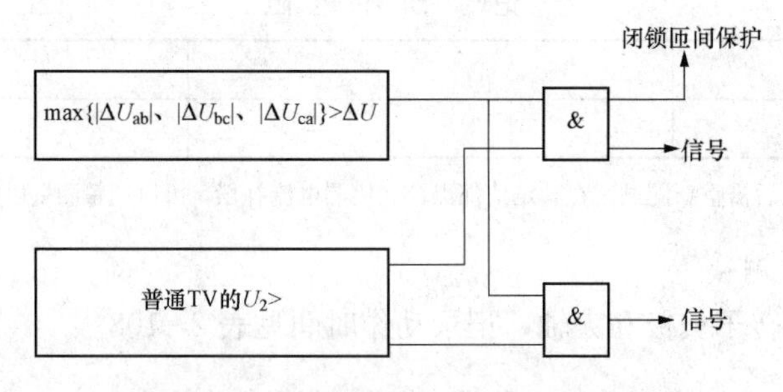

图2-56　电压平衡式TV断线逻辑框图

ΔU—整定压差；ΔU_{ab}、ΔU_{bc}、ΔU_{ca}—专用TV与普通TV二次同名相间电压之差；

$\max\{|\Delta U_{ab}|、|\Delta U_{bc}|、|\Delta U_{ca}|\}$—取$\Delta U_{ab}$、$\Delta U_{bc}$、$\Delta U_{ca}$中的最大者；$U_2$—普通TV负序电压

二、一般信息

（1）输入 TV/TA 定义见表 2 - 109。

表 2 - 109　TV/TA 定义

TV 位置	名称	首端	末端
发电机通用 TV 电压	U_{ab}	2X：2	2X：4
	U_{bc}	2X：4	2X：6
	U_{ca}	2X：6	2X：2
发电机专用 TV 电压	U_{ab}	2X：15	2X：17
	U_{bc}	2X：17	2X：19
	U_{ca}	2X：19	2X：15
	$3U_{0.\omega}$	2X：21	2X：23
	$3U_{0.3\omega}$	2X：21	2X：23
发电机机端电流	I_a	1X：19	1X：34
	I_b	1X：20	1X：35
	I_c	1X：21	1X：36

（2）保护出口连接片定义见表 2 - 110。

表 2 - 110　保护出口连接片定义

匝间灵敏段	—
匝间次灵敏段	—

注　对应的保护连接片插入，保护动作时发信并出口跳闸；对应的保护连接片拔掉，保护动作时只发信，不出口跳闸。

（3）定值整定见表 2 - 111。

表 2 - 111　定　值　整　定

定值名称	定值符号	定值
次灵敏段电压（V）	$3U_{0h}$	5
灵敏段电压（V）	$3U_{0l}$	2
三次谐波电压（V）	$3U_{0.3\omega}$	0.5
谐波增量制动系数	K_z	0.5
灵敏段延时（s）	T_0	0.1
压差（V）	ΔU	8
负序功率方向控制字	P_2	0

（4）投入保护。开启液晶屏的背光电源，在人机界面的主画面中观察此保护是否已投入（注：该保护投入时其运行指示灯是亮的）。如果该保护的运行指示灯是暗的，在“投退保护”的子画面点击投入该保护。

（5）参数监视。点击进入发电机定子匝间保护监视界面，可监视保护的整定值，纵向零序电压基波分量，纵向零序电压三次谐波分量，压差计算值，以及负序功率计算值等信息。

三、保护动作整定值测试

在发电机机端 TV 加入三相不平衡电压，机端 TA 加入三相不平衡电流，负序功率的灵敏内角为 90°调整电压和电流的相位关系，满足负序功率计算值大于零。

并接发电机机端 TV 和专用 TV 的三相电压输入，以满足专用 TV 不断线。

1. 灵敏段段段值测试

在发电机专用 TV 开口三角电压端子侧加入基波电压，并缓慢升高，直至灵敏段出口灯亮，并记录下数据见表 2 - 112。

表 2 - 112　　记　录　数　据　　V

灵敏段整定值	5			3		
保护动作值						

2. 次灵敏段定值测试

暂时将灵敏段定值整定大于次灵敏段定值，或拔出灵敏段出口的压板，在发电机专用 TV 开口三角电压端子侧加入基波电压，并缓慢升高，直至次灵敏段出口灯亮，记录数据见表 2 - 113。

表 2 - 113　　记　录　数　据　　V

次灵敏段整定值	2			1		
保护动作值						

3. 次灵敏段制动特性测试

动作方程测试

$$\begin{cases} 3U_0 > 3U_{01} \\ (3U_0 - 3U_{01}) > K_Z(U_{03\omega} - U_{03\omega n}) \end{cases}$$

式中　$3U_0$——纵向零序电压基波计算值；

$U_{03\omega}$——纵向零序电压三次谐波计算值。

在发电机专用 TV 开口三角加入基波电压，且叠加三次谐波分量，使基波零序电压超过灵敏段整定值，缓慢改变三次谐波叠加量，直至定子匝间灵敏段出口灯由亮到熄灭，按表 2 - 114记录各电压，连续做 6 组数据即可。

表 2 - 114　　记　录　电　压　　V

选 $U_{01}=2V$，$U_{3\omega n}=1.5V$，$K_Z=0.5$						
$3U_0$	3	4	5	6	7	8
$U_{03\omega}$						

4. 次灵敏段动作时间定值测试

在发电机专用 TV 开口三角电压侧，突然加 1.5 倍定值电压，测试灵敏段的动作时间，记录动作时间见表 2 - 115。

表 2 - 115 **记 录 动 作 时 间** ms

测量值					

5. 灵敏段动作时间定值测试

在发电机专用 TV 开口三角电压侧，突然加 1.5 倍定值电压，测试灵敏段的动作时间，记录动作时间见表 2 - 116。

表 2 - 116 **记 录 动 作 时 间** s

保护整定值	0.2			0.1		
动作时间						

四、负序功率方向判据的确认

匝间保护的负序功率方向元件，其作用为开放式，又称之“允许式”。匝间保护的负序功率方向判据在发电机内部定子绕组匝间或相同故障时，发电机内部出现负序源，它向外面送出负序功率，端部功率流向显然指向外机，计算机为正，方向判据开放动作。

先操作保护装置的界面鼠标，调出保护负序功率的计算值显示界面，负序功率方向控制字整定为 1。

实验方法为二次模拟发电机内部不对称故障法。即发电机正常带负荷运行后，在保护柜后端子排上把 B、C 相电流输入互换，B、C 相电压互换，此时负序电流的方向与电流 I_A 的方向相同，而负序电压与电压 U_A 方向相同，负序功率由发电机内部流向系统。观察保护装置界面上显示的负序功率的计算值，若保护的计算功率为正值，功率方向元件动作，保护的方向即为正确的，功率方向控制字整定也是正确的。否则，把负序功率方向控制字取反，即将其整定为 0。

此外，也可以采用另一种故障模拟法，模拟区外单相（A 相）一点接地故障。在发电机正常带负荷运行后，在保护柜后去除 B 相和 C 相电流输入，以及 A 相的电压输入，此时，负序电流的方向与电流 I_A 的方向相同，而负序电压与电压 U_A 反方向，因此，若计算功率为负值，则说明方向元件的动作方向正确。否则应通过改变控制字为 0 来改变功率方向。

五、TV 断线测试

1. 普通 TV 断线

加电压使专用 TV 与普通 TV 二次同名相间电压之差的最大者 ΔU 超过整定值，并使普通 TV 的负序电压超过 U_2 内部整定值（一般为 7V）时，普通 TV 断线灯亮。

2. 专用 TV 断线

加电压使专用 TV 与普通 TV 二次同名相间电压之差的最大者超过 ΔU 整定值，并使普通 TV 的负序电压小于 U_2 内部整定值（一般为 7V）时，专用 TV 断线灯亮。此时闭锁匝间保护出口。

实验十九 发电机阻抗保护

一、保护原理

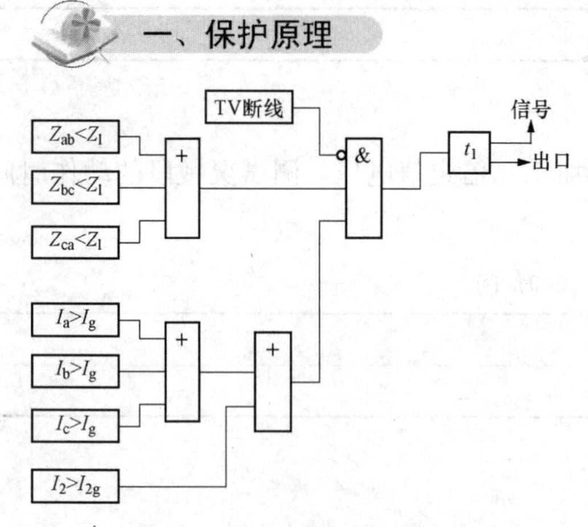

图 2-57 阻抗保护出口逻辑框图

发电机、变压器低阻抗保护，主要作为发电机及变压器相间短路的后备保护，有时还兼作相邻设备（母线、线路等）相间短路的后备保护。该保护主要由 3 个相间阻抗元件构成。

阻抗保护出口逻辑框图如图 2-57 所示。

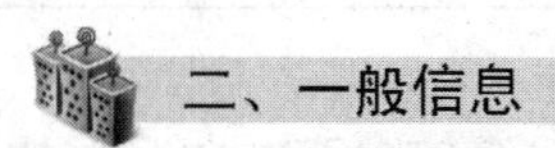

二、一般信息

（1）输入 TA/TV 定义见表 2-117。

表 2-117 输入 TA/TV 定义

TA 或 TV 位置	名称	首端	末端
发电机机端电压	U_{ab}	2X：2	2X：4
	U_{bc}	2X：4	2X：6
	U_{ca}	2X：6	2X：2
发电机机端电流	I_a	1X：19	1X：34
	I_b	1X：20	1X：35
	I_c	1X：21	1X：36

（2）保护出口连接片定义见表 2-118。

表 2-118 保护出口连接片定义

发电机阻抗	XP03

注 对应的保护连接片插入，保护动作时发信并出口跳闸；对应的保护连接片拔掉，保护动作时只发信，不出口跳闸。

（3）定值整定见表 2-119。

表 2-119 定 值 整 定

定值名称	定值符号	定值
正方向（灵敏角方向）阻抗定值 $Z_{F.dz}$（Ω）	Z_F	5
反方向（便宜方向）阻抗定值 $Z_{B.dz}$（Ω）	Z_B	2
动作时间 t_1（s）	t_{11}	0.5

续表

定值名称	定值符号	定值
相电流启动（A）	I_g	5
负序电流启动（A）	I_{2g}	0.8

变压器阻抗保护动作特性如图 2-58 所示。

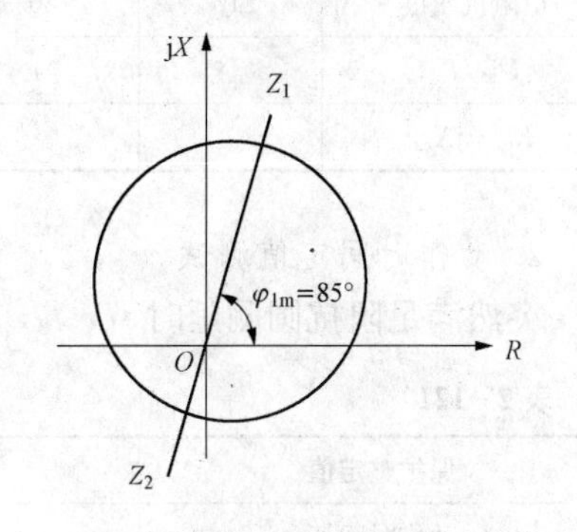

图 2-58　变压器阻抗保护动作特性

(4) 投入保护。开启液晶屏的背光电源，在人机界面的主画面中观察此保护是否已投入（注：该保护投入时其运行指示灯是亮的）。如果该保护的运行指示灯是暗的，在“投退保护”的子画面点击投入该保护。

(5) 参数监视。点击进入发电机阻抗保护监视界面，可监视阻抗保护的整定值，阻抗计算值，电流和负序电流计算值等信息。

三、保护动作整定值测试

1. 阻抗定值测试

变压器阻抗保护动作特性如表 2-120 所示。改变电压和电压与电流的相位角，可测阻抗圆特性（注：3 个阻抗元件需分别测试，Φ 为线电压和线电流的夹角）。

表 2-120　阻抗保护动作特性

整定	正向阻抗 $Z_F=8.0\Omega$，反向阻抗 $Z_B=-5.0\Omega$						
Φ 阻抗角度	0°	30°	60°	85°	120°	150°	180°
U_{ab}/I_{ab}	/4	/4	/4	/4	/4	/4	/4
$R_{ab}+jX_{ab}$							
Φ 阻抗角度	210°	240°	265°	300°	330°		
U_{ab}/I_{ab}	/4	/4	/4	/4	/4		
$R_{ab}+jX_{ab}$							
整定	正向阻抗 $Z_F=8.0\Omega$，反向阻抗 $Z_B=-5.0\Omega$						
Φ 阻抗角度	0°	30°	60°	85°	120°	150°	180°
U_{bc}/I_{bc}	/4	/4	/4	/4	/4	/4	/4
$R_{bc}+jX_{bc}$							
Φ 阻抗角度	210°	240°	265°	300°	330°		
U_{bc}/I_{bc}	/4	/4	/4	/4	/4		
$R_{bc}+jX_{bc}$							
整定	正向阻抗 $Z_F=8.0\Omega$，反向阻抗 $Z_B=-5.0\Omega$						
Φ 阻抗角度	0°	30°	60°	85°	120°	150°	180°

续表

整定	正向阻抗 $Z_F=8.0\Omega$，反向阻抗 $Z_B=-5.0\Omega$						
U_{ca}/I_{ca}	/4	/4	/4	/4	/4	/4	/4
$R_{ca}+jX_{ca}$							
Φ阻抗角度	210°	240°	265°	300°	330°		
U_{ca}/I_{ca}	/4	/4	/4	/4	/4		
$R_{ca}+jX_{ca}$							

2. 动作时间定值测试

突然满足阻抗圆测延时 t_1，t_2，记录动作时间见表 2-121。

表 2-121　　记 录 动 作 时 间　　s

保护整定值	0.5			1		
动作时间 t_1						

实验二十　高压厂用变压器 A 分支零序电流保护

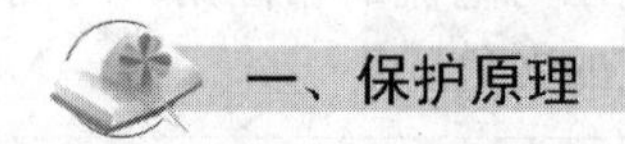

一、保护原理

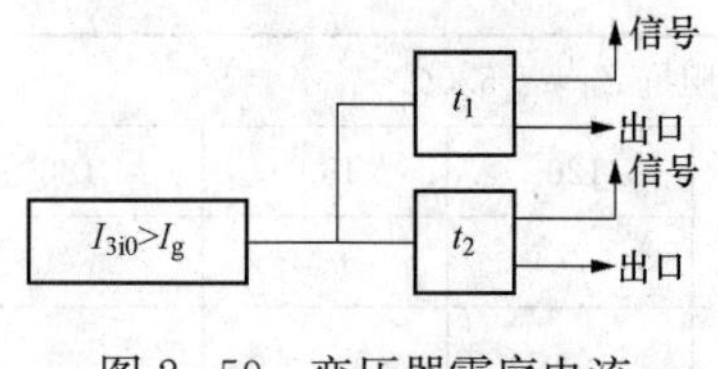

图 2-59　变压器零序电流保护逻辑框图

变压器零序电流保护，反映变压器 侧零序电流大小，是变压器接地短路的后备保护，也兼作相邻设备接地短路的后备保护。

二段式变压器零序电流保护的逻辑框图如图 2-59 所示。

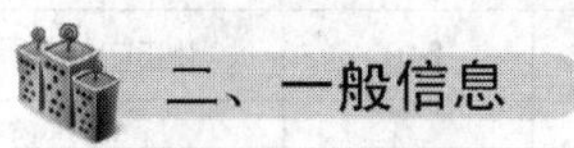

二、一般信息

(1) 输入 TA/TV 定义见表 2-122。

表 2-122　　输入 TA/TV 定义

TA 或 TV 位置	名称	首端	末端
高压厂用变压器 A 分支零序电流	$3I_0$	1X：48	1X：49

(2) 保护出口连接片定义见表 2-123。

表 2-123　　保护出口连接片定义

高压厂用变压器 A 分支零序过流	XP18
高压厂用变压器 A 分支零序过流	XP19

注　对应的保护连接片插入，保护动作时发信并出口跳闸；对应的保护连接片拔掉，保护动作时只发信，不出口跳闸。

(3) 定值整定见表 2-124。

表 2-124　定 值 整 定

定值名称	定值符号	定值
电流定值（A）	$3I_{0g1}$	5
延时（s）	t_1	0.5
延时（s）	t_2	0.8

（4）投入保护。开启液晶屏背光电源，在人机界面的主画面中观察此保护是否投入（注：该保护投入时其运行指示灯是亮的）。如果该保护的运行指示灯是暗的，在“投退保护”的子画面点击投入该保护。

（5）参数监视。点击进入高压厂用变压器 A 分支零序电流监视界面，可监视保护的整定值，零序电流等信息。

三、保护动作整定值测试

1. 零序电流Ⅰ段定值测试

输入零序电流，缓慢增大，达到零序电流Ⅰ段定值，保护出口，记录数据见表 2-125。

表 2-125　记 录 数 据　A

保护整定值	5			8		
零序Ⅰ段动作值						

2. 零序Ⅰ段动作时间定值测试

输入 1.5 倍Ⅰ段定值零序电流，保护出口，记录动作时间见表 2-126。

表 2-126　记 录 动 作 时 间　s

保护整定值	0.5			0.8		
动作时间 t_1						
动作时间 t_2						

实验二十一　高压厂用变压器 B 分支零序电流保护

一、保护原理

变压器零序电流保护，反映变压器 侧零序电流大小，是变压器接地短路的后备保护，也兼作相邻设备接地短路的后备保护。二段式变压器零序电流保护的逻辑框图如图 2-60 所示。

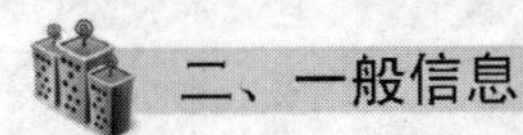

二、一般信息

（1）输入 TA/TV 定义见表 2-127。

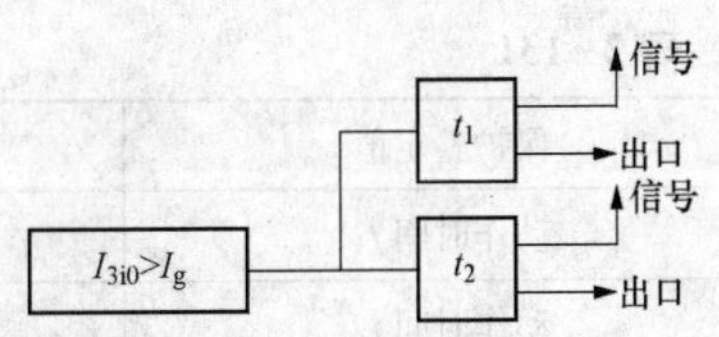

图 2-60　变压器零序电流保护逻辑框图

表 2-127 **输入 TA/TV 定义**

TA 或 TV 位置	名称	首端	末端
高压厂用变压器 B 分支零序电流	$3I_0$	1X：50	1X：51

（2）保护出口连接片定义见表 2-128。

表 2-128 **保护出口连接片定义**

高压厂用变压器 B 分支零序过流	XP20
高压厂用变压器 B 分支零序过流	XP21

注 对应的保护连接片插入，保护动作时发信并出口跳闸；对应的保护连接片拔掉，保护动作时只发信，不出口跳闸。

（3）定值整定见表 2-129。

表 2-129 **定 值 整 定**

定值名称	定值符号	定值
电流定值（A）	$3I_{0g1}$	5
延时（s）	t_1	0.5
延时（s）	t_2	1

（4）投入保护。开启液晶屏背光电源，在人机界面的主画面中观察此保护是否投入（注：该保护投入时其运行指示灯是亮的）。如果该保护的运行指示灯是暗的，在“投退保护”的子画面点击投入该保护。

（5）参数监视。点击进入高压厂用变压器 A 分支零序电流监视界面，可监视保护的整定值，零序电流等信息。

三、保护动作整定值测试

1. 零序电流Ⅰ段定值测试

输入零序电流，缓慢增大，达到零序电流Ⅰ段定值，保护出口，记录数据见表 2-130。

表 2-130 **记 录 数 据** A

保护整定值	5			3		
零序Ⅰ段动作值						

2. 零序Ⅰ段动作时间定值测试

输入 1.5 倍Ⅰ段定值零序电流，保护出口，记录动作时间见表 2-131。

表 2-131 **记 录 动 作 时 间** s

保护整定值	0.5			1		
动作时间 t_1						
动作时间 t_2						

实验二十二　高压厂用变压器双分支复合电压过流保护

一、保护原理

高压厂用变压器或启备变双分支电压闭锁过流保护，主要作为低压侧有双卷绕组的高压厂用变压器或启动备用变压器的后备保护。该保护的接入电流为变压器高压侧 TA 二次三相电流，接入电压为低压侧双分支 TV 二次三相电压。双分支复合电压过流保护逻辑框图如图 2-61 所示。

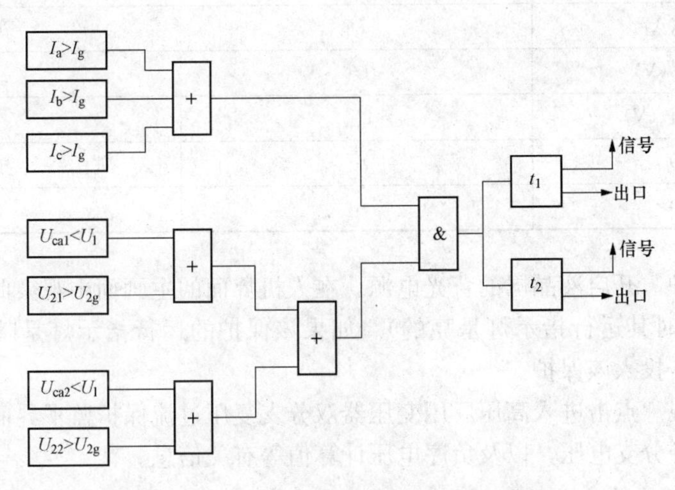

图 2-61　双分支复合电压过流保护逻辑框图

二、一般信息

(1) 输入 TA/TV 定义见表 2-132。

表 2-132　　**输入 TA/TV 定义**

TV 位置	名称	首端	末端
高压厂用变压器高压侧电流	I_a	1X：22	1X：55
	I_b	1X：23	1X：56
	I_c	1X：24	1X：57
高压厂用变压器低压侧 A 分支电压	U_{ab}	2X：35	2X：37
	U_{bc}	2X：37	2X：39
	U_{ca}	2X：39	2X：35
高压厂用变压器低压侧 B 分支电压	U_{ab}	2X：41	2X：43
	U_{bc}	2X：43	2X：45
	U_{ca}	2X：45	2X：41

(2) 保护出口连接片定义见表 2-133。

表 2-133 保护出口连接片定义

高压厂用变压器复压过流 t_1	XP14
高压厂用变压器复压过流 t_2	XP15

注 对应的保护连接片插入，保护动作时发信并出口跳闸；对应的保护连接片拔掉，保护动作时只发信，不出口跳闸。

(3) 定值整定见表 2-134。

表 2-134 定 值 整 定

定值名称	定值符号	定值
电流定值（A）	I_{g1}	0.8
低电压定值（V）	U_1	80
负序电压定值（V）	U_{2g}	10
延时（s）	t_{11}	0.5
延时（s）	t_{12}	0.5

(4) 投入保护。开启液晶屏的背光电源，在人机界面的主画面中观察此保护是否已投入（注：该保护投入时其运行指示灯是亮的）。如果该保护的运行指示灯是暗的，在“投退保护”的子画面点击投入该保护。

(5) 参数监视。点击进入高压厂用变压器双分支复压过流保护监视界面，可监视保护的整定值，电流、各分支电压，以及负序电压计算值等有关信息。

三、保护动作整定值测试

1. 相电流定值测试

无分支电压输入，低电压判据满足，分别输入三相电流，缓慢增加电流幅值，直至高压厂用变压器双分支复压过流保护出口动作，记录数据见表 2-135。

表 2-135 记 录 数 据 A

保护整定值	5			3		
A 相动作值 I_A						
B 相动作值 I_B						
C 相动作值 I_C						

2. 低电压定值测试

使某一项电流超过整定值，缓慢降低某分支 CA 相电压，而另一分支电压始终不满足定值，直至高压厂用变压器复压过流保护出口动作，记录数据填表见表 2-136。

表 2-136 记 录 数 据 V

保护整定值	60			80		
A 分支动作值 $U_{ca\,I}$	59.96	59.96	59.96	79.96	79.96	79.96

续表

保护整定值	60			80		
B分支动作值 $U_{ca\,II}$	59.96	59.96	59.96	79.96	79.96	79.96

3. 负序电压定值测试

使某一项电流超过整定值，外加三相不平衡电压，直至高压厂用变压器复压过流保护出口动作，记录数据填表 2-137（注：因为低电压判据和负序电压判据为或门关系，测试负序电压定值时，请将低电压定值改小，再做此项测试）。

表 2-137　　记 录 数 据　　V

保护整定值	10			8		
A分支动作值 $U_{2\,I}$						
B分支动作值 $U_{2\,II}$						

4. 动作时间定值测试

在高压厂用变压器高压侧突然加 1.5 倍定值电流，记录动作时间见表 2-138。

表 2-138　　记 录 动 作 时 间　　s

保护整定值	0.5			0.8		
动作时间 t_1						
动作时间 t_2						

实验二十三　发 电 机 误 上 电

一、保护原理

发电机误上电的可能有两种情况：第一种是发电机在盘车或升速过程中（未加励磁）突然并入电网；第二种情况是非同期合闸。

发电机在盘车或升速过程中突然并入电网，将产生很大的定子电流，损坏发电机。另外，当发电机转速很低时出现工频定子电流，定子旋转磁场将切割转子绕组，造成转子过热损伤。目前 500kV 系统中广泛采用的 3/2 断路器接线增加了误上电的机率。

发电机非同期合闸，将产生很大的冲击电流及转矩，可能损坏发电机及引起系统振荡。

在 DGT 8001 系列发电机变压器组保护装置中，利用灭磁开关未合及定子过电流，来判别发电机升速或盘车过程中的误上电；而利用低阻抗判据，来判别非同期合闸。另外，利用定子负序电流判别并网前断路器某相断口闪络。

误上电保护在发电机并网后自动退出运行，解列后自动投入运行。根据现场多年运行经验，谨慎的运行方法是在并网后退出误上电保护的出口压板，手动退出此保护。

发电机误上电保护逻辑框图如图 2-62 所示。

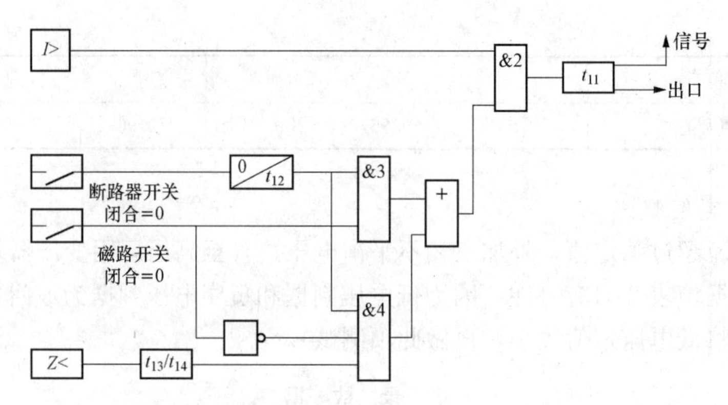

图 2-62 发电机误上电保护逻辑框图（断路器辅助接点为常闭接点）

二、一般信息

（1）输入 TA/TV 定义见表 2-139。

表 2-139　输入 TA/TV 定义

TA 或 TV 位置	相别	首端	末端
主变压器高压侧 TV	U_a	2X：47	2X：51
	U_b	2X：48	2X：51
	U_c	2X：49	2X：51
主变压器高压侧 TA	I_a	1X：13	1X：31
	I_b	1X：15	1X：32
	I_c	1X：17	1X：33

（2）保护出口连接片定义见表 2-140。

表 2-140　保护出口连接片定义

断路器误上电	XP10

注　对应的保护连接片插入，保护动作时发信并出口跳闸；对应的保护连接片拔掉，保护动作时只发信，不出口跳闸。

（3）定值整定见表 2-141。

表 2-141　定　值　整　定

定值名称	定值符号	定值
电流定值（A）	I_{g1}	8
负序电流定值（A）	I_2	—
阻抗定值（反向阻抗）（Ω）	Z_{1B}	4
阻抗定值（正向阻抗）（Ω）	Z_{1F}	2
延时 t_1（s）	t_{11}	0.5

续表

定值名称	定值符号	定值
延时 t_2（s）	t_{12}	2
延时 t_3（s）	t_{13}	0.5
延时 t_4（s）	t_{14}	0.5

（4）投入保护。开启液晶屏的背光电源，在人机界面的主画面中观察此保护是否已投入（注：该保护投时其运行指示灯是亮的）。如果该保护的运行指示灯是暗的，在“投退保护”的子画面点击投入该保护。

（5）参数监视。点击进入误上电保护监视界面，可监视保护的整定值，电流、负序电流及阻抗计算值等信息。

三、保护定值测试

1. 误上电电流定值测试

满足断路器触点未合条件，满足磁路开关触点未合条件，在电流输入端子任一相（如 A 相）加电流，逐步增加电流达误上电出口发信，记录数据如表 2-142 所示。

表 2-142　　记 录 数 据　　A

保护整定值	8			5		
保护动作值						

2. 误上电动作时间定值测试

满足断路器接点未合条件，满足磁路开关接点未合条件，在电流输入端子任一相（如 A 相）加电流，突加 1.5 倍定值电流达误上电出口发信，记录动作时间见表 2-143。

表 2-143　　记 录 动 作 时 间　　s

保护整定值	0.5			0.8		
动作时间 t_1						

3. 误上电阻抗定值测试

满足断路器接点未合条件，满足励磁开关接点未合条件（无励磁），在电流输入端子任一相（如 A 相）加电流，保护动作。短接断路器接点，使其不满足断路器接点未合条件，测返回时间，记录动作时间见表 2-144。

表 2-144　　记 录 动 作 时 间　　s

保护整定值	2			1		
动作时间 t_2						

4. 误上电阻抗定值测试

满足断路器接点未合条件，满足励磁开关接点闭合条件（有励磁），在相应的端子输入三相电压，三相电流，且满足过电流门槛；设定电压与电流的相位差，改变三相电压幅值，测试动作圆，保护动作，出口灯亮，监视发电机误上电保护界面，记录动作阻抗见表2-145。

重新设定电压与电流的相位差，依上法，逐步测试动作圆。

也可以单独测试线阻抗特性，输入线电压U_{ab}（U_{bc}与U_{ca}）和电流I_{ab}（I_{bc}和I_{ca}），测试各线阻抗特性。

注意：阻抗角ϕ为线电压U_{ab}和线电流I_{ab}之间的夹角。

表2-145 动作阻抗

整定值	$Z_{1B}=2\Omega$，$Z_{1F}=5\Omega$					
阻抗角度	0°	30°	60°	85°	120°	150°
U_{ab}/I_{ab}	/5	/5	/5	/5	/5	/5
$R_{ab}+jX_{ab}$						
阻抗角度	180°	210°	240°	265°	300°	330°
U_{ab}/I_{ab}	/5	/5	/5	/5	/5	/5
$R_{ab}+jX_{ab}$						

注 非同期合闸阻抗圆以看向机组为正，正向阻抗指向第三象限。

5. 误上电逻辑测试

合上断路器经t_1（t_{12}）后无论电流或阻抗条件是否满足t_2（t_{11}）均不出口（即退出运行）；当发动机有励磁但未并车前误合闸会引起失步，此时阻抗应不返回［即t_4（t_{14}）正确］；当发动机并车时不因有轻微冲击而误出口［即t_3（t_{13}）正确］。

6. 误上电过程测试

断路器未合，励磁未给，无电流，误上电保护无动作信号，误合断路器，励磁未给，无电流，误上电保护无动作信号；断路器已合，励磁未合，有电流达定值，发误上电出口信号；延时t_1（t_{12}）返回。断路器未合，励磁已给，阻抗圆不满足，误上电保护无动作信号；误合断路器，励磁已给，阻抗圆不满足，无动作信号；断路器已合，励磁已给，阻抗圆满足，发误上电出口信号；延时t_1（t_{12}）返回。

实验二十四 主变压器比率制动原理纵差保护

一、保护原理

保护采用比率制动原理，变压器纵差保护逻辑框图如图2-63所示。为防止变压器空投及其他异常情况时变压器励磁涌流导致差动误动，比较各相差流中二次谐波分量对基波分量比（即$I_{2\omega}/I_{1\omega}$）的大小，当其大于整定值时，闭锁差动元件。当差流很大，达到差动速断定值时，直接出口跳闸。同时设置专门的TA断线信号，并可选择是否闭锁差动保护出口。

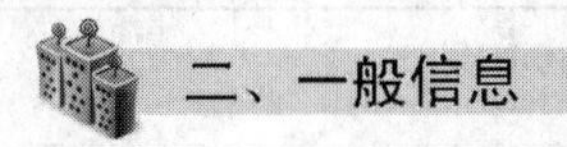

二、一般信息

（1）输入TA定义见表2-146。

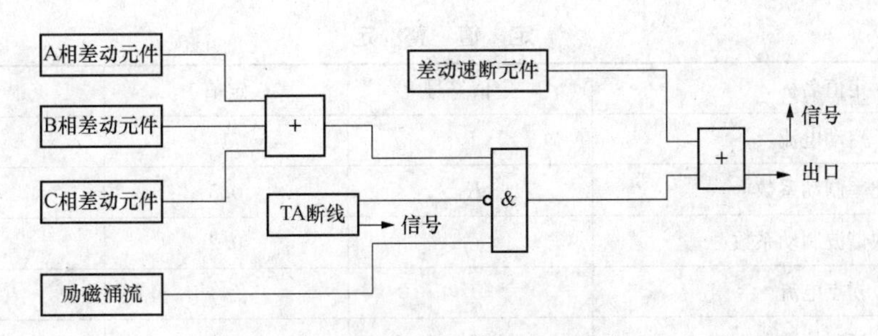

图 2-63　变压器纵差保护逻辑框图

表 2-146　**输入 TA 定义**

TA 位置	名称	首端	末端
发电机极端电流 I_t	I_{ta}	1X：19	1X：34
	I_{tb}	1X：20	1X：35
	I_{tc}	1X：21	1X：36
主变高压侧电流 I_h	I_{ha}	1X：13	1X：31
	I_{hb}	1X：15	1X：32
	I_{hc}	1X：17	1X：33
厂变高压侧电流 I_c	I_{ca}	1X：52	1X：37
	I_{cb}	1X：53	1X：38
	I_{cc}	1X：54	1X：39

（2）出口跳闸连接片见表 2-147。

表 2-147　**出 口 跳 闸 连 接 片**

主变压器差动	XP01
主变压器差动速断	XP02

注　对应的保护连接片插入，保护动作时发信并出口跳闸；对应的保护连接片拔掉，保护动作时只发信，不出口跳闸。

（3）差动参数定义见表 2-148。

表 2-148　**差 动 参 数 定 义**

差动各侧	变压器参数		TA 参数	
	电压等级	接线方式	TA 变比	接线方式
主变压器高压侧	550	Y	2500/1	Y
发电机极端	22	△	25000/5	Y
高压厂用变压器高压侧	22	△	5000/1	Y

（4）定值整定（折算到基准侧）见表 2-149。

表 2-149　　定值整定

定值名称	定值符号	定值	单位
启动电流	I_q	1	A
比率制动系数	K_z	0.5	—
二次谐波制动系数	η	0.2	—
拐点电流	I_g	4	A
速断倍数	I_s	4	倍数
解除 TA 断线判别倍数	I_{ct}	1.2	倍数
额定电流	I_N	5	A
TA 断线闭锁差动控制符	TA（1 或 0）	0	—

注　TA 断线比所报差动控制符：1 为闭锁，0 为不闭锁。

（5）投入保护。开启液晶屏的背光电源，在人机界面的主画面中观察此保护是否已投入（注：该保护投入时其运行指示灯是亮的）。如果该保护的运行指示灯是暗的，在“投退保护”的子画面点击投入该保护。

（6）参数监视。点击进入变压器差动保护监视界面，可监视差动保护的定值，差流和制动电流计算值，以及二次谐波计算值等信息。

（7）通道平衡测试。本保护将发电机机端侧作为基准侧，设定基准侧电流 5A，根据变压器各侧 TA 变比参数计算出其他各侧平衡电流，并加入平衡电流进行平衡调试（一般出厂前厂家已完成此项）测试结果见表 2-150。

表 2-150　　测试结果

基准侧：发电机极端	主变压器高压侧	高压厂用变压器高压侧
5（A）	0.7	5

三、启动电流定值测试

在发电机机端侧、高压厂用变压器高压侧、主变压器高压侧任一侧任一相加入电流，外加电流达出口灯亮。启动电流测试见表 2-151。

表 2-151　　启动电流测试　　A

整定值	$I_q=1(A)$								
相别	A			B			C		
主变压器高压侧									
发电机机端									
高压厂用变压器高压侧									

四、差流越限告警信号定值测试

当差流超过启动电流的 1/3 时，一般预示差动回路存在某种异常状态，需发信告警，提示运行人员加以监视。

在高压厂用变压器高压侧、发电机机端、主变压器高压侧任一侧任一相中加入电流，外加电流超过定值，差流越限告警信号灯亮，记录数据见表 2-152。

表 2-152 记 录 数 据 A

整定值	$I_q=1A$								
相别	A			B			C		
主变压器高压侧									
发电机机端									
高压厂用变压器高压侧									

五、比率制动特性测试

变压器纵差比率制动特性曲线如图 2-64 所示。

1. 比率动作方程测试

$$\begin{cases} I_d > I_q; & I_z < I_g \\ I_d > K_z(I_z - I_g) + I_q; & I_z > I_g \end{cases}$$

式中 I_d——动作电流（即差流），$I_d=|\dot{I}_T+\dot{I}_h+\dot{I}|_c$；

I_z——制动电流，$I_z=\max(I_t, I_h, I_c)$。

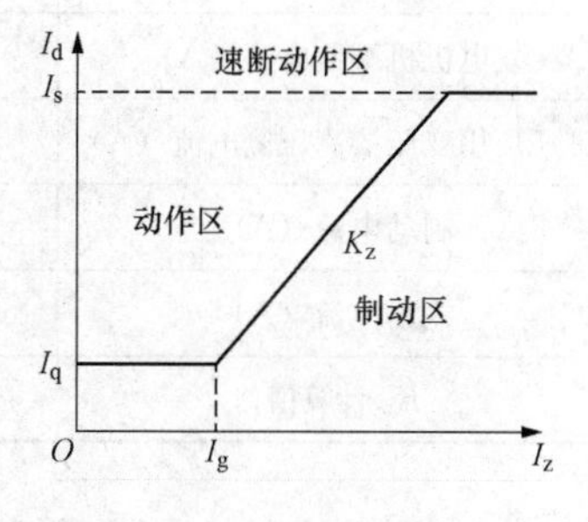

图 2-64 变压器纵差比率制动特性曲线

点击进入差动保护监视界面，监视差流和制动电流。在发电机机端侧 A 相（或 B 相、C 相）加电流（0°），在主变压器高压侧（或在高压厂用变压器高压侧）A 相（或 B 相、C 相）加反向电流（180°），差流为两侧折算电流的差值(数值差)，制动电流并未最大侧电流。固定基准侧电流，缓慢改变主变压器高压侧（或高压厂用变压器高压侧）A 相（或 B 相或 C 相）的电流幅值，直至主变压器差动出口灯亮，按下表记录各电流。连续做 6 组数据即可（注意各侧电流的折算系数）。

如果变压器的接线方式为 Y/△-11，可由 TA 接线方式△/Y 来校相位，也可由保护软件校相位。软件校相位时差流算法为：$I_{dA}=I_{YA}-I_{YC}+I_{\triangle B}$，$I_{dC}=I_{YC}-I_{YA}+I_{\triangle C}$。以 A 相差动比率制动特性测试为例，在机端 A 相和高压侧 A 相加入电流，除了 A 相有差流，C 相也有差流，则需要在机端的 C 相加入相应的平衡电流来消除 C 相差流对 A 相差动比率制动特性测试的影响。A、B、C 三相比率制动特性见表 2-153。

表 2-153 A、B、C 三相比率制动特性

A 相比率制动特性 $I_q=1A$，$I_g=4A$，$K_z=0.5$						
主变压器高压侧电流（A）						
发电机机端侧电流（A）	2	4	6	8	10	12
高压厂用变压器高压侧电流（A）						
制动电流 I_z（A）						
差动电流 I_d（A）						

续表

A 相比率制动特性 $I_q=1A$，$I_g=4A$，$K_z=0.5$						
K_z 计算值	—	—				
B 相比率制动特性 $I_q=1A$，$I_g=4A$，$K_z=0.5$						
主变压器高压侧电流（A）						
发电机机端侧电流（A）	2	4	6	8	10	12
高压厂用变压器高压侧电流（A）						
制动电流（A）						
差动电流（A）						
K_z 计算值	—	—				
C 相比率制动特性 $I_q=1A$，$I_g=4A$，$K_z=0.5$						
主变压器高压侧电流（A）						
发电机机端侧电流（A）	2	4	6	8	10	12
高压厂用变压器高压侧电流（A）						
制动电流（A）						
差动电流（A）						
K_z 计算值	—	—				

2. 二次谐波制动特性测试

动作方程

$$I_{2\omega} \geqslant \eta \times 0.1 I_N \quad I_{1\omega} < 0.1 I_N$$

$$I_{2\omega} \geqslant \eta I_{1\omega} \quad I_{1\omega} > 0.1 I_N$$

式中 $I_{2\omega}$、$I_{1\omega}$——某相差流中的二次谐波电流和基波电流；

η——整定的二次谐波制动比；

I_N——二次 TA 额定电流。

模拟空投变压器状态，在主变压器高压侧 A 相（或 B 相、C 相）同时叠加基波和二次谐波电流；亦可在发电机极端加基波，在主变压器高压侧加二次谐波，此时要注意平衡系数和变压器的接线方式。二次谐波制动有“闭锁三相”制动方式和“闭锁单相”制动方式，如果二次谐波制动方式选择为“闭锁三相”制动方式，还需要在发电机机端相应相加平衡作用的基波电流，这是因为软件校 Y/△相位时，在异相差流中会派生相当的二次谐波，先将测试相闭锁。以 A 相二次谐波制动特性为例，在发电机机端 A 相加基波，且 $I_{2\omega A} < \eta I_{1\omega C}$，保证 C 相不会抢先 A 相被制动。

外加基波电流3（A）（必须大于启动电流），差动出口灯亮；增加二次谐波电流使差动出口灯可靠熄灭，记录数据如表 2 - 154 所示。

表 2 - 154 记 录 数 据

整定值	$\eta=0.2$								
相别	A			B			C		
$I_{1\omega}$测量值									
$I_{2\omega}$测量值									
η计算值									

3. 比率制动时间测试

在发电机机端、主变压器高压侧或高压厂用变压器高压侧任一侧任一相突加 $1.5I_q$ 电流，记录动作时间见表 2 - 155。

表 2 - 155 记 录 动 作 时 间

测量值（ms）						

六、速断特性测试

1. 速断电流定值测试

将比率制动系数 K_z 整定值暂时整定为 1.5（一个大于 1 的数值），减小拐点电流，增大启动电流，即增大当前的制动区，在任一侧任一相加电流（单相电流）差流一直处于制动情况，继续加大电流，当差流大于速断定值时，变压器差动保护出口灯亮。速断特性测试见表 2 - 156。

表 2 - 156 速 断 特 性 测 试 A

整定值	$I_N=5A$　$I_s=4A$								
相别	A			B			C		
主变压器高压侧									
发电机机端侧									
高压厂用变压器高压侧									

2. 速断动作时间测试

在发电机机端侧电流某一相端子突加外加 $1.5I_s$ 电流，记录动作时间见表 2 - 157。

表 2 - 157 记 录 动 作 时 间

测量值（ms）						

七、TA 断线

（1）主变压器高压侧、发电机机端、高压厂用变压器高压侧中加入电流模拟变压器正常运行（即各侧各相均有电流，且各相无差流）。

（2）在任一相将 TA 短接（模拟 TA 开路），速度要快、短接要可靠（检查短接相电流是否约为 0，否则短接不可靠)。TA 断线灯亮。

(3) 在同一侧任两相 TA 同时短接（模拟 TA 开路)，速度要快、短接要可靠（检查短接相电流是否约为 0，否则短接不可靠)。TA 断线灯亮。

注：由于高压厂用变压器高压侧电流较小，TA 断线一般不会引起差动误动，因此高压厂用变压器高压侧 TA 断线时可能不会闭锁差动保护动作。

实验二十五　主变压器复合电压过流保护

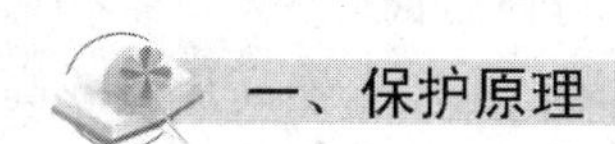

一、保护原理

变压器电压闭锁过流保护主要作为变压器相间故障的后备保护。当双绕组时，一般装设在高压侧。当为三绕组时，可以每侧分别安装。变压器复合电压过流保护逻辑框图如图 2 - 65 所示。

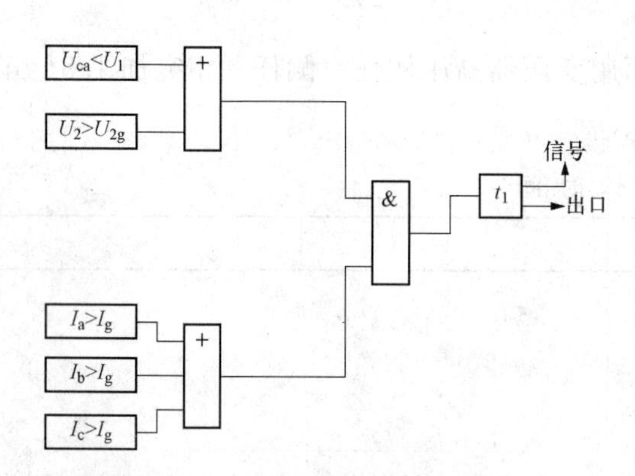

图 2 - 65　变压器复合电压过流保护逻辑框图

二、一般信息

(1) 输入 TA/TV 定义见表 2 - 158。

表 2 - 158　**输入 TA/TV 定义**

TA 或 TV 位置	名称	首端	末端
主变压器高压侧电流	I_a	1X：13	1X：31
	I_b	1X：15	1X：32
	I_c	1X：17	1X：33
主变压器高压侧电压	U_a	2X：47	2X：51
	U_b	2X：48	2X：51
	U_c	2X：49	2X：51

(2) 保护出口连接片定义见表 2 - 159。

表 2 - 159　**保护出口连接片定义**

主变压器复压过流	XP 22

注　对应的保护连接片插入，保护动作时发信并出口跳闸；对应的保护连接片拔掉，保护动作时只发信，出口跳闸。

(3) 定值整定见表 2 - 160。

表 2 - 160　**定　值　整　定**

定值名称	定值符号	定值
电流定值（A）	I_{gl}	5
低电压定值（V）	U_1	60

续表

定值名称	定值符号	定值
负序电压定值（V）	U_2	10
延时（s）	t_{11}	0.5

（4）投入保护。开启液晶屏的背光电源，在人机界面的主画面中观察此保护是否已投入（注：该保护投入时其运行指示灯是亮的）。如果该保护的运行指示灯是暗的，在“投退保护”的子画面点击投入该保护。

（5）参数监视。点击进入主变压器复压过流保护监视界面，可见是保护的整定值、电流、电压以及负序电压计算值等有关信息。

三、保护动作整定值测试

1. 相电流定值测试

无电压输入，低电压判据满足，分别输入三相电流，缓慢增加，直至主编复压过流保护出口动作，记录数据见表 2-161。

表 2-161 记 录 数 据 A

保护整定值	5			3		
A 相动作值 I_a						
B 相动作值 I_b						
C 相动作值 I_c						

2. 低电压定值测试

使某一相电流超过整定值，加 CA 相电压为而定电压，缓慢降低，直至主变压器负电压过电流保护出口动作，记录数据填入表 2-162。

表 2-162 记 录 数 据 V

保护整定值	60			80		
低电压动作值 U_{CA}						

3. 负序电压动作值测试

负序电压动作值测试是某一相电流超过整定值，外加三相不平衡电压，直至主变压器复压过流保护出口动作，记录数据填入表 2-163。（注：因为低电压判据和负序电压判据为或门关系，测试负序电压定值时，请将低电压定值改小，再做此项测试）

表 2-163 记 录 数 据 V

保护整定值	10			8		
负序电压动作值						

四、动作时间定值测试

在主变压器高压侧突然加 1.5 倍定值电流，记录动作时间见表 1 - 164。

表 2 - 164 **动　作　时　间** s

保护整定值	0.5			0.8		
动作时间 t_1						

实验二十六　发电机反时限过励磁保护

一、保护原理

过励磁保护反映的是过励磁倍数，而过励磁倍数等于电压与频率之比。发电机或变压器的电压升高或频率降低，可能产生过励磁。即

$$U_f = U/f = \frac{B}{B_e} = \frac{U_*}{f_*}$$

式中　　U_f——过励磁倍数；

B、B_e——分别为铁芯工作磁密及额定磁密；

U、f、U_*、f_*——电压、频率及其以额定电压及额定频率为基准的标幺值。

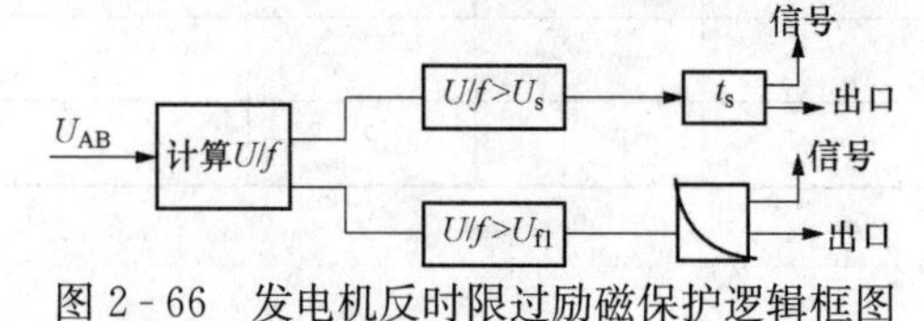

图 2 - 66　发电机反时限过励磁保护逻辑框图

发电机的过励磁能力比变压器的能力要低一些，因此发电机变压器组保护的过励磁特性一般按照发电机的特性整定。发电机反时限过励磁保护逻辑框图如图 2 - 66 所示。

二、一般信息

（1）输入 TA/TV 定义见 2 - 165。

表 2 - 165 **输入 TA/TV 定义**

TA 或 TV 位置	相别	首端	末端
发电机机端 TV	U_{ab}	2X：1	2X：3

（2）保护出口连接片定义见表 2 - 166。

表 2 - 166 **保持出口连接片定义**

发电机过励磁（定时限）	XP10
发电机过励磁（反时限）	XP11

注　对应的保护连接片插入，保护动作时发信并出口跳闸；对应的保护连接片拔掉，保护动作时只发信，不出口跳闸。

（3）定值整定见表 2 - 167。

表 2-167 定 值 整 定

定值名称	定值符号	定值
定时限过励磁倍数	U_s	1.1
延时（s）	t_s	5
反时限过励磁倍数	U_{f1}	1.1
延时（s）	t_{f1}	1.80
反时限过励磁倍数	U_{f2}	1.15
延时（s）	t_{f2}	60
反时限过励磁倍数	U_{f3}	1.12
延时（s）	t_{f13}	20
…	…	…
反时限过励磁倍数	U_{f10}	16
延时（s）	t_{f10}	0

注 反时限过励磁曲线最后一段时间定值必须整定为 0s。

（4）投入保护。开启液晶屏的背光电源，在人机界面的主画面中观察此保护是否已投入（注：该保护投入时其运行指示灯是亮的）。如果该保护的运行指示灯是暗的，在“投退保护”的子画面点击投入该保护。

（5）参数监视。点击进入变压器反时限过励磁保护监视界面，可监视保护的整定值，过励磁倍数等有关信息。

三、保护动作整定值测试

1. 定时限过励磁定值测试

外加电压或改变频率达到定值，保护出口发信，记录数据见表 2-168。

表 2-168 记 录 数 据

整定值倍数	1.1			1.2		
测量值 U/f 倍数						

2. 定时限动作时间定值测试

突然外加电压，满足过励磁倍数，保护出口，记录动作时间见表 2-169。

表 2-169 动 作 时 间

整定值	5			3		
测量值 t_s						

3. 反时限定值测试

突然外加电压，满足反时限过励磁倍数，保护出口，记录动作时间见表 2-170。

表 2-170　　　　动　作　时　间

反时限过励磁倍数定值U/f	1.1	1.15	1.2	1.3
反时限过励磁时间定值t（s）	30	20	10	8
过励磁倍数U/f倍数				
动作t（s）				

第三部分　微　机　监　控

微机监控系统的组成。

1. 设备构成

1 号仿真屏、2 号仿真屏、遥视屏、500kV 断路器保护屏、整流柜、模拟屏、后台主机（监控机）、五防机、遥视巡视机、监控摄像头等。

2. 系统构成

遥视系统、巡视系统、微机开票系统、倒闸操作系统等。

项目一　遥　视　系　统

老“四遥”即：遥测、遥信、遥控、遥调；新“四遥”即：遥测、遥信、遥控、遥视。本遥视系统共有 2 个监控摄像头，分别监视教室内和教室外。

一、系统登录

进入优特遥视系统，点击“登录”，在屏幕左下角选择“视频监视”，选择学院视频服务器——选择教室（内）或教室（外），选择监视点，点击“同画面”将遥视画面投入到电视上。如果同一个监控摄像头内各个监控点之间需要切换，则不用点击“同画面”。

二、监控点画面调节

点击向上、向下、向左、向右箭头及放大、缩小键，可调节画面。

三、设置预置位

在菜单中选择“设置”，点击“预置位”，或直接点击屏幕下方的“预置位”按钮，出现“预置位保存”菜单，如原有预置位为 N 个，则默认预置位编号为 $N+1$，在预置位描述中输入该预置位名称，调节箭头及焦距，设定预置位后按下“保存”按钮，将该预置位进行保存。用同样方法也可对已经设置的预置点进行修改，但需要先选择要修改的预置点编号，再进行修改。

四、录像

点击屏幕左下角录像回放，选择视频服务器及回放通道，选择“远程回放”，选择开始时间和结束时间，点击“查询”，则显示这段时间内的录像内容，每段录像约为 25min，双击某段录像，则可播放该段录像。

选择“远程下载”，选择开始时间和结束时间，点击“查询”，则显示这段时间内的录像内容，每段录像约为 25min，双击某段录像，则可下载该段录像。

项目二 巡 视 系 统

一、登录

点击进入优特变电站巡视系统客户端，所属部门选择哈尔滨电力学院，用户姓名默认为系统管理员，登录密码为“1111”，点击登录进入巡视系统，级别为最高权限。(如以其他身份进入系统，则所属部门选择哈尔滨电力学院下级机构)，如仿真变或继供电教研室，无密码登录。但权限受到限制，不能进行数据查询中的“任务执行情况”和“签到记录”。

二、设定巡视任务（新增巡视任务）

点击“巡视任务”，出现任务维护菜单。点击“新增”，出现任务信息菜单。“*”内容必须填写，选项填写完毕后按下“保存”键，出现新的任务维护菜单，在菜单下面勾选“站点巡视点和设备”，打开“+”后勾选“教室”，打开“+”，列出教室中所有巡视点，勾选需要加入的巡视点，点击“加入”，则菜单左下角“任务当前拥有巡视点、巡视设备”中列出所勾选的设备，如选择顺序巡视，则通过“上移”或“下移”调整巡视点巡视顺序，调整完毕后关闭任务维护菜单。

三、巡视器的使用

1. 将巡视任务传输至巡视器

点击“下载数据”，选择仿真变任务列表→电气设备→巡视任务→下载，将巡视任务发送至巡视器上。如巡视器中没有操作任务，应勾选缺陷库。

2. 用巡视器进行巡视

在巡视器上点击“运行任务”，显示“电气设备”，按“详细”键，选择巡视项目，点击“操作”，选择“全新巡视”，选择巡视人员，如任务设置为顺序巡视，则巡视器语音提示下一个巡视点（如设置为随机巡视，则无提示），用巡视器自上而下划过巡视点编码卡，语言提示“巡视点已到位”，按下巡视器“详细”按键，语音提示巡视注意事项，点击“答案”，出现“正常”和“异常”项目，默认为“正常”。如无异常，则点击“保存”，进入该巡视点的下一个巡视项目；如发现缺陷，按“详细”键，点击“其他缺陷”，手写输入缺陷内容，点击“保存”，选择“异常”并点击“保存”，进入下一个巡视项目，直至巡视点所有巡视项目全部完成。

3. 用巡视器回传数据

当巡视点全部到位后，选择巡视器上的数据发送→发送结果→确认任务名称，当巡视器显示“准备回传结果文件”时，将巡视器放回充电座中，按“确认”键完成数据回传。

4. 删除巡视器中的任务

菜单→数据浏览→任务删除→选择任务→密码：111111。删除任务后，给巡视器下载的第一个操作任务时，在仿真变任务列表中应勾选缺陷库。

四、巡视信息查询处理

1. 回传结果

当巡视器将巡视信息发送到后台机后，电脑自动弹出“回传结果”对话框。在菜单左上角选择巡视名称及巡视时间，即可显示选择巡视点情况、设备情况、缺陷、正常结果、异常结果等信息。

2. 缺陷定级

在“回传结果”对话框中点击“缺陷”菜单，可对缺陷级别进行定义，包括一般、严重和危急3个等级。

3. 缺陷处理

点击“数据查询”→“缺陷处理”，对巡视任务中出现的缺陷进行处理。点击“查询”，显示设备名称、缺陷内容、缺陷级别、巡视点名称及发现人、发现时间等。点击下面“缺陷处理”，显示“缺陷处理”菜单，将处理情况和消缺人填入缺陷处理单中，点击“确定”，则缺陷处理完毕。

如缺陷未处理，则建立新的巡视任务中如果还涉及该设备且更新缺陷库后，在刷卡到该设备时巡视器仍提示该设备有缺陷。此时应重复上述步骤，根据巡视器提示的缺陷内容查看巡视系统中哪些巡视任务没有消缺，消缺后再次下载缺陷库到巡视器中，即可解决此问题。

4. 任务执行情况

只有系统管理员才有此权限。点击“数据查询”→“任务执行情况”，选择任务类型(默认为全部)、任务名称（默认为全部)、开始时间和结束时间，点击“查找”，则显示相应任务名称、任务状态、开始时间、结束时间和执行情况说明。点击菜单下方的“任务详细”，出现巡视结果对话框，可查看点信息、设备信息、人员信息、缺陷信息、正常结果、异常结果等。

项目三　倒 闸 操 作 系 统

哈尔滨电力职业技术学院仿真一次系统图如图 3-1 所示。主机能监视和控制 10 个开关量：2212 断路器、2212 南隔离开关、2212 北隔离开关、2212 丙隔离开关、2212 旁母隔离开关、2212J1 隔离开关、2212J2 隔离开关、2212J 隔离开关、6kV12 小车、6kV12 小车断路器。

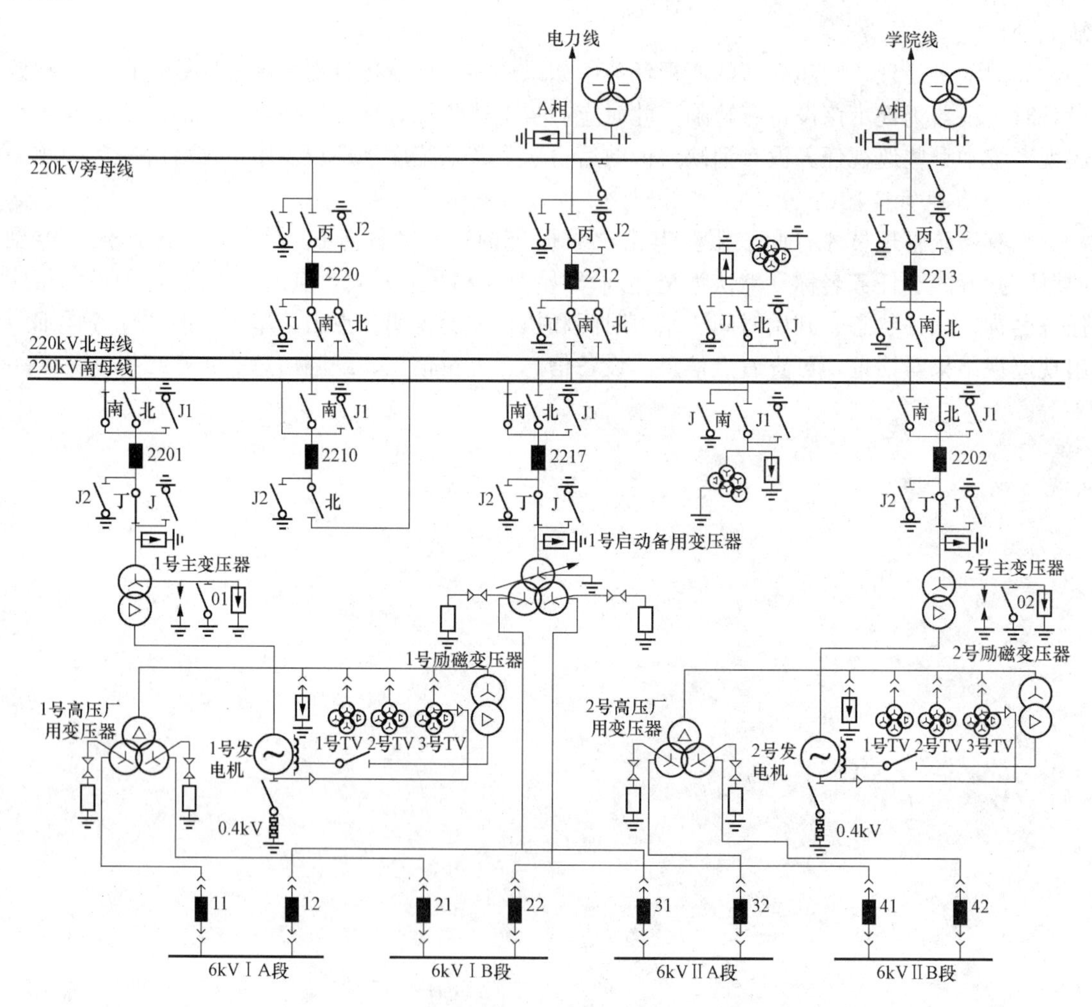

图 3-1　哈尔滨电力职业技术学院仿真一次系统图

一、模拟屏

模拟屏状态与五防机状态保持一致。

1. 通信按钮

通信按钮灯亮，说明模拟屏和五防机与主机失去 10 个开关量的状态联系；通信按钮灯灭，说明模拟屏和五防机与主机的 10 个开关量状态一致。一般情况下通信按钮灯应熄灭。

2. 反馈按钮

有3种状态：正常、开关复位、分闸状态的隔离开关复位。平时在正常状态。

3. 模拟按钮及操作按钮

按下后可在模拟屏上进行模拟操作，同时可检查是否满足“五防”要求，结束后按下操作按钮，将一次设备的操作步骤输入电脑钥匙（即传票）。

另外，如只练习倒闸操作步骤而不进行设备操作，则无需按下操作按钮，练习结束后按下反馈按钮即恢复正常运行方式。

4. 回步按钮

在模拟操作中如操作错误，按下回步按钮可撤销该步。

5. 复归按钮

当倒闸操作练习时，如系统运行方式不符合要求，可按下此按钮，对模拟屏上相关1次设备进行变位操作（接地线除外），操作结束后再次按下复归按钮，则复位结束。如需对10个开关量的设备进行复位，因先按下通信按钮切断通讯联系。

二、电脑钥匙、机械锁、电编码锁

1. 注意事项

（1）电脑钥匙从钥匙插座拿起或放回时，应轻拿轻放，以防止损坏触点。

（2）使用中避免摔落或磕碰。

（3）电脑钥匙在接受任务时必须在初始界面。

2. 输入操作程序

按下模拟按钮，在模拟屏上进行操作，结束后按下操作按钮传票，传票完毕后取下电脑钥匙，按提示项目操作。

3. 操作对象

（1）用电脑钥匙解锁的设备。除10个开关量以外，还包括220kV旁母线、220kV Ⅰ母线、220kV Ⅱ母线、电力线共4个接地点。

（2）用电脑钥匙确认的设备。除上述设备外，其余设备均无锁，操作中需按电脑钥匙的“确认”键，再进行下一步骤。其中，2台发电机的接地开关在操作时电脑钥匙上无“确认”，只能用“跳步”方式解决。

4. 装设机械锁的设备

包括2212南隔离开关、2212北隔离开关、2212丙隔离开关、2212旁母隔离开关、2212J1隔离开关、2212J2隔离开关、2212J隔离开关、电力线接地点、220kVⅠ母接地点、220kVⅡ母接地点、220kV旁母接地点、6kV 12小车等11个机械锁，其中2212旁母隔离开关和6kV 12小车为盒式机械锁；其余为挂锁式机械锁。

5. 装设电编码锁的设备

包括2212断路器和12断路器共2个电编码锁。

（1）就地操作。按电脑钥匙提示步骤找到操作对象，插入电脑钥匙后提示“正确请操作”，同时开关的电编码锁的解锁灯（红灯）亮，转动开关控制手柄到相应位置，听到响声后拔出电脑钥匙，则断路器就地分闸或合闸（2212断路器在操作前应检查同期闭锁开关STK在投入位置），操作结束后将断路器把手打至远方位置，按下电脑钥匙“确认”键进入下一步骤。

(2) 远方操作。检查开关把手在“远方”位置，当电脑钥匙接受操作程序且将要进行开关操作时，显示“若远方操作请按远方键”，按下“远方”键，电脑钥匙显示“钥匙等待返回主站操作”，将电脑钥匙放回插座，显示“电脑钥匙等待操作结果”，同时开关的电编码锁的解锁灯（红灯）亮。在后台主机上点击操作对象，在下拉菜单中点击“遥控”，出现“操作人员登录”和“监护人员登录”两个对话框，分别选择“运行人员一”和“运行人员二”，分别点击“确认”，出现“操作人员选择操作设备”和“监护人员选择操作设备”两个对话框，分别点击确认，显示“遥控执行/预令”对话框，核对当前状态和对应状态（操作类型），点击“遥控选择”，出现倒计时对话框，在倒计时结束前点击“遥控执行”，则开关动作，按下电脑钥匙“确认”键进入下一步骤。

6. 操作失误

如操作人员在机械锁解锁后未操作误将锁重新锁上，或电编码锁解锁后进行两次操作（分闸、合闸各1次，开关状态没有变化），则应在没有按下确认键之前可利用电脑钥匙重新解锁，将电脑钥匙重新插入后显示“等待重复上步操作”，经10s后重新解锁。

如出现前面失误后，又按下“确认”键，则电脑钥匙认为该步已结束，只能利用紧急解锁钥匙开机械锁，或用遥控闭锁钥匙开电编码锁，该步骤操作后再往下进行。

如在操作过程中本应按下“确认”键而误按下“返回”键，则显示主菜单，此时应再次按下“返回”键，显示原有的操作界面，可继续操作。

7. 跳步操作

所谓“跳步”是指电脑钥匙跳过应执行的程序，只能在其无法识别锁编码时才能使用。如操作过程中因机械锁（挂锁或盒锁）或电编码锁故障而无法解锁，则通过其他方式开锁并对一次设备操作后，按下“返回”键回到主菜单，选择“辅助功能”→“特殊操作”→“跳步操作”，把电脑钥匙插入跳步钥匙中，经5s后电脑钥匙显示“跳步操作成功”，将跳步钥匙拔出后，电脑钥匙自动加载下一项操作，使操作继续进行。

8. 清操作票

当电脑钥匙接受操作任务后且希望取消操作时，按下“返回”键回到主菜单，选择“辅助功能”→“特殊操作”→“清操作票”，按下“确认”键，再按下“清除”键后对电脑钥匙清票。回传后模拟屏上仍显示“等待钥匙回传”，按下模拟屏上的键盘“确认”键，显示“确定清除1号操作票吗？（0否/1是）?”，用“→”或“←”选择：“1”，再按下“确认”键，则显示“任务1已中止”，清票操作完毕。

三、地线管理系统

模拟屏上可操作1～16号地线，而地线管理器只装设1～4号地线。

1. 装设地线

按下模拟屏上的“模拟”键，按下1～4号地线选择按钮中的一个，再按下地线装设地点按钮（模拟屏中母线左侧接地点有效），按“操作”键传票，同时地线管理器中相应地线自动解锁，从地线管理器中取出地线，解开地桩机械锁，装好地线后上锁，操作结束回传后地线选择灯和地线装设地点指示灯均发光。

当地线管理器与后台五防主机（模拟屏）通信失败时，如进行挂地线操作，则按下“操作”键后地线管理器也无法自动解锁，需要对地线管理器刷卡，将操作票中相关的地线进行解锁。

2. 拆除地线

按下模拟屏上的“模拟”键，再按下地线装设地点按钮，按下“操作”键传票，用电脑钥匙解锁，拆除地线后锁上机械锁，将地线放回到地线管理器中（放置要到位，否则地线管理器无法锁住地线，需刷卡解锁后才能放回），回传后地线选择灯和地线装设地点指示灯熄灭。

四、智能解锁钥匙管理机

用于保存管理监控系统的小型工器具。包括5个解锁卡（2个管理员卡、两个值班员卡和1个技术员卡）、机箱和8个锁位。其中1、2号为跳步钥匙、3～5号为紧急解锁钥匙、6号和8号为地线管理卡、7号为遥控闭锁控制器钥匙。

使用钥匙管理机时先常按电源键，则电源灯、运行灯和液晶屏亮。用解锁卡在读卡区刷卡，则钥匙管理机解锁，打开箱盖后取出钥匙并锁好箱盖，使用完毕后重新放回钥匙，要求对号入座。

五、遥控闭锁钥匙

正常运行情况下应在“运行”位。如正常操作时电编码锁无法解锁，可将遥控闭锁钥匙插入2号仿真屏上的遥控闭锁控制器的钥匙孔内，当打至“解锁”位时，2212断路器和6kV12断路器的电编码锁均解锁，在不受“五防”闭锁的情况下即可对开关进行操作，因此该操作应慎用。

项目四　操作票系统

点击微机防误闭锁与操作票专家系统，出现电气一次图后点击右上角登录→用户登录，进入系统。点击左上角“开票”，则系统图中出现挂地线点。

一、对断路器或隔离开关的操作

左键点击操作对象，则直接显示对该设备的操作步骤及检查项目（操作隔离开关无检查项目），如原来位置为分闸，则显示“合上××”，如需撤销则点击左上角返回键。

二、对二次设备的操作

右键点击任意一次设备，选择“加入二次操作”，出现该对话框，在左侧名称中选择保护屏，在右侧点击该保护屏中需操作的压板，则显示对该压板的操作步骤。

三、增加提示项

如操作票系统中没有需要的倒闸操作术语（如验电操作），则右键点击任意设备，选择“增加提示项”，出现“输入或者选择提示内容”菜单，即可输入需要的术语。

四、结束开票

操作票输入完毕后点击“开票”，出现一个对话框，显示如图3-2所示。

1. 暂存当前任务

点击该选项，对话框消失，操作票中涉及的一次设备显示黄色，表示该操作票未打印和操作，此时可进行其他操作。如想继续进行该项操作，则点击菜单中的“操作票”→“当前任务”，对话框显示目前正在进行的任务，选择需打印的任务，连接打印狗，即可打印，出票后即可进行操作。参照“输入打印票号及打印该操作票”。

2. 预演该操作票

点击该选项，在主接线中按顺序演示一次设备的操作程序。

暂存当前任务
预演该操作票
预存该操作票
存入典型票库
修改该操作票
打印该操作票
输入打印票号
继续图形开票
作废该操作票

图3-2　操作对话框

3. 预存该操作票

点击该选项，出现“输入操作票名称”对话框，如图3-3所示，选择电压等级、运行方式类别（自动生成运行方式内容）、所操作线路名（自动生成操作票名称和选择票名称），点击“编辑方式”按钮，出现“设置操作票生成方式”界面，可对选择票名称进行修改，修改后双击选择票名称一行，则操作票名称修改完毕，点击“确认”，预存结束，出现原始对话框，点击“退出”。如需调用该任务，点击菜单中的“操作票”→“调用预存票”，选择需要的操作任务，点击确认，出现一个“使用后删除该预存票”的对话框，可根据需要选择“是”或“否”。选择后出现原始对话框，进行五防判断，如设备当前状态与任务不符，则显示相应对话框，如状态一致，则一次设备变色，同时显示的对话框内容包括可暂存、预演、预存、存入典型票库、修改、打印、继续图形开票或作废该操作票。输入操作票名称对话框如图 3 - 3 所示。

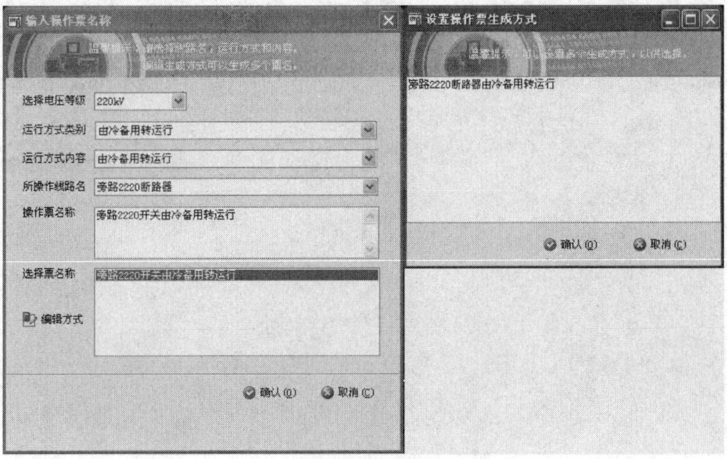

图 3 - 3 输入操作票名称对话框

4. 存入典型票库

调用典型票对话框图见图 3 - 4。

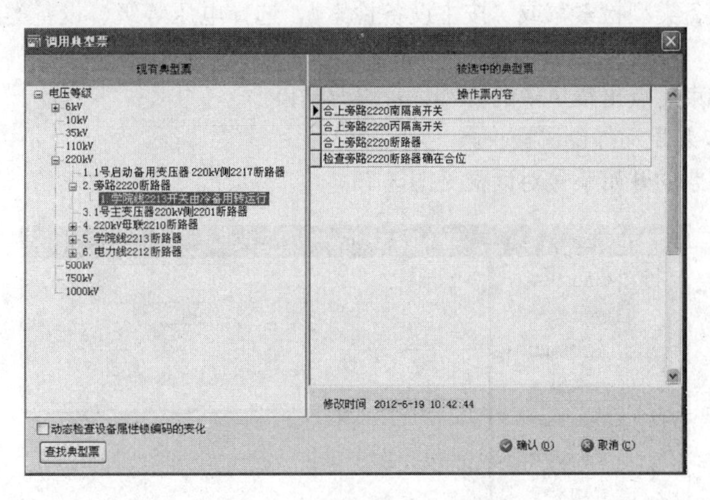

图 3 - 4 调用典型票对话框

点击该选项，加黑部分同上。如需调用该任务，点击菜单中的“操作票”→“调用典型票”，出现如图 3 - 4 所示对话框，选择需要的操作任务，点击确认，不出现“使用后删除该预存票”的对话框，其余内容同上。

5. 修改该操作票

操作票专家系统手工开票界面见图 3 - 5。

点击该选项，出现“珠海优特电力科技股份有限公司操作票专家系统手工开票界面”，选择操作项或提示项增加方式，包括“在操作票最后追加”、“在当前记录前插入”和“在当前记录后插入”3 个选项。如需在操作票中间增加某 1 项，则选择 2 或 3 项，再点击与增加项相邻的步骤，在菜单中点击“复制”和“粘贴 ”，则出现两个相同内容且相邻的步骤，双

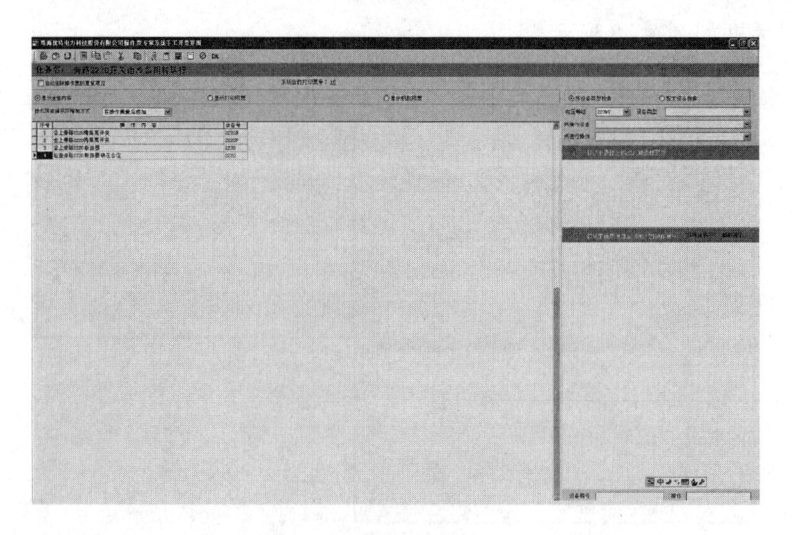

图 3-5 操作票专家系统手工开票界面

击需要修改的步骤，该步骤的右侧出现一个带有 3 个点的热键，点击后出现“更改设备操作提示用语”的对话框，即可对该项内容进行修改。修改时，也可直接调用操作术语，在屏幕右侧选择“按设备类型检索”或“按主设备检索”，选择电压等级、设备类型、所操作设备和所进行的操作，检查无误后，点击“将以下操作全部加入到操作票中”，即可完成调用。当操作票修改结束后点击菜单中的“OK”，修改结束。

6. 输入打印票号及打印该操作票

请输入打印票的开始票号对话框见图 3-6。

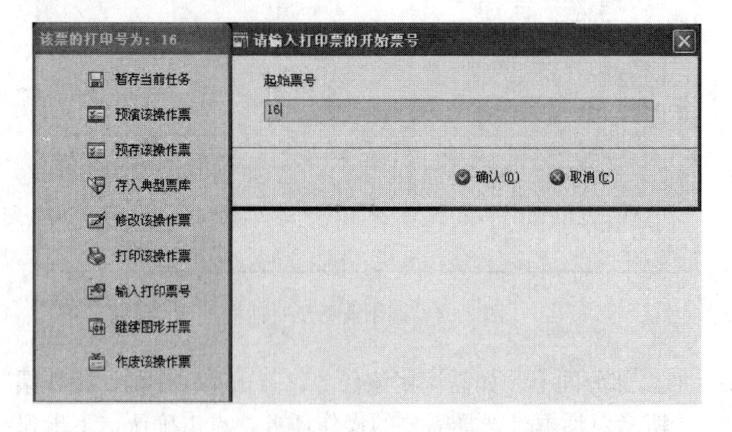

图 3-6 请输入打印票的开始票号对话框

打印前输入该项目的打印票号“×”，如图 3-6 所示，打印后生成的倒闸操作票显示年、月、日及编号“×”共 9 位数，前 6 位是时间，后 3 位是编号，编号不足 3 位时在前面用“0”补齐。如当前为 2012 年 6 月 19 日，初始编号输入为 16（也可从零开始），则倒闸操作票的编号显示“120619016”。当天开出的操作票打印票号不重复，第一张票为手动输入初始编号，第一张票打印后，再开的操作票编号可自动累加，也可手动改变。如日期改变，前 6 位编号可自动生成。打印预览对话框如图 3-7 所示。

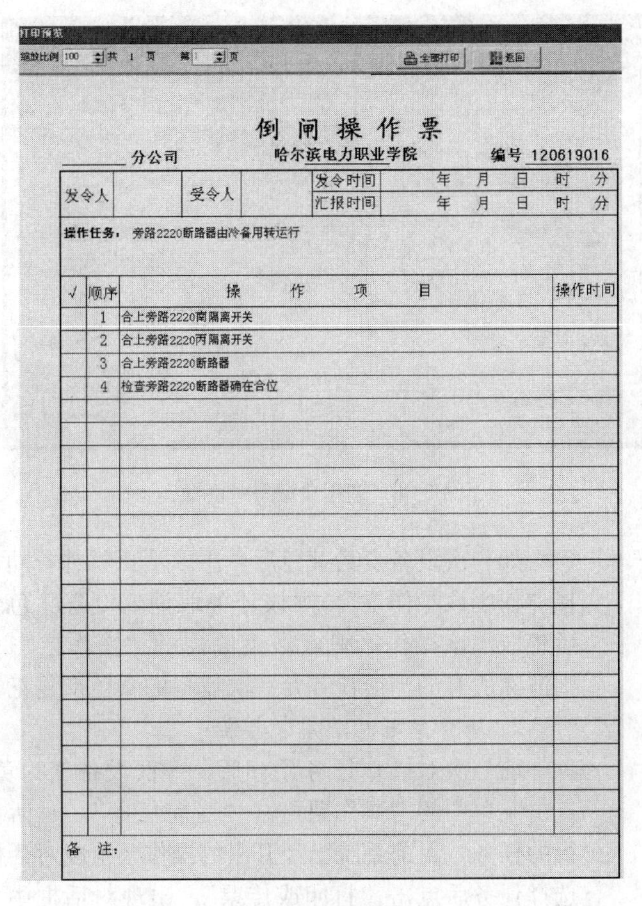

打印预览

缩放比例 100 共 1 页　第 1 页　全部打印　返回

倒闸操作票

______分公司　　哈尔滨电力职业学院　　编号 120619016

发令人		受令人		发令时间	年　月　日　时　分
				汇报时间	年　月　日　时　分

操作任务：旁路2220断路器由冷备用转运行

√	顺序	操　作　项　目	操作时间
	1	合上旁路2220南隔离开关	
	2	合上旁路2220丙隔离开关	
	3	合上旁路2220断路器	
	4	检查旁路2220断路器确在合位	

备　注：

图 3-7　打印预览对话框

7. 继续图形开票

点击该选项，可继续进行图形开票。

8. 作废该操作票

点击该选项，可作废该操作票。

五、修改典型票库操作票

调用典型票对话框如图 3-8 所示。

点击该选项，加黑部分同上。如需调用该任务，点击菜单中的“操作票”→“调用典型票”，如图 3-8 所示，选择需要的操作任务，点击确认，选择“修改该操作票”，可修改所选择操作票的名称和内容，修改完毕后点击“存入典型票库”。

六、出票及倒闸操作

1. 从典型票库或预存票中出票

插入打印狗，调用典型票库或预存票，选择需要的操作任务，点击确认，选择“进行五防判断”，如设备状态与操作票相符，则操作票中涉及的一次设备接线图，如图 3-9 所示，选择“打印该操作票”，出现“打印预览”对话框，点击“全部打印”，出票后对话框消失，但设备仍为黄色，在模拟屏上进行模拟、操作并传票，操作结束回传后，设备颜色恢复原状。

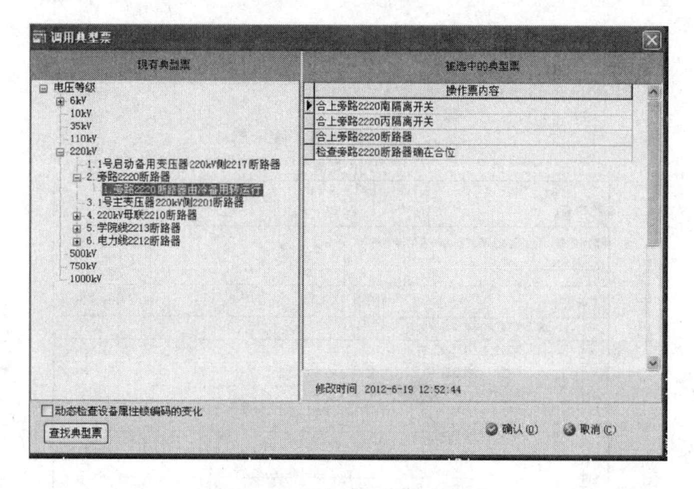

图 3-8 调用典型票对话框

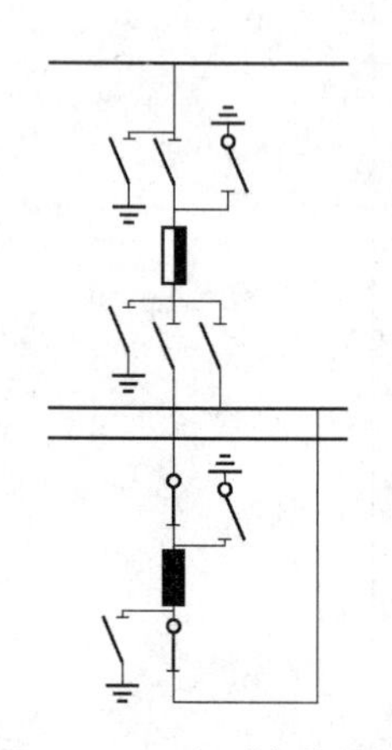

图 3-9 一次设备接线图

如一次设备变为黄色后，想取消该操作，可在打印操作票前选择“作废该操作票”，则该任务取消，设备颜色恢复正常；如打印后想取消该操作，则点击菜单中的“操作票”→“清除操作票”，则清除所有的当前任务，一次设备的颜色恢复正常。

2. 从暂存当前任务中出票

前一次对操作任务预存后，一次设备变为黄色。插入打印狗，点击菜单中的“操作票”→“当前任务”，对话框显示目前正在进行的任务，目前系统已经开出的操作票情况对话框如图 3-10 所示，选择任务后点击“打印或传票”，出现对话框中包括“预存该操作票”、“存入典型票库”、“打印该操作票”、“输入打印票号”、“退出”，操作对话框如图 3-11 所示，选择“打印该操作票”，出现“请输入变量”对话框，输入操作任务，点击确定，出现“打印预览”对话框，余下步骤同上。

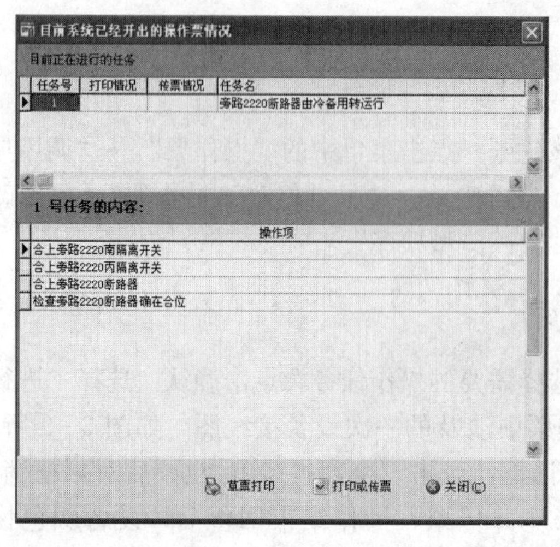

图 3-10 目前系统已经开出的操作票情况对话框

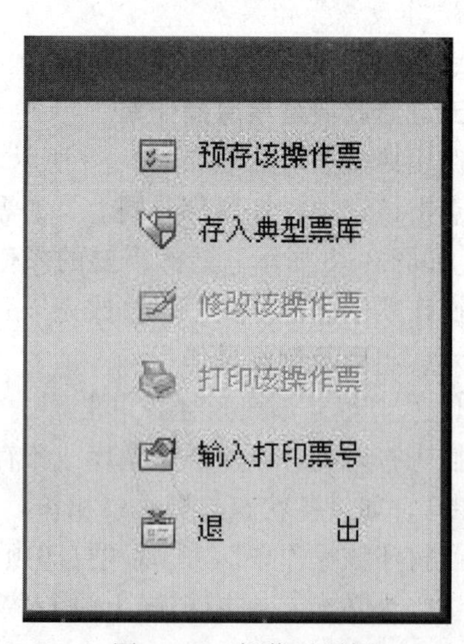

图 3-11 操作对话框

如一次设备变为黄色后，想取消该操作，则点击菜单中的“操作票”→“清除操作票”，则清除所有的当前任务，一次设备的颜色恢复正常。

七、调用历史票

点击菜单中的“操作票”→“调用历史票”，显示已完成及清除的操作票，选择任务名选择某操作票后，即可显示该操作票的步骤及完成情况，如图 3-12 所示，点击确定，即可调出该操作票。

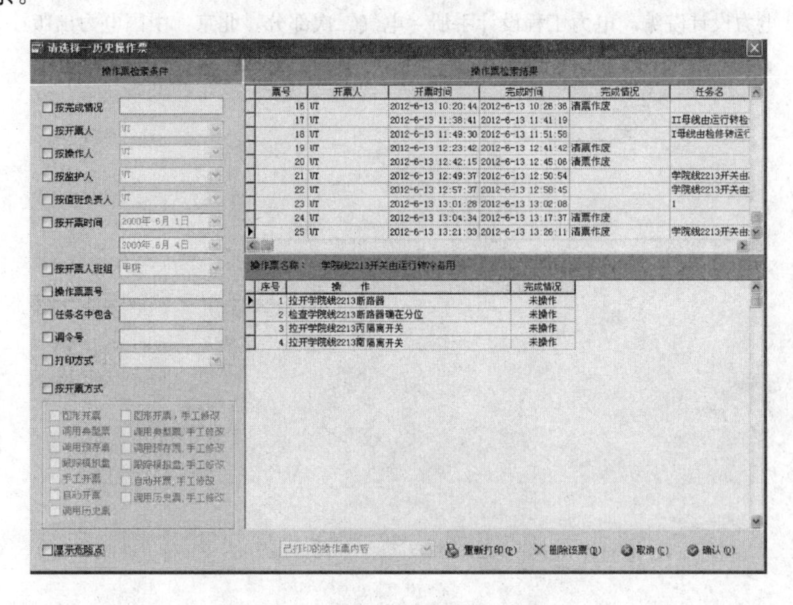

图 3-12　选择历史操作票对话框

参 考 文 献

[1] 王海波. 电力系统继电保护. 北京：中国电力出版社，2010.
[2] 王松廷. 电力系统继电保护原理与应用. 北京：中国电力出版社，2013.
[3] 能源部西北电力设计院编. 电力工程设计手册. 电气二次部分，北京：中国电力出版社，1996.